QUESTIONS

DE

GÉOMÉTRIE DESCRIPTIVE

MATHÉMATIQUES SPÉCIALES

A L'USAGE

DES CANDIDATS A L'ÉCOLE POLYTECHNIQUE
ET A L'ÉCOLE CENTRALE DES ARTS ET MANUFACTURES

PAR

E. JURISCH

AGRÉGÉ DE L'UNIVERSITÉ
PROFESSEUR DE MATHÉMATIQUES SPÉCIALES A L'ÉCOLE COLBERT

Ouvrage renfermant les solutions développées de 60 problèmes,
avec données numériques, proposés dans les Concours d'admission
aux Écoles polytechnique et centrale

66 PLANCHES HORS TEXTE

PARIS

LIBRAIRIE CH. DELAGRAVE

15, RUE SOUFFLOT, 15

Cours de Géométrie descriptive, contenant de nombreux exercices à l'usage des élèves de la
classe de mathématiques élémentaires, des élèves des écoles supérieures municipales, des candidats
au baccalauréat ès sciences et au diplôme d'études, par E. Jurisch. 1 vol. in-8, avec fig. br. 4 f

QUESTIONS

DE

GÉOMÉTRIE DESCRIPTIVE

COURS DE GÉOMÉTRIE DESCRIPTIVE

Premier volume, à l'usage des classes de mathématiques élémentaires et des candidats au baccalauréat ès-sciences. Un vol. in-8° avec 240 figures dans le texte et 200 questions proposées................ 4 fr.

Second volume, 1er *fascicule*, à l'usage des classes de mathématiques spéciales et des candidats à l'École de Saint-Cyr (programme de Saint-Cyr de 1881). Un volume in-8° avec 190 fig. dans le texte, 8 fig. hors texte et 60 questions proposées .... 4 fr.

— 2e *fascicule*, à l'usage des candidats à l'École centrale des arts et manufactures et à l'École polytechnique. Un vol. in-8° avec figures dans le texte, 30 fig. hors texte et 115 questions proposées.............. 4 fr.

CORBEIL. — Typ. et stér. B. RENAUDET.

QUESTIONS

DE

GÉOMÉTRIE DESCRIPTIVE

MATHÉMATIQUES SPÉCIALES

A L'USAGE

DES CANDIDATS A L'ÉCOLE POLYTECHNIQUE
ET A L'ÉCOLE CENTRALE DES ARTS ET MANUFACTURES

PAR

E. JURISCH

AGRÉGÉ DE L'UNIVERSITÉ
PROFESSEUR DE MATHÉMATIQUES SPÉCIALES A L'ÉCOLE COLBERT

Ouvrage renfermant les solutions développées de 60 problèmes,
avec données numériques, proposés dans les Concours d'admission
aux Écoles polytechnique et centrale

PARIS

LIBRAIRIE CH. DELAGRAVE

15, RUE SOUFFLOT, 15

—

1883

QUESTIONS

DE

GÉOMÉTRIE DESCRIPTIVE

MATHÉMATIQUES SPÉCIALES

INTERSECTIONS DE SURFACES

I. CYLINDRES ET CONES.

1. Problème. — *Déterminer l'intersection de deux cylindres dont les traces horizontales sont deux cercles* O *et* C. *La ligne des centres* OC *est parallèle à la ligne de terre, et les génératrices des deux surfaces sont de front* (fig. 1).

Les génératrices du cylindre O *font avec le plan horizontal un angle de 45° et celles du cylindre* C *font avec le même plan un angle de 30°.*

On représentera le cylindre C *supposé plein et existant seul en supprimant la partie de ce corps comprise dans le cylindre* O.

1° *Contours apparents.*

Les génératrices de contour apparent horizontal du cylindre O sont projetées horizontalement suivant les tangentes au cercle O, ab et a_1b_1, parallèles à la ligne de terre ; et, verticalement, suivant $a'b'$ faisant avec LT un angle de 45°. Les génératrices de contour apparent vertical sont (de, $d'e'$) et (d_1e_1, $d'_1e'_1$).

On construit d'une manière analogue les contours apparents du cylindre C.

2° *Surfaces auxiliaires.*

Nous emploierons des *plans parallèles à la fois aux généra-*

1

trices des deux cylindres (voir notre *Cours de géométrie descriptive*, IIe vol., 2e fasc.).

Dans le cas particulier que nous traitons, ces plans sont parallèles au plan vertical.

3° *Détermination d'un point quelconque de l'intersection.*

Soit P la trace horizontale d'un plan auxiliaire.

Ce plan coupe le cylindre O suivant les génératrices $(jk, j'k')$ et $(j_1k_1, j'_1k'_1)$, et le cylindre C suivant $(lm, l'm')$ et $(l_1m_1, l'_1m'_1)$.

Les points (n', n), (p', p), (q', q) et (r', r), communs à ces génératrices, sont quatre points de l'intersection cherchée.

4° *Tangente en* (p, p').

Les plans tangents aux cylindres O et C en (p, p') ont, respectivement, pour trace horizontale la tangente $j\theta$ au cercle O et la tangente $l_1\theta$ au cercle C. La tangente cherchée est donc la droite $(\theta p, \theta'p')$.

5° *Points remarquables de l'intersection.*

Les plans auxiliaires *limites* sont les plans de front tangents au cylindre O.

Le plan de front ab fournit les points (s', s) et (u', u), et le plan de front a_1b_1 donne (s', s_1) et $(u'; u_1)$.

Le plan de front dont la trace horizontale est dh fournit les points de l'intersection situés sur les contours apparents verticaux des deux cylindres.

L'intersection présente un cas de *pénétration*. Elle se compose de deux courbes distinctes, fermées, sans point double. La courbe d'*entrée* (du cylindre O dans le cylindre C est $(rsps_1...,$ $r's'p'....)$ et la courbe de *sortie* $(qunu_1...,$ $q'u'n'....)$.

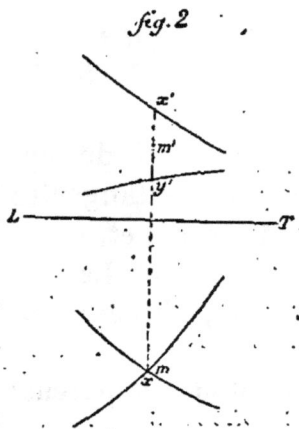

fig.2

6° *Points doubles de la projection horizontale.*

En traçant les projections de l'intersection à l'aide des points déterminés, on reconnaît que la projection horizontale présente deux points doubles x et z.

Il est aisé, dans le cas qui nous occupe, de *construire directement ces points doubles.*

A cet effet, observons en premier lieu que, l'intersection

n'ayant pas de point double, si sa projection horizontale en présente un x (fig. 2), c'est que la verticale du point x coupe l'intersection en deux points (x, x') et (x, y'); d'où il résulte que la droite $(x, x'y')$ est une corde verticale commune aux deux surfaces.

Remarquons actuellement que le point milieu (m', m) de cette

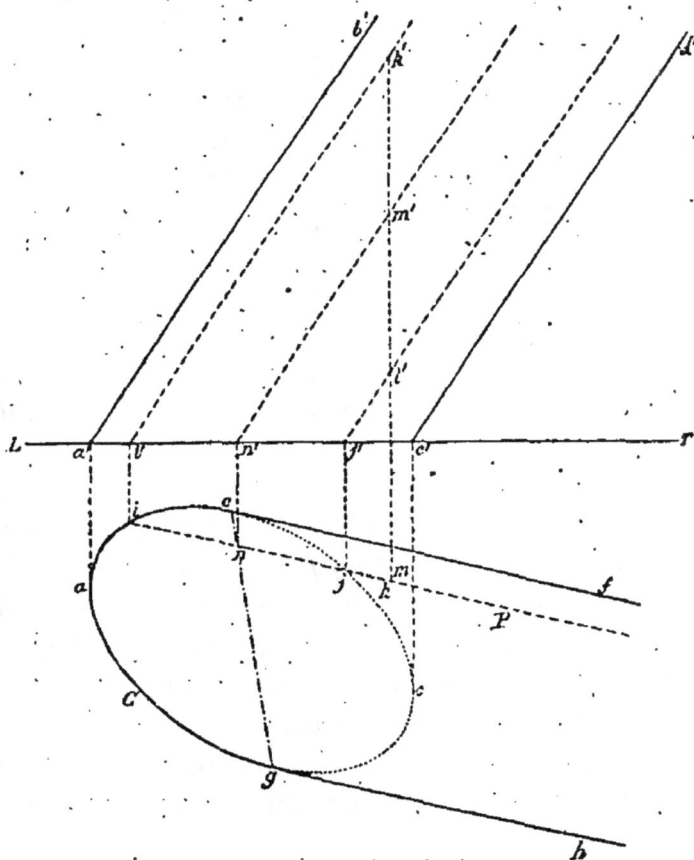

fig. 3

corde se projette horizontalement en x, et qu'il appartient à la fois aux deux plans diamétraux conjugués des cordes verticales dans les deux surfaces.

Il résulte de là que :

Le point double x appartient à la projection horizontale de

*l'intersection des plans diamétraux conjugués des cordes verti-
cales dans les deux surfaces.*

On est donc conduit à construire ces plans diamétraux.

Considérons un cylindre du second degré (*efgh*, *a'b'c'd'*)
(fig. 3). Pour inscrire dans ce cylindre une corde verticale,
coupons la surface par un plan vertical P parallèle à ses génératrices et traçons dans le plan P une perpendiculaire au plan
horizontal ; la portion (*k*, *k'l'*) de cette perpendiculaire comprise
entre les deux génératrices (*ik*, *i'k'*) et (*jk*, *j'l'*) est la corde
cherchée.

Le lieu géométrique des milieux (*m'*, *m*) des cordes verticales
que l'on peut ainsi tracer dans le plan P est la droite (*m'n'*, *mn*)
parallèle aux génératrices du cylindre. Le point *n* étant le
milieu de *ij*, le lieu géométrique des traces horizontales *n* des
droites telles que (*m'n'*, *mn*) fournies par tous les plans verticaux
parallèles à P est le diamètre de la conique C conjugué des
cordes parallèles à *ij*, diamètre qui n'est autre que *eg*. Il en
résulte que le lieu des droites (*m'n'*, *mn*) est le plan mené par *eg*
parallèlement aux génératrices du cylindre ; donc enfin :

*Dans un cylindre du second degré, le plan diamétral conjugué
des cordes verticales est le plan qui détermine les génératrices
de contour apparent horizontal.*

Dans l'épure (fig. 1), les plans diamétraux conjugués des
cordes verticales dans le cylindre O et dans le cylindre C sont
alors, respectivement, *b'a'a* et *g'f'f*. Ces plans, perpendiculaires
au plan vertical, se coupent suivant une droite perpendiculaire
au plan vertical en *v'* et projetée horizontalement suivant *vα* ;
donc *les points doubles de la projection horizontale de l'intersection appartiennent à la droite vα.*

Actuellement, pour obtenir ces points eux-mêmes, *coupons les
deux surfaces par le plan qui projette vα sur le plan horizontal.*

Ce plan coupe le cylindre O suivant une circonférence égale
à la circonférence de base, car les sections du cylindre O, horizontales et de profil, sont antiparallèles. Il détermine dans le
cylindre C une ellipse dont le grand axe et le petit axe sont
égaux respectivement à f_1f et $t't'_1$. Les points communs à la circonférence et à l'ellipse situées dans le plan de profil *vα* appartiennent à l'intersection des deux cylindres ; ce sont ceux qui

fournissent les points doubles de la projection horizontale de l'intersection.

Pour les déterminer, rabattons le plan de profil $v\alpha$ sur le plan horizontal ; la circonférence vient en dad_1a_1 et l'ellipse en $\Phi_1 T_1 \Phi_2 T_2$. Les points X_1 et Y_1, communs aux deux courbes, fournissent le point double x, et les points X_2 et Y_2 donnent le point double z.

En considérant les génératrices du cylindre O dont les traces horizontales sont X_1 et Y_1, X_2 et Y_2, on obtient les projections verticales, x' et y', des points projetés horizontalement en x et en z.

Remarques. — Des considérations analogues aux précédentes prouvent que :

1° Les points doubles de la projection verticale de l'intersection de deux surfaces du second degré appartiennent à la projection verticale de l'intersection des plans diamétraux conjugués des cordes perpendiculaires au plan vertical dans les deux surfaces.

2° Dans un cylindre du second degré, le plan diamétral conjugué des cordes perpendiculaires au plan vertical est le plan qui détermine les génératrices de contour apparent vertical.

Quand le plan qui projette l'intersection des plans diamétraux ne coupe pas les deux surfaces suivant des lignes faciles à construire, on ne détermine pas les points doubles ; on se contente de la ligne qui les contient.

7° *Asymptotes de la projection verticale* (Concours d'admission à l'École polytechnique — 1880 et 1881, *examen oral*).

Les deux cylindres considérés sont du second degré et ont un plan principal commun parallèle au plan vertical, donc la projection verticale de leur intersection est une courbe du second degré (voir notre *Cours*, II° vol., 2° fasc.).

Nous allons prouver que cette courbe admet *deux asymptotes*. d'où nous conclurons que *la projection verticale de l'intersection est une hyperbole*.

La détermination des asymptotes de la projection verticale est basée sur le principe suivant :

Quand un même plan coupe deux surfaces du second degré suivant des courbes homothétiques, ces courbes se rencontrent constamment en deux points à l'infini et en deux autres généralement à distance finie, réels ou imaginaires.

Coupons les deux cylindres par un plan horizontal R'. Ce plan détermine dans les deux surfaces deux courbes homothétiques [circonférences ayant pour centres les points (δ, δ') et $(\epsilon' \epsilon)$] qui se rencontrent en deux points (β, β') et (γ, β') symétriques par rapport au plan de front OC, et projetés verticalement au point unique β' situé sur R'. Le point β' est d'ailleurs réel, lors même que les points communs aux deux courbes deviennent imaginaires. Ces deux courbes homothétiques ont, en outre, deux points communs à l'infini sur une perpendiculaire au plan vertical et projetés, par suite, sur R' en un point situé à l'infini.

Il résulte de là qu'une parallèle R'' à la ligne de terre rencontre la conique projection verticale de l'intersection en un point β' à distance finie et en un point à l'infini; donc la ligne de terre est une *direction asymptotique* de la projection verticale.

Cela posé, quand le plan sécant horizontal donnera deux sections homothétiques *concentriques*, le point β' se transportera aussi à l'infini, et la trace verticale de ce plan sera une *asymptote.*

Pour qu'un plan horizontal fournisse deux sections concentriques, il faut qu'il soit mené par le point d'intersection des deux diamètres conjugués des sections horizontales dans les deux surfaces. Ces deux diamètres sont : $(v'a', vO)$ pour le cylindre O et $(v'f', vC)$ pour le cylindre C; ils se coupent en (v', v), donc la *parallèle* $\mu'v'$ *menée par* v' *à la ligne de terre est une première asymptote de la projection verticale.*

Pour déterminer la seconde asymptote, il faut trouver un second plan donnant dans les deux surfaces des sections homothétiques concentriques.

A cet effet, *construisons sur la section projetée verticalement en* $\mu'v'$ *un cylindre* O_1 *homothétique du cylindre* O; les génératrices de contour apparent vertical du cylindre O_1 sont projetées verticalement suivant les parallèles $\mu'\mu'_1$ et $v'v'_1$ à $d'e'$.

Les deux cylindres O_1 et C ayant une courbe plane commune (le cercle projeté verticalement suivant $\mu' v'$) se coupent suivant une seconde courbe plane (voir notre *Cours*, IIe vol., 2° fasc.). Cette courbe est projetée verticalement selon $\rho'\sigma'$.

Le plan $\rho'\sigma'$, perpendiculaire au plan vertical, coupe les cylindres O_1 et C suivant la même courbe; il coupe les cylindres O_1 et O suivant deux courbes homothétiques ayant même centre (v', v), donc il coupe aussi les cylindres O et C suivant deux courbes homothétiques ayant même centre (v', v), et, par suite, *la droite $\rho'\sigma'$ est la seconde asymptote de la projection verticale.* Cette projection est donc une *hyperbole.*

Données numériques.

Dans un cadre de 270^{mm} sur 430^{mm}, on placera la ligne de terre parallèlement aux grands côtés et à 110^{mm} du côté inférieur.

On prendra la ligne des centres OC à 55^{mm} de la ligne de terre et le point O à 135^{mm} du petit côté de gauche du cadre.

$$Oa = 35^{mm}, \quad OC = 195^{mm}, \quad Cf = 45^{mm}$$

Les deux cylindres ont pour hauteur commune 135^{mm}.

Titre extérieur : Intersection de surfaces.

Titre intérieur : Cylindres.

2. Problème. — *On donne deux cônes S et S_1 dont les traces horizontales sont deux cercles O et O_1. La ligne des centres OO_1 est parallèle à la ligne de terre et les sommets des deux cônes sont dans le plan de front OO_1 (fig. 4).*

On demande :

1° *De construire l'intersection des deux cônes ;*

2° *De représenter le cône S_1 supposé plein et existant seul, en supprimant la partie de ce corps comprise dans le cône S.*

La méthode à employer pour déterminer l'intersection des deux cônes consiste (voir notre *Cours*, IIe vol., 2° fasc.) à couper les deux surfaces par des plans passant par la droite des sommets SS_1.

Les traces horizontales de ces plans auxiliaires passeront toutes par la trace horizontale i_1 de la droite $(ss_1, s's'_1)$.

Soit P la trace horizontale d'un plan auxiliaire.

Ce plan coupe le cône S suivant les génératrices $(sa, s'a')$ et $(sb, s'b')$ et le cône S_1 suivant les génératrices $(s_1a_1, s'_1a'_1)$ et $(s_1b_1, s'_1b'_1)$; les quatre points (m, m'), (n, n'), (q, q') et $(r, 'r)$ communs à ces génératrices appartiennent à l'intersection cherchée. La tangente en l'un de ces points s'obtiendrait aisément par la méthode des plans tangents.

Le plan auxiliaire P_1, symétrique du plan P par rapport au plan de front OO_1, fournit les points (m', m_1), (n, n'_1), (q', q_1) et (r', r_1) symétriques des premiers par rapport au plan de front OO_1 qui est d'ailleurs un plan principal commun aux deux surfaces.

Les plans auxiliaires limites ont pour traces horizontales les

fig.5 .

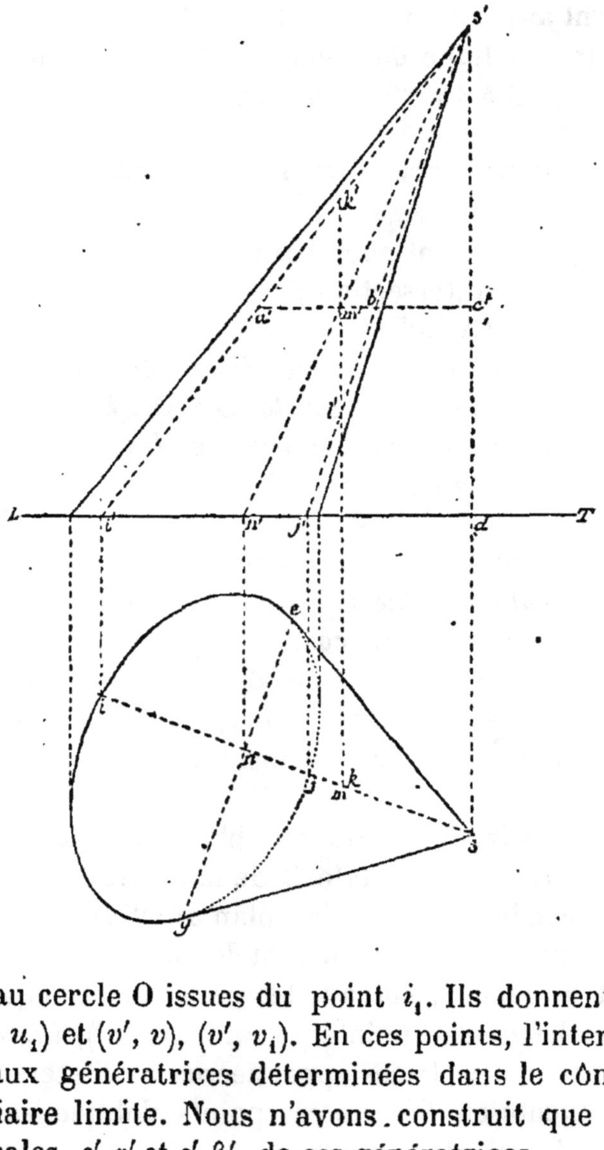

tangentes au cercle O issues du point i_1. Ils donnent les points (u', u), (u', u_1) et (v', v), (v', v_1). En ces points, l'intersection est tangente aux génératrices déterminées dans le cône S_1 par le plan auxiliaire limite. Nous n'avons construit que les projections verticales, $s'_1 \alpha'$ et $s'_1 \beta'$, de ces génératrices.

fig. 1

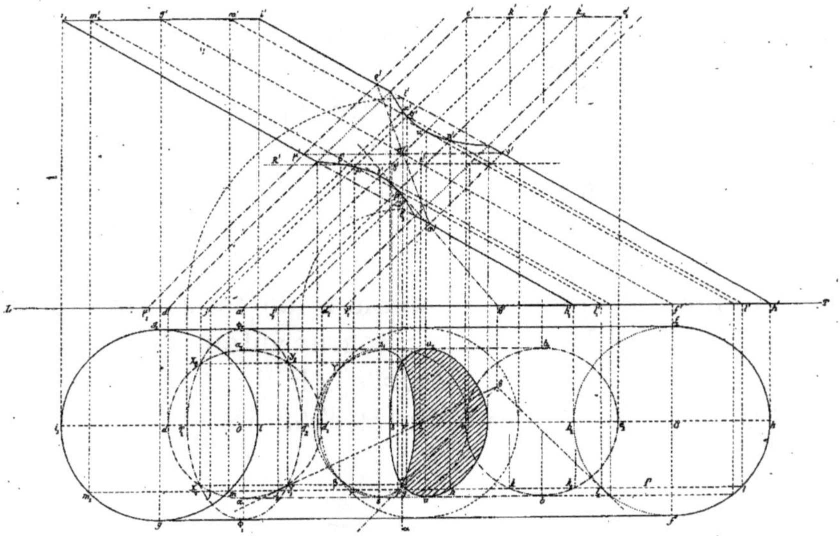

Les points situés sur les génératrices de contour apparent horizontal du cône S sont (x', x), (x', x_1) et (y', y), (y', y_1). Pour ne pas surcharger l'épure, nous n'avons pas indiqué les génératrices du cône S_1 qui passent par ces points.

Le plan de front OO_1 fournit les points qui appartiennent aux contours apparents verticaux des deux cônes.

Points doubles de la projection horizontale.

La projection horizontale de l'intersection des deux surfaces présente deux points doubles z et z_1.

Nous avons démontré (1°-6°) que *les points doubles de la projection horizontale de l'intersection de deux surfaces du second degré appartiennent à la projection horizontale de l'intersection des plans diamétraux conjugués des cordes verticales dans les deux surfaces.*

Cherchons alors les plans diamétraux conjugués des cordes verticales dans les deux cônes.

Soit (s, s') un cône du second degré (fig. 5). Coupons ce cône par un plan vertical sij passant par le sommet (s, s'), et inscrivons dans l'angle isj une corde verticale $(k'l', k)$.

Le lieu des milieux (m', m) des cordes verticales que l'on peut tracer dans le plan Sij est la droite $(s'm'n', smn)$.

Déterminons la trace horizontale n de cette droite et cherchons le lieu du point n quand si tourne autour de s.

Menons par m' une parallèle $a'm'c'$ à la ligne de terre.

Les triangles semblables $m'k'a'$ et $c's'a'$ donnent

$$\frac{m'a'}{c'a'} = \frac{m'k'}{c's'} \qquad (1)$$

et les triangles semblables $m'b'l'$ et $c's'b'$:

$$\frac{m'b'}{c'b'} = \frac{m'l'}{c's'} \qquad (2)$$

Comparant les proportions (1) et (2) et remarquant que $m'l' = m'k'$, il vient :

$$\frac{m'a'}{c'a'} = \frac{m'b'}{c'b'}$$

ou

$$\frac{m'a'}{m'b'} = \frac{c'a'}{c'b'}$$

Il en résulte

$$\frac{n'i'}{n'j'} = \frac{di'}{dj'}$$

et aussi

$$\frac{ni}{nj} = \frac{si}{sj}$$

c'est-à-dire que n et s *sont conjugués harmoniques par rapport aux deux points* i *et* j.

Il résulte de là que *le lieu du point* n *est la corde des contacts* eg *des tangentes à la conique* eigj *issues du point* s.

On en conclut que

Dans un cône du second degré, le plan diamétral conjugué des cordes verticales est le plan qui détermine les génératrices de contour apparent horizontal.

Dans notre épure (fig. 4) les plans diamétraux conjugués des cordes verticales dans le cône S et dans le cône S_1 sont, respectivement, $s'\gamma'\gamma$ et $s'_1\delta'\delta$. Ces plans se coupent suivant la droite $(\varepsilon', \varepsilon\mu)$, donc *les points doubles de la projection horizontale de l'intersection appartiennent à la droite* $\varepsilon\mu$.

Remarque. Dans un cône du second degré, le plan diamétral conjugué des cordes perpendiculaires au plan vertical est le plan qui détermine les génératrices de contour apparent vertical.

Asymptotes de la projection verticale (Concours d'admission à l'École polytechnique — 1880 et 1881, *Examen oral*).

Les deux cônes du second degré S et S_1 ont un plan principal commun parallèle au plan vertical, donc la projection verticale de leur intersection est une courbe du second degré (voir notre *Cours*, IIe vol., 2e fasc.).

Cette courbe est une *hyperbole*. Nous allons prouver, en effet, qu'elle admet *deux asymptotes*.

Les deux surfaces étant coupées par un plan horizontal quelconque suivant des courbes homothétiques, on reconnaît immédiatement (en se reportant au n° précédent 1, 7°) que la ligne de terre est une direction asymptotique.

: Les diamètres conjugués des sections horizontales dans les deux cônes S et S_t sont, respectivement, $(sO, s'ó')$ et $(s_t O_t, s'_t o'_t)$. Le plan horizontal mené par le point d'intersection Ω de ces diamètres fournit deux sections homothétiques *concentriques*, donc *la parallèle $v'\pi'$ menée par ω' à LT est une asymptote de la projection verticale*.

Comme pour le cas de deux cylindres (1,7°), construisons sur la section horizontale du cône S_t projetée verticalement en $v'\pi'$ un cône S_2 homothétique du cône S_t. Les projections verticales des génératrices de contour apparent vertical du cône S_2 sont les parallèles $v's'_2$ à $i's'$ et $\pi's'_2$ à $k's'$.

Les deux cônes S_t et S_2 ayant une courbe plane commune (la section du cône S_t projetée verticalement en $v'\pi'$), se coupent suivant une seconde courbe plane projetée verticalement selon la droite $v'_t\pi'_t$. Le plan de cette courbe coupe les cônes S_t et S_2 suivant deux courbes homothétiques dont les centres sont projetés verticalement en t'_t, milieu de $v'_t\pi_t$ et en t' milieu de la portion de $v'_t \pi'_t$ comprise dans l'angle $is'k'$, donc $v'_t\pi'_t$ est une *direction asymptotique* de la projection verticale.

Les diamètres conjugués des sections perpendiculaires au plan vertical, et parallèles à $v'_t \pi'_t$ sont projetés verticalement en $s'_t t'_t$ et $s't'$. Ils se coupent en un point projeté verticalement en θ', donc *la parallèle menée par θ' à $v'_t\pi'_t$ est la seconde asymptote de la projection verticale*.

Données numériques.

Dans un cadre de 290^{mm} sur 440^{mm}, placer LT parallèlement aux grands côtés du cadre et à 120^{mm} du côté inférieur.

Prendre o'_t à 75^{mm} du côté de gauche, $o'_t O_t = 60^{mm}$.

Rayon du cercle $O_t = 50^{mm}$, $O_t O = 100^{mm}$, rayon du cercle $O = 30^{mm}$, $Os = 80^{mm}$. Cote du sommet $S = 160^{mm}$, $ss_t = 90^{mm}$, $s_t i = 65^{mm}$.

Titre extérieur : Intersection de surfaces.

Titre intérieur : Cônes.

3. Problème. — *Trouver les projections de l'intersection de deux cônes S et S_t définis de la manière suivante* (fig. 6) :

: *Là base A du cône S est un cercle horizontal dont le centre est situé sur la ligne de terre et dont le rayon est de $0^m,05$. Son sommet S élevé de $0^m,20$ au-dessus du plan horizontal se projette* *horizontalement sur l'un des points S où le cercle de base coupe la ligne de terre.*

La base B du cône S_1 est aussi un cercle horizontal ayant le même centre que le premier et un rayon double. Son sommet S_1 a la même projection horizontale que le sommet du cône S et une hauteur de $0^m,10$ au-dessus du plan horizontal.

(Concours d'admission à l'École centrale — 1864, 2° session).

Nous prenons pour surfaces auxiliaires des plans passant par la droite des sommets SS_1. Ces plans sont verticaux ; ils ont pour trace verticale commune la droite $s's$ et leurs traces horizontales passent toutes par le point s.

Soit sf la trace horizontale d'un plan auxiliaire.

Ce plan coupe le cône S suivant les génératrices $s's$ et $(sh, s'h')$; il détermine dans le cône S_1 les génératrices $(s_1 f, s'_1 f')$ et $(s_1 g, s'_1 g'_1)$: les points (s'_1, s_1), (m', m) et (n', n), communs à ces génératrices, sont trois points de l'intersection cherchée. Observons d'ailleurs que le plan vertical de projection étant un plan principal commun aux deux cônes, l'intersection est symétrique par rapport à ce plan ; on déduit alors aisément des points (m, m') et (n, n'), les points (m_1, m') et (n_1, n').

Le plan vertical de projection, considéré comme plan auxiliaire, fournit, outre le point (s'_1, s_1), les points (o', o) et (p', p).

La tangente à l'intersection en (m, m') s'obtient en prenant l'intersection des plans tangents en ce point aux deux cônes. Les traces horizontales de ces plans sont la tangente ht au cercle A (cône S) et la tangente ft au cercle B (cône S_1). Le point t est la trace horizontale de la tangente cherchée qui est, par suite, la droite $(tm, t'm')$.

En (o', o) et en (p', p), les tangentes à l'intersection sont perpendiculaires au plan vertical.

Le point (s'_1, s_1) est un *point double* de l'intersection des deux cônes. Les tangentes en ce point sont les génératrices du cône S_1 projetées horizontalement en $s_1 \alpha$ et en $s_1 \beta$; elles sont projetées verticalement suivant $ss'_1 s'$.

Asymptotes de la projection verticale.

Les deux cônes considérés sont du second degré et le plan vertical est un plan principal commun aux deux surfaces, donc la projection verticale de leur intersection est une courbe du second degré (voir notre *Cours*, II° vol., 2° fasc.).

fig. 4

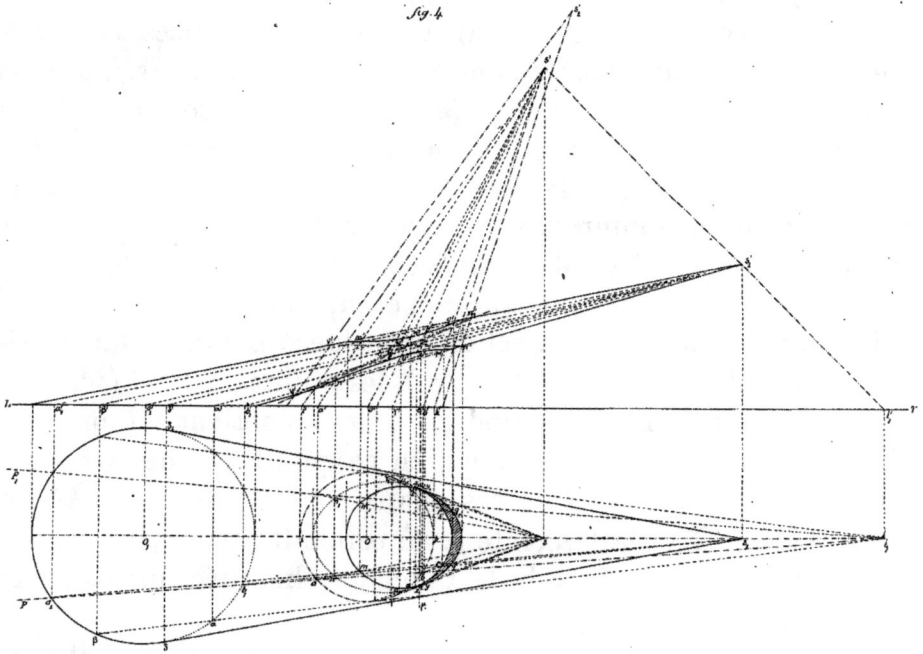

Cherchons si cette courbe admet des asymptotes.

Le plan horizontal de projection coupant les deux cônes suivant deux courbes homothétiques concentriques, il en résulte (se reporter aux n°s 1 et 2) que *la droite* LT *est une première asymptote* de la projection verticale.

Pour déterminer la seconde asymptote, construisons sur A un cône S_2 homothétique du cône S_1. Les génératrices de contour apparent vertical du cône S_2 sont les parallèles $cs'_2 l$ à ds'_1 et $ss'_2 i$ à es'_1. Les cônes S_2 et S ayant une courbe plane commune A, en ont une seconde projetée verticalement suivant la droite il qui est une *direction asymptotique* pour la projection verticale de l'intersection des cônes S et S_1.

Les diamètres des deux cônes S et S_1, conjugués des sections perpendiculaires au plan vertical et parallèles à il, sont, respectivement, $s'q$ et $s'_1 l$ se coupant en s'. (Des considérations géométriques très simples montrent que le point q, milieu de il, est le point commun à $p'p$ et à $s'_1 o'$, et que le point milieu de qr est le point l). Donc *la seconde asymptote est la parallèle* $s'\gamma$ à il, et la projection verticale de l'intersection est une *hyperbole.*

Il était d'ailleurs aisé de voir que le point s' appartient à la seconde asymptote; car, dans une hyperbole, la portion de tangente comprise entre les deux asymptotes étant divisée en deux parties égales par le point de contact, si l'on prend sur la tangente ss'_1 en s'_1 une longueur $s'_1 s'$ égale à $s'_1 s$, le point obtenu s' appartient à la seconde asymptote de l'hyperbole $o's'_1 p'$.

Remarque.

Ces résultats peuvent aussi s'obtenir facilement par des considérations analytiques.

Prenons pour plan des xz le plan vertical de projection et pour plan des xy et des yz, respectivement le plan horizontal et le plan de profil qui passent par le point s'_1.

1° *Équation du cône* S.

En désignant la longueur $s'_1 s$ par d, les équations du cercle A sont

$$z = -d \ (1) \quad \text{et} \quad x^2 - dx + y^2 = 0 \ (2)$$

Les équations d'une droite quelconque passant par le point s' sont

$$x = a(z-d) \ (3) \quad \text{et} \quad y = b(z-d) \ (4$$

Si cette droite est une génératrice du cône S, elle s'appuie sur le cercle A et il existe entre les paramètres a, b et d une relation qu'on obtient en éliminant x, y et z entre (1), (2), (3) et (4).

Cette relation est

$$2 \cdot (a^2 + b^2) + a = 0 \qquad (5)$$

Pour obtenir l'équation du cône S, il suffit d'éliminer les paramètres variables a et b entre les équations (3) et (4) de la génératrice et l'équation de condition (5).

On trouve ainsi

$$2 \left(x^2 + y^2\right) + xz - dx = 0 \qquad (G)$$

2° *Équation du cône S_1.*

Les équations du cercle B sont :

$$z = - d \quad (6) \qquad \text{et} \qquad 4 \left(x^2 + y^2\right) - 4dx - 3d^2 = 0 \quad (7)$$

Une droite quelconque passant par S_1 a pour équations :

$$x = az \quad (8) \qquad \text{et} \qquad y = bz \quad (8)$$

Éliminant x, y et z entre (6), (7), (8) et (9), on obtient la relation qui doit exister entre a, b et d pour que la droite (8) (9) soit une génératrice du cône S_1.

Cette relation est

$$4 \left(a^2 + b^2\right) + 4a - 3 = 0 \cdot \qquad (10)$$

Éliminant enfin a et b entre (8), (9) et (10), il vient pour *équation du cône S_1* :

$$4 \left(x^2 + y^2\right) - 3z^2 + 4xz = 0 \qquad (H)$$

3° *Équation de la projection verticale de l'intersection des deux cônes S et S_1.*

On l'obtient en éliminant y entre les équations (G) et (H); on trouve aisément

$$3z^2 - 2xz - 2dx = 0$$

fig.6.

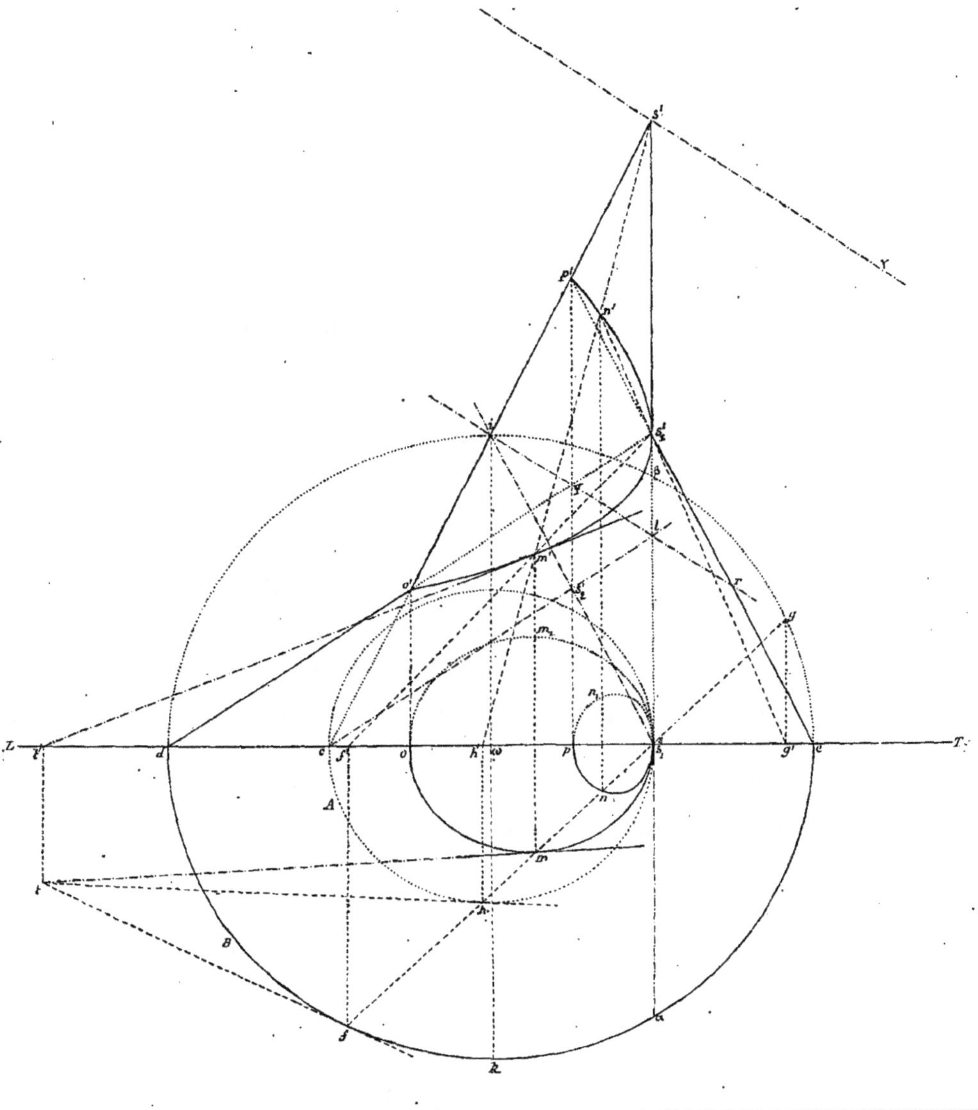

C'est l'équation d'une *hyperbole* passant par l'origine et ayant pour tangente en ce point la droite $x = o$, c'est-à-dire l'axe des z ou $s's$.

Les équations des asymptotes sont :

$$3z - 2x - 3h = 0$$

et

$$z + h = 0$$

Ces équations représentent respectivement la droite $s'\gamma$ et la ligne de terre.

Données numériques.

Dans un cadre de 270^{mm} sur 430^{mm} placer la ligne de terre parallèlement aux petits côtés et à 160^{mm} du côté inférieur. Prendre le centre ω des cercles A et B à 150^{mm} du côté de gauche.

Titre extérieur : Intersection de surfaces.

Titre intérieur : Cônes.

4. Problème. — *On donne :* 1° *un cylindre ayant pour base un cercle* C *situé dans le plan horizontal de projection et dont les génératrices sont parallèles à la droite de front* $(bg, b'g')$ (fig. 7); 2° *un cône dont la base est un cercle* C_1 *situé dans le plan horizontal et dont le sommet est en* (s, s') *sur la génératrice* $(bg, b'g')$ *du cylindre. Le cercle de base du cône est tangent en* s *à la base du cylindre.*

On demande :

1° *De trouver les projections de l'intersection du cône et du cylindre;*

2° *De représenter le cylindre supposé plein et existant seul, en supprimant la partie de ce corps comprise dans le cône* (Concours d'admission à l'École centrale — 1877 ; 1re *session*).

1° *Choix des surfaces auxiliaires.*

Nous emploierons des plans passant par la droite $(bg, b'g')$ menée par le sommet (s, s') du cône parallèlement aux génératrices du cylindre (voir notre *Cours*, IIe vol., 2e fasc., n° 122).

Les traces horizontales des plans auxiliaires passeront toutes par le point b.

2° *Détermination d'un point quelconque de l'intersection.*

Soit aba_1 la trace horizontale d'un plan auxiliaire. Ce plan coupe le cône suivant les deux génératrices $(sa, s'a')$, $(sa_1, s'a'_1)$, et le cylindre suivant les génératrices $(bg, b'g')$ et $(de, d'e')$. Les points (s, s'), (m, m') et (n, n'), communs aux génératrices du cône et du cylindre, appartiennent à l'intersection des deux surfaces.

3° *Construction de la tangente à l'intersection en (m, m').*

Nous appliquerons la méthode des *plans tangents*. La trace horizontale du plan tangent au cône en (m, m') est la tangente at au cercle C_1 et la trace horizontale du plan tangent au cylindre est la tangente dt au cercle C. Le point t, commun à ces deux traces, est la trace horizontale de la tangente en (m, m'); cette tangente est, par suite, la droite $(tm, t'm')$.

Le point (s, s') est un *point double* de la ligne d'intersection; les tangentes en ce point sont les génératrices du cône $(rs, r's')$ et $(r_1s, r's')$.

4° *Détermination des points remarquables.*

Ce sont :

1° Les points (k, k'), (i, i'), (k_1, k') et (i_1, i') situés sur le contour apparent horizontal du cylindre; les deux premiers ont été déterminés au moyen du plan auxiliaire dont la trace horizontale est $hbfh_1$; les deux autres ont été obtenus par symétrie : le plan de front Cg est, en effet, un plan principal commun aux deux surfaces, donc la projection horizontale de l'intersection est symétrique par rapport à Cg.

2° Les points (s, s'), (o, o') et (p, p') situés sur le contour apparent vertical du cylindre; on les obtient en considérant le plan auxiliaire dont la trace horizontale est lbs; ces points appartiennent aussi au contour apparent vertical du cône. Les tangentes en (o, o') et en (p, p') sont perpendiculaires au plan vertical.

5° *Asymptotes de la projection verticale.*

Les deux surfaces considérées sont du second degré et ont un plan principal commun qui est parallèle au plan vertical (c'est le plan de front Cg); donc la projection verticale $p's'o'$, de l'intersection de ces deux surfaces est une courbe du second degré.

Nous nous proposons de déterminer la nature de cette courbe, et pour cela nous allons chercher si elle admet des asymptotes (fig. 8).

Le plan horizontal coupe le cône et le cylindre suivant des courbes homothétiques, donc la ligne de terre est une première direction asymptotique.

Le diamètre conjugué des sections horizontales dans le cône

est $(\omega's', \ \omega s)$ et dans le cylindre $(c'd', \ cd)$. Ces deux diamètres se coupent en un point projeté verticalement en $é$: la parallèle $e'f'$ à LT est une *asymptote* de la projection verticale.

fig. 8

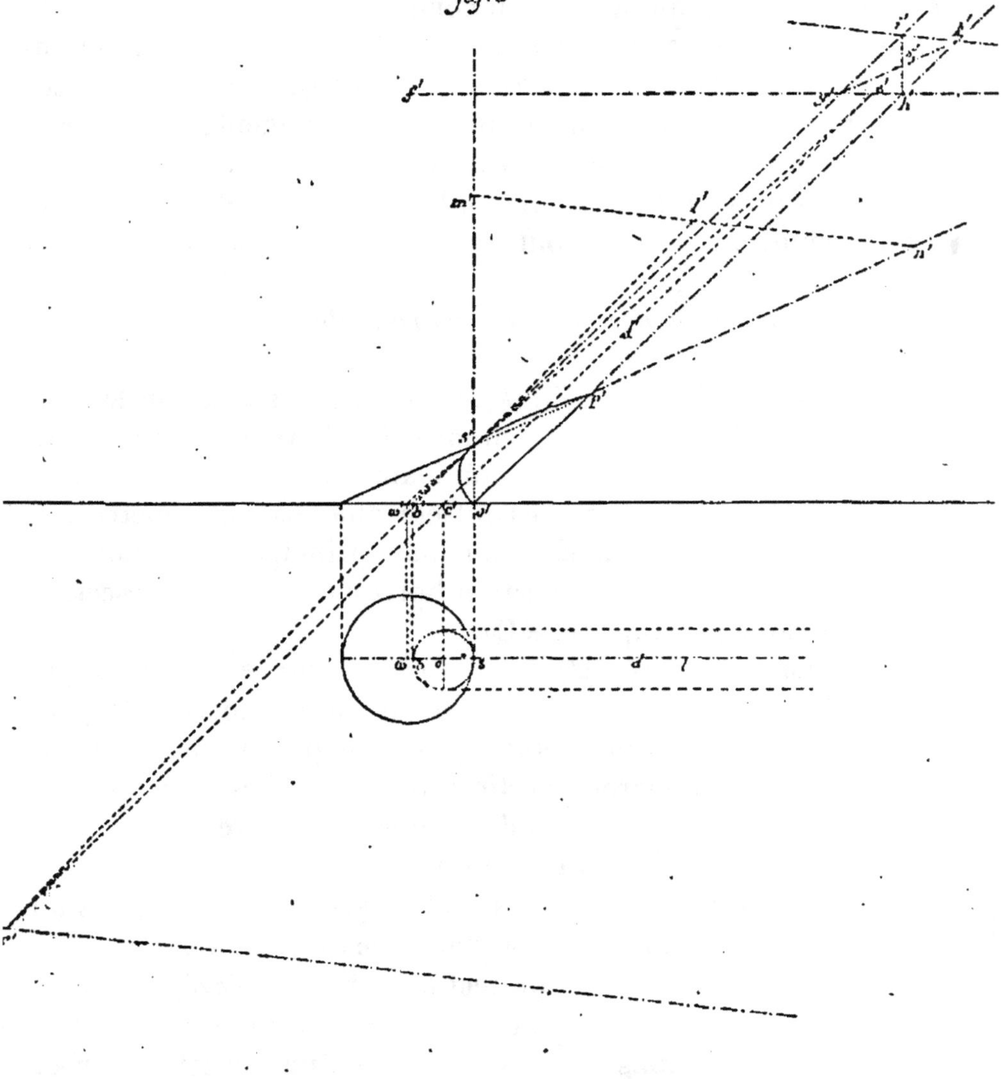

Construisons sur la section horizontale du cylindre projetée verticalement en $g'h'$ un cône S_1 homothétique du cône S.

Le cône S_1 et le cylindre C ayant en commun une courbe plane (le cercle GH) se coupent suivant une seconde courbe plane. Cette courbe est projetée verticalement suivant la droite $i'k'$ qui est une seconde direction asymptotique.

Dans le cylindre, le diamètre conjugué des sections perpendiculaires au plan vertical et parallèles à $i'k'$ est ($c'd'$, cd). Dans le cône, c'est la droite ($l's'$, ls) obtenue en prenant le milieu l' de la parallèle $m'n'$ à $i'k'$. La parallèle $r'v'$ menée à $i'k'$ par le point d'intersection r' des deux droites $c'd'$ et $l's'$ est une *seconde asymptote* de la projection verticale de l'intersection des deux surfaces.

Cette projection est donc un arc d'*hyperbole*.

Remarques.

Si la distance ωb était nulle, les droites $\omega's'$ et $c'd'$ seraient parallèles; il en serait de même des droites $l's'$ et $c'd'$, et les deux asymptotes seraient rejetées à l'infini parallèlement à la ligne de terre. On en conclut immédiatement que, dans ce cas, la projection verticale de l'intersection est une *parabole* dont les diamètres sont parallèles à la ligne de terre.

Ces résultats pourraient aussi être obtenus analytiquement. Nous renverrons le lecteur à notre *Cours* (IIe vol., 2e fasc., n° 135).

Données numériques.

Cadre : 270^{mm} sur 430^{mm}. Tracer la ligne de terre parallèlement aux petits côtés du cadre et à 230^{mm} du côté inférieur. Prendre point o à égale distance des grands côtés du cadre.

Titre extérieur : Intersection de surfaces.

Titre Intérieur : Cylindre et cône.

5. Problème. — *On donne deux cylindres de révolution de diamètres inégaux dont les axes, situés dans un plan de niveau, se coupent sous un angle de 70°.*

On demande :

1° *De déterminer la projection horizontale de l'intersection des deux surfaces;*

2° *De construire la projection horizontale de la tangente en un point de cette intersection;*

3° *De construire les asymptotes de la projection horizontale.*

On n'emploiera pas de plan vertical de projection (Concours d'admission à l'École polytechnique — 1881, *examen oral*).

Soient ab et a_1b_1 les projections horizontales des axes des deux cylindres; on a : $\widehat{aoa_1} = 70°$ (fig. 9). On construit aisément les contours apparents horizontaux $cdef$ et $c_1d_1e_1f_1$ des deux cylindres, connaissant leurs rayons.

fig 7

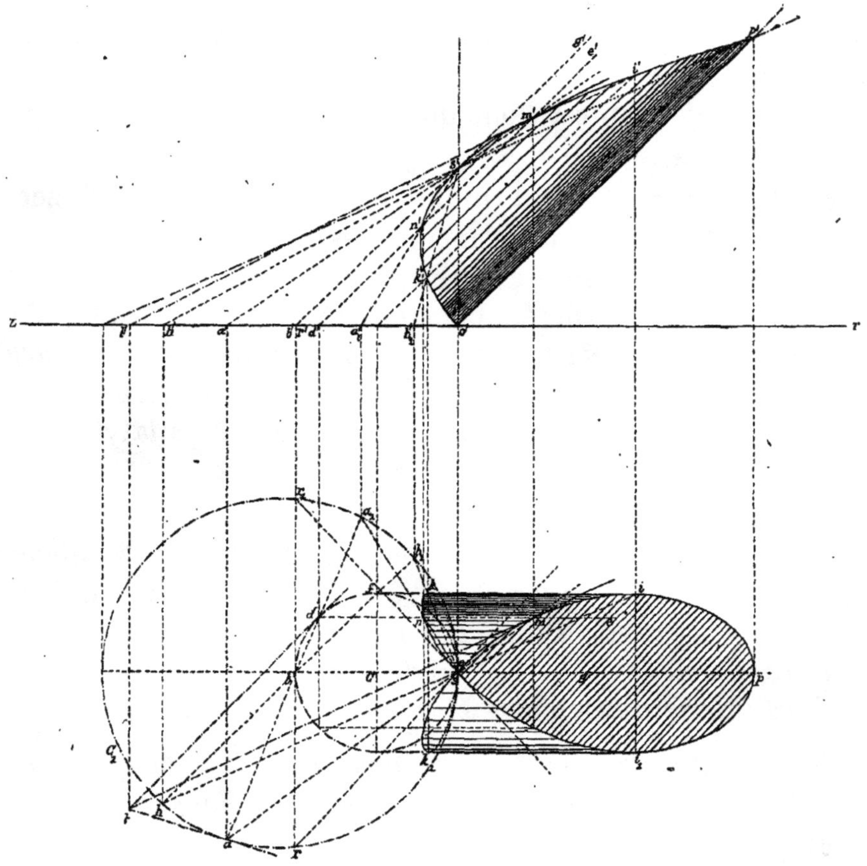

Nous couperons les deux cylindres par des *sphères ayant pour centre commun le point* O *de concours des axes.*

Du point o comme centre, décrivons une circonférence $ighj$. Cette circonférence peut être considérée comme le contour apparent horizontal d'une sphère auxiliaire qui coupe le cylindre AB suivant deux circonférences projetées horizontalement selon les droites gh et ij, et le cylindre A_1B_1 suivant deux circonférences projetées horizontalement selon h_1g_1 et i_1j_1.

Les deux circonférences GH et G_1H_1 se coupent en deux points M et M_1 symétriques par rapport au plan des axes et projetés horizontalement en m; les deux circonférences IJ et I_1J_1 ont deux points communs N et N_1 projetés horizontalement en n. Les quatre points M, M_1, N, et N_1 appartiennent à l'intersection des deux cylindres.

La *tangente en* M s'obtient aisément par la méthode du plan normal. La normale en M au cylindre AB coupe l'axe AB au point projeté horizontalement en α, et la normale au cylindre A_1B_1 coupe A_1B_1 au point projeté horizontalement en β; $\alpha\beta$ est la projection horizontale d'une ligne de niveau du plan normal, donc la projection horizontale de la tangente en M est la perpendiculaire mt à $\alpha\beta$.

Les tangentes à l'intersection aux points situés sur les contours apparents horizontaux, c'est-à-dire projetés horizontalement en p, q, r, et s, sont perpendiculaires au plan horizontal; elles se projettent, par suite, aux points p, q, r, et s. Si l'on veut la tangente *à la projection horizontale* en r, par exemple, on trace les perpendiculaires $r\gamma$ à ab, et $r\delta$ à a_1b_1; on joint $\gamma\delta$ et on mène la perpendiculaire $r\theta$ à $\gamma\delta$ (voir notre *Cours*, IIe vol., 2e fasc., n° 124). Nous avons construit d'une manière analogue la tangente $s\theta_1$ en s.

Les *sphères auxiliaires limites* sont la sphère de rayon oq et la sphère *inscrite* dans le cylindre AB.

Cette dernière sphère touche le cylindre AB suivant la circonférence KL et coupe le cylindre A_1B_1 suivant les deux circonférences UV et U_1V_1; elle fournit les points X et X_1, Y et Y_1.

En ces points, l'intersection des deux cylindres est tangente aux circonférences UV *et* U_1V_1 *déterminées dans le cylindre* A_1B_1 *par la sphère inscrite dans le cylindre* AB.

En effet, la tangente en X à l'intersection des deux cylindres est l'intersection des plans tangents en ce point au cylindre A_1B_1 et au cylindre AB. De même, la tangente en X à la circonférence UV est l'intersection des plans tangents en ce point au cylindre A_1B_1 et à la sphère inscrite dans le cylindre AB.

Or, les plans tangents en X au cylindre AB et à la sphère inscrite dans le cylindre coïncident (puisque le point X appartient à la ligne de contact KL des deux surfaces); donc aussi la tangente en X à l'intersection des deux cylindres coïncide avec la tangente en X à la circonférence UV, c'est-à-dire que ces deux courbes sont tangentes en X. C. Q F. D.

Le théorème précédent n'est d'ailleurs qu'un cas particulier du **Théorème des surfaces inscrites ou circonscrites** qu'on énonce de la manière suivante :

Quand deux surfaces S et S_1 sont inscrites l'une dans l'autre, si on les coupe par une troisième surface S_2 qui rencontre la courbe de contact D des surfaces S et S_1, les lignes d'intersection C et C_1 de la surface S_2 avec les surfaces S et S_1 sont tangentes entre elles au point M où elles rencontrent la courbe de contact D.

En effet, la tangente en M à la courbe C est l'intersection des plans tangents en ce point à S et à S_2; de même, la tangente en M à la courbe C_1 est l'intersection des plans tangents en ce point à S_1 et à S_2.

Or, les plans tangents en M aux surfaces S et S_1 coïncident (puisque le point M est sur la ligne de contact D de ces deux surfaces); donc aussi la tangente en M à C coïncide avec la tangente en M à C_1, c'est-à-dire que C et C_1 sont tangents en M.

C. Q. F. D.

Nous aurons à faire, par la suite, de nombreuses applications de cet important théorème.

Revenons à la figure 9.

La tangente en X à la circonférence UV étant projetée horizontalement suivant la droite uv, on voit que la projection horizontale $pxmq$ de l'intersection des deux cylindres est tangente en x à la droite uv.

Asymptotes de la projection horizontale de l'intersection.

Les deux cylindres considérés sont de révolution et leurs axes se coupent, donc la projection de leur intersection sur le plan des axes, ou sur le plan horizontal qui est parallèle au plan des axes, est une *courbe du second degré*. Nous savons, de plus, que cette courbe est une *hyperbole* (voir notre *Cours*, II° vol., 2° fasc., n° 136).

On peut parvenir à ce dernier résultat de la manière suivante.

Cherchons si la conique projection admet des asymptotes.

A cet effet, inscrivons une sphère OK dans le cylindre AB et circonscrivons à cette sphère un cylindre Σ homothétique du cylindre A_1B_1. Les génératrices de contour apparent horizontal du cylindre Σ sont les droites c_2d_2 et e_2f_2 parallèles à a_1b_1 et tangentes à la circonférence ok.

Les deux cylindres AB et Σ sont du second degré et circonscrits à une même surface du second degré, donc leur intersection se compose de deux courbes planes passant par les points communs aux deux circonférences de contact KL et K_1L_1 des cylindres avec la sphère (*Cours*, II° vol., 2° fasc., n° 143).

Ces deux courbes sont projetées horizontalement suivant les droites c_2of_2 et d_2oe_2.

Cela posé, le plan vertical c_2of_2 coupe les cylindres Σ et A_1B_1 suivant deux courbes homothétiques ayant même centre O ; il coupe les cylindres Σ et AB suivant la même courbe, donc il coupe les cylindres A_1B_1 et AB suivant deux courbes homothétiques concentriques et, par suite, la droite c_2of_2 *est une asymptote de la projection horizontale*.

On démontrerait d'une manière analogue que la droite d_2oe_2 *est une seconde asymptote* de la conique projection, donc cette conique est une *hyperbole*.

De plus, le parallélogramme $c_2d_2f_2e_2$ circonscrit à la circonférence ok étant un losange, c_2f_2 et d_2e_2 sont perpendiculaires ; donc l'hyperbole $pxmqr...$ est *équilatère*.

Données numériques.

Cadre : 270ᵐᵐ sur 430ᵐᵐ. Prendre le point o au centre du cadre, oz étant parallèle aux petits côtés du cadre, faire $aoz = 40°$ et $a_1oz = 30°$. Le rayon du cylindre $cdef$ vaut 50ᵐᵐ et celui du cylindre $c_1d_1e_1f_1$ est égal à 35ᵐᵐ. La demi-longueur oa du premier cylindre vaut 115ᵐᵐ et celle oa_1 du second, 120ᵐᵐ.

Titre extérieur : Intersection de surfaces.

Titre intérieur : Cylindres de révolution dont les axes se coupent.

6. Problème. — *Déterminer l'intersection de deux cônes de* *révolution dont les axes se rencontrent et sont parallèles au plan vertical.*

(Concours d'admission à l'École polytechnique — 1881, examen oral.)

Soient $a'o'$ et $b'o'$ les projections verticales des axes des deux cônes, et $c'a'd'$, $e'b'f'$ les contours apparents verticaux des deux surfaces (fig. 10).

Une *sphère* ayant son centre en O et pour contour apparent vertical la circonférence $o'c'$ coupe le cône A selon les circonférences projetées verticalement en $c'd'$ et $c'_1 d'_1$; elle coupe le cône B selon les circonférences projetées en $e'f'$ et $\bar{e}'_1 f'_1$. Les circonférences CD et EF se coupent en deux points qui appartiennent à l'intersection cherchée ; ils sont projetés verticalement à l'intersection m' des deux droites $c'd'$ et $e'f'$.

Le point μ', commun à $c'd'$ et $e'_1 f'_1$, étant situé en dehors du parallèle CD du cône A n'est pas la projection verticale d'un point de l'intersection, mais il appartient au lieu des points m', c'est-à-dire au prolongement de la courbe $\gamma' m' \delta'$.

La *tangente* à l'intersection en M s'obtient aisément par la méthode du plan normal.

Menons la normale au cône A au point D ; elle est projetée verticalement selon la perpendiculaire $d'p'$ à $a'd'$, et p' est la projection verticale du point où la normale en M coupe l'axe AO du cône A.

En menant de même la perpendiculaire $e'q'$ à $b'e'$, on obtient la projection verticale q' du point où la normale en M au cône B coupe l'axe BO.

La droite $p'q'$ est la projection verticale d'une ligne de front du plan normal en M, donc la tangente en M est projetée verticalement selon la perpendiculaire $m't'$ à $p'q'$.

La sphère *limite* inscrite dans le cône B fournit les points de l'intersection projetés verticalement en r' et u'. De plus, en vertu du *théorème des surfaces inscrites* (5), l'intersection des deux cônes est tangente aux parallèles GH et $G_1 H_1$ déterminées dans le cône A par la sphère inscrite dans le cône B. Il en résulte que $\alpha' r' \beta'$ est tangente en r' à $g'_1 h'_1$ et que $\gamma' u' \delta'$ est tangente en u' à $g'h'$.

Asymptotes de la projection verticale.

Circonscrivons à la sphère OL un cône A_1 homothétique du

fig. 9

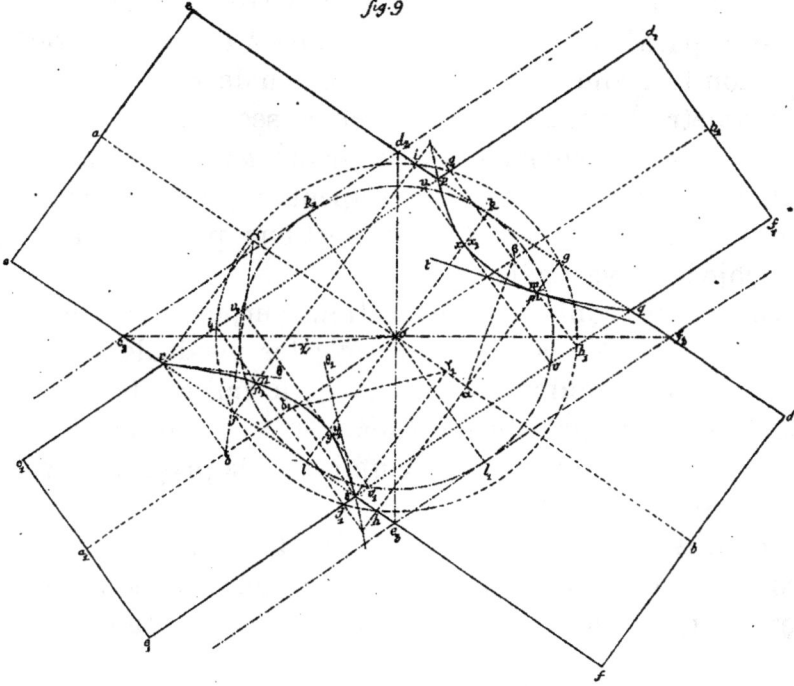

Librairie Ch. Delagrave.

cône A. Les deux cônes A_1 et B circonscrits à la même sphère OL se coupent suivant deux courbes planes projetées verticalement selon les droites $\varepsilon'\zeta'$ et $\varepsilon'_1\zeta'_1$. Il résulte des développements donnés au n° 2 que ces droites sont deux directions asymptotiques de la projection verticale de l'intersection.

Le diamètre conjugué des sections perpendiculaires au plan vertical et parallèles à $\varepsilon'\zeta'$, dans le cône A est projeté verticalement selon la droite $a'j'$, j' étant le milieu de $\eta'\theta'$.

Le diamètre conjugué de ces mêmes sections dans le cône B est projeté verticalement selon la droite $b'v'$, v' étant le milieu de $\varepsilon'\zeta'$. Ces deux diamètres se coupent au point projeté verticalement en i'; la parallèle $i'x'$ à $\varepsilon'\zeta'$ est une première asymptote de la projection verticale.

Les diamètres conjugués des sections perpendiculaires au plan vertical et parallèles à $\varepsilon'_1\zeta'_1$ sont projetés verticalement en $a'j'_1$ et $b'v'_1$ (j'_1 est le milieu de $\eta'_1\theta'_1$ et v'_1 le milieu de $\varepsilon'_1\zeta'_1$); ils se coupent au point projeté verticalement en i'_1, donc la parallèle $i'_1x'_1$ à $\varepsilon'_1\zeta'_1$ est une seconde asymptote de la projection verticale qui est, par suite, une *hyperbole*.

Remarque. — En r' et en u', les tangentes $g'_1h'_1$ et $g'h'$ à la projection verticale sont parallèles ; donc $r'u'$ est un diamètre de cette projection et, par suite, le point y' milieu de ru' en est le centre.

Les asymptotes sont alors les parallèles menées par le point y' à $\varepsilon'\zeta'$ et $\varepsilon'_1\zeta'_1$. On peut donc se dispenser de construire les diamètres $a'j'$, $b'v'$, $a'j'_1$ et $b'v'_1$.

Nous avons ponctué l'épure en supposant que le cône B est plein, qu'il existe seul et qu'on a enlevé la partie de ce corps comprise dans le cône A.

7. Problème. — *Par un point A, situé à $0^m,05$ de chacun des plans de projection, on mène une verticale et une parallèle à la ligne de terre. La droite verticale est l'axe d'un cône de révolution dont le sommet P est à $0^m,06$ au-dessus du point A et dont la section par un plan mené perpendiculairement à l'axe par le point A est un cercle BC de $0^m,03$ de rayon (fig. 11).*

La droite parallèle à la ligne de terre est l'axe d'un autre cône de révolution dont le sommet Q est à $0^m,11$ à gauche du point A et dont la section par un plan mené perpendiculairement à l'axe par le point A est un cercle DEFG de $0^m,03$ de rayon.

On demande : ·

1° *De représenter les deux cônes en projections horizontale et verticale ;*

2° *De tracer les projections de l'intersection des deux corps et de mener la tangente en un point de cette intersection* (Concours d'admission à l'École centrale — 1865).

Les contours apparents du cône Q sont $d'q'e'$ et fqg; la trace horizontale du cône P est le cercle hi.

Nous coupons les deux cônes par des *sphères* ayant pour centre commun le point de concours A des axes.

La sphère dont le rayon est égal à $a'\varepsilon'$ coupe le cône P suivant les parallèles projetés verticalement en $\varepsilon'm'\zeta'$ et $\eta'r'\theta'$, elle coupe le cône Q suivant les parallèles projetés verticalement en $\alpha'\beta'$ et $\gamma'\delta'$.

Les points m', n', r' et s' sont les projections verticales de huit points de l'intersection cherchée; on détermine aisément les projections horizontales m, m_1, n, n_1, r, r_1, s et s_1 de ces points.

La tangente en (m, m') se construit, comme au n° précédent, par la méthode du plan normal : sa projection verticale est la perpendiculaire $m't'$ à $\mu'\nu'$ et sa projection horizontale est la perpendiculaire mt à $\nu\pi$.

La sphère *limite* $A\Phi$ inscrite dans le cône Q fournit les points (u', u), $(u'u_1)$, (v', v) et (v', v_1). En chacun de ces points, l'intersection est tangente aux parallèles déterminés dans le cône P par la sphère auxiliaire.

Le plan de front qa donne les points de l'intersection situés sur les contours apparents verticaux des deux cônes. Le plan horizontal $q'a'$ fournit les points qui appartiennent au contour apparent horizontal du cône Q.

Asymptotes de la projection verticale.

Le plan de front qa étant un plan principal commun aux deux cônes, la projection verticale de leur intersection est une courbe du second degré.

Cherchons-en les asymptotes.

A cet effet, circonscrivons à la sphère $A\Phi$ un cône P_1 homothétique du cône P. Les cônes Q et P_1 se coupent suivant deux courbes planes projetées verticalement selon les droites $\rho'\rho'_1$ et $\sigma'\sigma'_1$ qui sont deux directions asymptotiques de la projection verticale.

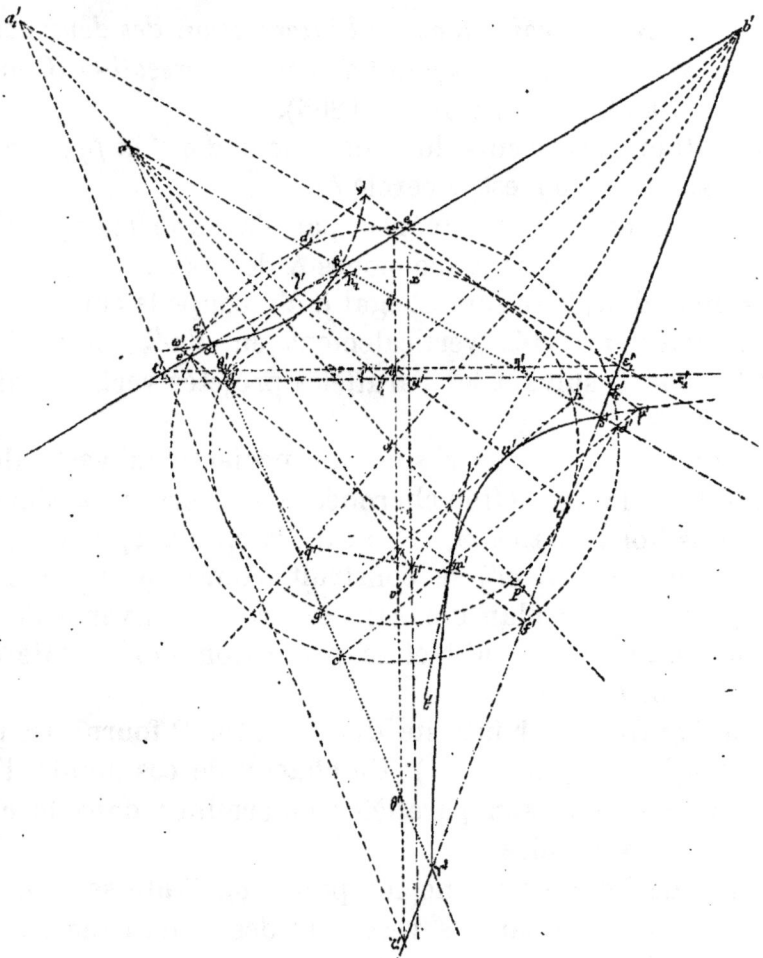

fig. 10.

D'ailleurs, les tangentes à la projection verticale en u' et en v' étant perpendiculaires à $u'v'$, les points u' et v' sont les sommets de la projection verticale et le point ω', milieu de $u'v'$, en est le centre.

Les asymptotes sont alors les parallèles à $\rho'\rho'_1$ et $\sigma'\sigma'_1$ menées par le point ω'.

Données numériques.

Dans un cadre de $0^m,27$ sur $0^m,43$, on augmentera de moitié toutes les cotes de l'énoncé. On tracera la ligne de terre parallèlement aux petits côtés du cadre, à $0^m,21$ du côté inférieur, et on prendra la ligne de rappel aa' à $0^m,17$ du grand côté de gauche.

Titre extérieur : Intersection de surfaces.

Titre intérieur : Cônes de révolution.

8. Problème. — *Déterminer le solide commun à deux cônes de révolution. Les angles générateurs des deux cônes sont égaux entre eux et valent 45°. L'axe (si, s'i') de la première surface est vertical, la cote du sommet (s, s') est égale à $0^m,115$ et l'axe est à $0^m,105$ en avant du plan vertical (fig. 12).*

Le second cône (s_1, s'_1) a pour axe l'une des génératrices de front (se, s'e') du premier et pour cote du sommet (s_1, s'_1) $0^m,155$.

On demande de représenter le solide commun aux deux cônes en limitant ce solide, d'une part au plan horizontal P' à la cote $0^m,195$, de l'autre au plan horizontal de projection, (Concours d'admission à l'École centrale — 1879, 2e session).

Les axes SI et S_1E des deux cônes de révolution se coupant en (s, s'), nous emploierons, comme surfaces auxiliaires, des *sphères ayant pour centre le point* (s,s').

Soit $a'c'c'_1 d'_1 b'$ la projection verticale d'une sphère auxiliaire. Cette sphère coupe le cône (s,s') suivant les parallèles $(a'b', ab)$ et $(a'_1 b'_1, ab)$. Elle coupe le cône (s'_1, s) suivant deux parallèles projetés verticalement en $c'd'$ et $c'_1 d'_1$.

Les points (m', m) et (m', m_1) communs aux parallèles AB et CD, et les points (n', n) et (n', n_1), communs aux parallèles $A_1 B_1$ et $C_1 D_1$ sont quatre points de l'intersection des deux surfaces. La tangente en l'un de ces points s'obtiendrait aisément comme au n° précédent par la méthode du plan normal.

Les points (p', p) et (p', p_1) situés dans le plan horizontal de projection s'obtiennent au moyen de la sphère auxiliaire dont la projection verticale est $g'e'f'$.

Les points (q',q) et (q', q_1) situés dans le plan horizontal P' sont fournis par la sphère auxiliaire projetée verticalement en $k'k'_1 l'l'_1$.

Le plan de front déterminé par les deux axes donne les points (r', r), (o', o) et (s'_1, s_1) appartenant aux contours apparents verticaux des deux cônes.

La sphère auxiliaire limite *inscrite dans le cône* S_1 fournit les points (φ',φ) et (φ',φ_1). En chacun de ces points, l'intersection est tangente au parallèle $(\nu'\pi', \nu\varphi\pi\varphi_1)$ déterminé dans le cône S par la sphère limite.

Branches infinies de l'intersection. — Asymptotes de la projection verticale.

Pour reconnaître si l'intersection présente des branches infinies, on pourrait transporter le cône (s'_1, s) parallèlement à lui-même jusqu'à ce que son sommet vienne en (s', s).

Nous avons appliqué cette méthode dans notre *Cours* (IIe vol., 2e fasc., n° 131 — 5°).

La méthode que nous allons employer ici donne lieu à des constructions un peu plus simples.

Commençons par déterminer les asymptotes de la projection verticale.

A cet effet, circonscrivons à la sphère inscrite dans le cône S_1, un cône S_2 homothétique du cône S. Les génératrices de contour apparent vertical du cône S_2 sont projetées verticalement selon les tangentes $s'_2 \nu'$ et $s'_2 \pi'$ à la circonférence $s'\nu'$, parallèles à $s'e'$ et $s'f'$.

Les cônes S_2 et S_1 se coupent suivant deux courbes planes projetées verticalement selon les deux droites $\rho' \psi'$ et $\theta'\rho'_1 \psi'_1 \nu'$ qui sont deux directions asymptotiques de la projection verticale.

D'ailleurs, les tangentes à la projection verticale en φ' et σ' étant parallèles, la droite $\varphi'\sigma'$ est un *diamètre* de cette projection et le milieu ω' de $\varphi'\sigma'$ en est le *centre*.

Les asymptotes de la projection verticale sont alors les parallèles $\omega'\nu'$ et $\omega'\beta'$ menées par le point ω' aux droites $\rho'\psi'$ et $\rho'_1 \nu'$; la projection verticale est donc une *hyperbole*.

Actuellement, *pour reconnaître si les droites $\omega'\beta'$ et $\omega'\nu'$ sont les projections verticales d'asymptotes réelles de l'intersection,* *fig. 11.*

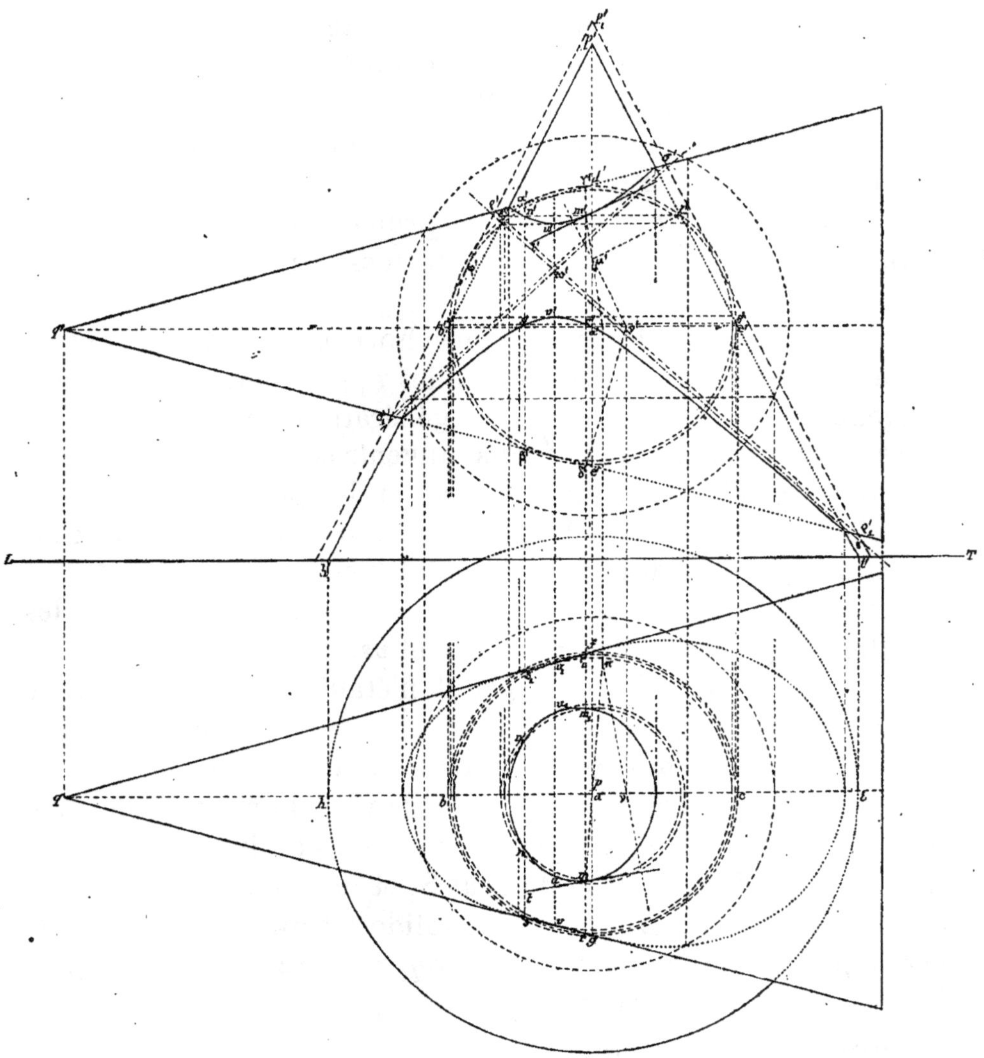

observons que si $\omega'\beta'$, par exemple, correspond à une asymptote réelle, il existe sur le cône S une génératrice parallèle à cette asymptote, laquelle génératrice est projetée verticalement selon la parallèle $s'v'$ à $\omega'\beta'$. La droite $s'v'$ étant à l'intérieur du contour apparent vertical du cône S, elle est la projection verticale de deux génératrices de ce cône qui sont projetées horizontalement selon les droites sv et sv_1.

On en conclut que $\omega'\beta'$ est la projection verticale de *deux* asymptotes de l'intersection symétriques par rapport au plan des axes.

Pour déterminer les projections horizontales de ces asymptotes, il suffit de remarquer qu'elles appartiennent aux plans tangents au cône S suivant les génératrices SV et SV_1. Les traces horizontales de ces plans tangents sont, respectivement, les tangentes $v\beta$ et $v\beta_1$ au cercle *se*, et les points β et β_1 communs à ces tangentes et à la ligne de rappel du point β' sont les traces horizontales des deux asymptotes cherchées.

Les projections horizontales de ces asymptotes sont alors les parallèles $\beta_1\delta_1$ et $\beta\delta$ aux droites v_1s et vs.

La parallèle à $\omega'v'$ menée par s' n'étant pas comprise dans l'intérieur de l'angle $e's'f'$, la droite $\omega'v'$, n'est pas la projection verticale d'une asymptote de l'intersection.

Le solide commun est limité, dans le plan horizontal de projection, par l'arc de cercle pep_1 et l'arc de parabole ps_1p_1 ; cette parabole est l'intersection du cône S_1 et du plan horizontal.

Dans le plan horizontal P', le solide est limité par l'arc de cercle projeté horizontalement en qq_1 et l'arc de parabole projeté horizontalement suivant qs_1q_1.

Données numériques.

Dans un cadre de $0^m,27$ sur $0^m,45$, on tracera la ligne de terre parallèlement aux petits côtés et à $0^m,23$ du côté inférieur. On prendra la ligne de rappel ss' à égale distance des grands côtés.

Titre extérieur : Intersection de surfaces.

Titre intérieur : Solide commun à deux cônes de révolution.

9. Problème. — *Un cylindre de révolution dont les génératrices sont parallèles à la ligne de terre repose sur le plan horizontal* (fig. 13). *Trouver son intersection avec un cône vertical de révolution qui a son sommet sur l'axe du cylindre et qui a* *pour trace horizontale un cercle de même rayon que la section droite de ce cylindre.*

Construire la tangente en un point de la courbe d'intersection (École centrale — 1862).

Nous couperons les deux surfaces par des *sphères auxiliaires* ayant pour centre commun le point de concours (s', s) des axes des deux surfaces. La sphère auxiliaire dont le contour apparent vertical est $a'b'c'd'$ coupe le cône suivant $(a'm'd', amdm_1)$ et $(b'n'c', amdm_1)$. Elle coupe le cylindre suivant les parallèles projetés verticalement en $e'f'$ et $g'h'$. Les points (m', m), (m', m_1), (n', m), (n', m_1), (p', p), (p', p_1), (q', p), (q', p_1), communs aux parallèles du cône et à ceux du cylindre, sont huit points de l'intersection des deux surfaces.

La *tangente en* (m', m) s'obtient aisément par la méthode du plan normal.

La normale au cylindre en (m', m) est $(m'\alpha', m\alpha)$ et la normale au cône est $(m'\beta', m\beta)$: β' étant le point où la perpendiculaire en d' à $s'd'$ coupe la projection verticale de l'axe du cône.

Le plan de front sa coupe le plan normal suivant $(\alpha\beta, \alpha'\beta')$, donc la projection verticale de la tangente en (m, m') est la perpendiculaire $m't'$ à $\alpha'\beta'$.

Le plan horizontal $s'\alpha'$ détermine dans le plan normal l'horizontale $(\alpha'\gamma', \alpha\gamma,)$ donc la tangente est projetée horizontalement selon la perpendiculaire mt à $\alpha\gamma$.

La sphère limite inscrite dans le cylindre fournit les points (r', r), (r', r_1), (u', r) et (u', r_1). En chacun de ces points, l'intersection est tangente aux parallèles $(y'r'z', yrzr_1)$ et $(v'u'x', yrzr_1)$ déterminés dans le cône par la sphère limite.

Le plan de front sa donne les points (δ', δ), $(\delta'_1 \delta)$, $(\varepsilon', \varepsilon)$ et $(\varepsilon'_1, \varepsilon)$ appartenant au contour apparent vertical des deux surfaces. La tangente *à la projection verticale* en δ' est la perpendiculaire $\delta'\theta'$ à $\delta'\zeta'$ (voir notre *Cours* : II° vol., 2° fasc., n° 124).

Nature de la projection horizontale.

Le plan horizontal $s'\alpha'$ est un plan principal commun aux deux surfaces, donc la projection horizontale de leur intersection est une courbe du second degré.

Cette courbe est une *ellipse* ayant pour axes $\delta\varepsilon$ et rr_1.

Nature de la projection verticale.

Le plan de front $s\delta$ étant un plan principal commun au cône

fig.12

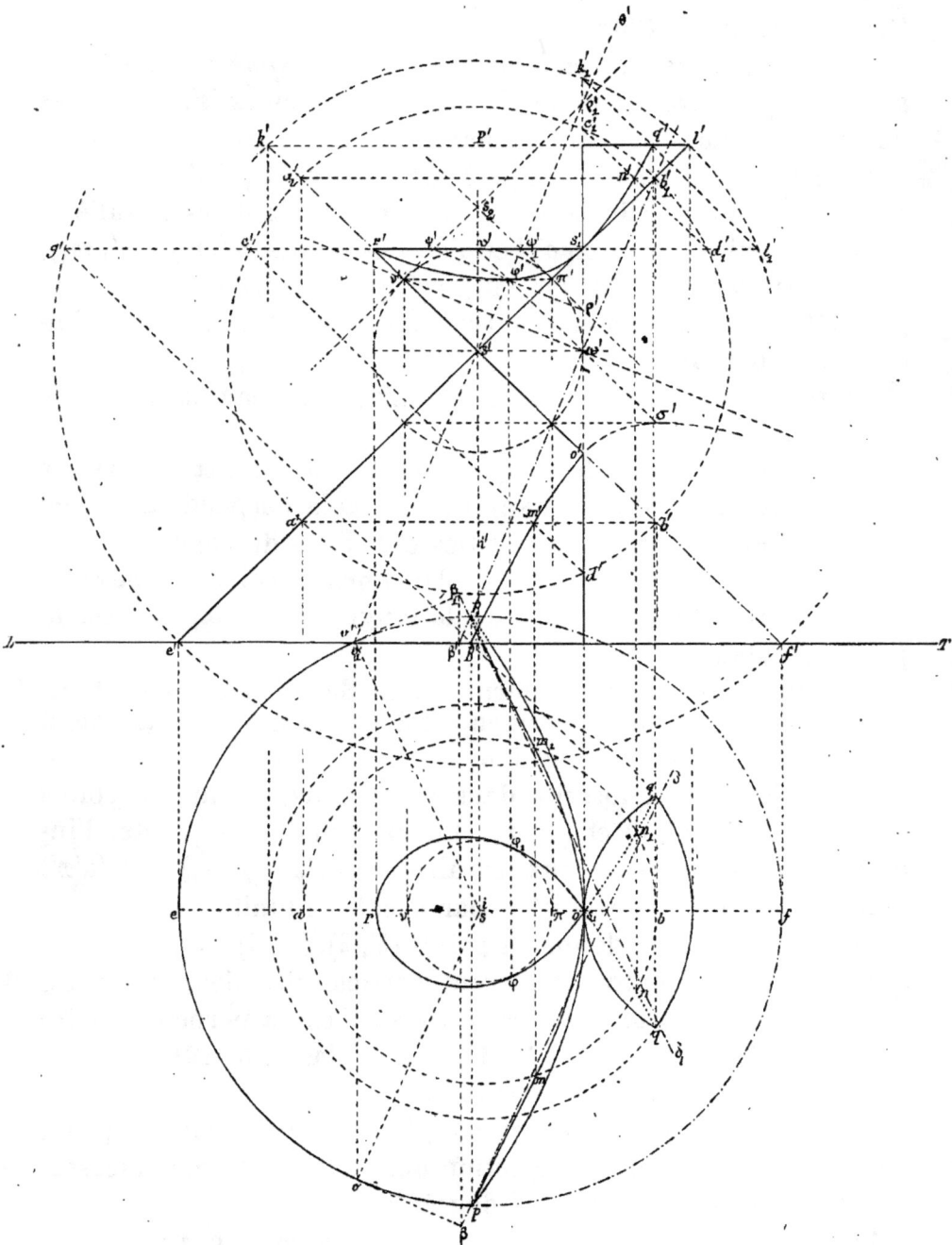

et au cylindre, là la projection verticale de l'intersection des deux surfaces est une courbe du second degré.

Cherchons si cette courbe admet des asymptotes.

Pour cela, circonscrivons à la sphère inscrite dans le cylindre un cône S_1 homothétique du cône S.

Le cône S_1 et le cylindre se coupent suivant deux courbes planes projetées verticalement selon les droites $v'\pi'$ et $v'_1\pi'_1$ qui sont deux directions asymptotiques.

D'autre part, $r'u'$ est un diamètre de la projection verticale; le centre est donc en s' et, par suite, les asymptotes de la projection verticale sont les parallèles $s'\varphi'$ et $s'\varphi'_1$ à $v'\pi'$ et $v'_1\pi'_1$.

Cette projection est donc une *hyperbole*. Son axe transverse est $r'u'$.

Données numériques.

Dans un cadre de 0^m,27 sur 0^m,43 on placera LT parallèlement aux petits côtés du cadre, à 0^m,20 du côté inférieur. On prendra la ligne de rappel ss' à égale distance des grands côtés.

Rayon du cylindre : 0^m,55. $\sigma s = $ 0^m,85.

Titre extérieur : Intersection de surfaces.

Titre intérieur : Cylindre et cône de révolution.

10. Problème. — *On donne dans le plan horizontal :*

1° *Un point* s *situé à* 0^m,07 *de la ligne de terre;*

2° *Deux droites, l'une* ss' *perpendiculaire à la ligne de terre, l'autre* sa *inclinée à* 45° *sur la ligne de terre* (fig. 14).

La droite sa *est l'axe d'un cylindre de révolution dont le rayon a* 0^m,04.

La droite ss' *est l'axe d'un cône de révolution dont* sa *est une génératrice.*

On demande de trouver les projections de l'intersection du cône et du cylindre.

Dans la mise à l'encre, on représentera le cylindre supposé plein et existant seul, en supprimant la partie de ce corps comprise dans le cône (Concours d'admission à l'École centrale — 1866, 2° session).

Nous couperons les deux surfaces par des *sphères auxiliaires* ayant pour centre commun le point s.

La sphère $sbce_1ed$ coupe le cylindre suivant les parallèles projetés horizontalement en b_1mc_1 et d_1ne. Elle détermine dans le cône les deux parallèles $(bmc, b'm'c'm'_1)$ et $(dne, b'm'c'm'_1)$. Les points communs aux parallèles du cône et à ceux du cylindre appartiennent à l'intersection des deux surfaces.

Ce sont les points : (m, m'), (m, m'_1), (n, n') et (n, n'_1).

Construisons la tangente en (m, m') par la méthode du plan normal.

La normale au cylindre en (m, m') est $(m\alpha, m'\alpha')$ et la normale au cône, $(\beta m, \beta' m')$; β étant le point où la perpendiculaire $b\beta$ à sb rencontre ss'.

Le plan de front $\alpha\gamma$ coupe le plan des deux normales suivant $(\alpha\gamma, \alpha'\gamma')$; la projection verticale de la tangente est alors la perpendiculaire $m't'$, à $\alpha'\gamma'$. Sa projection horizontale mt est perpendiculaire à la trace horizontale $\alpha\beta$ du plan normal.

La sphère *limite* inscrite dans le cylindre donne les points (r, r') et (u, u') appartenant aux contours apparents horizontaux des deux surfaces. Les tangentes en ces points sont verticales. Si l'on veut les tangentes en r et u à *la projection horizontale* de l'intersection, il suffit de remarquer que, lorsque le point m se transporte en r, la droite $\alpha\beta$ se transporte en $s\beta$, et la perpendiculaire mt à $\alpha\beta$ vient suivant la perpendiculaire $r\theta$ à $s\beta$. Ainsi les tangentes en r et u à la projection horizontale de l'intersection sont parallèles à la ligne de terre.

Nature de la projection horizontale.

Le cône et le cylindre considérés sont du second degré et le plan horizontal de projection est un plan principal commun aux deux surfaces, donc la projection horizontale de leur intersection est une *courbe du second degré*.

Cherchons-en les asymptotes et, pour cela, circonscrivons à la sphère sr un cône s_1 homothétique du cône s.

Le cône s_1 et le cylindre se coupent suivant deux lignes planes : la génératrice commune $s_1 b_1$ et l'ellipse projetée horizontalement selon la droite $u\delta$.

Les deux droites $s_1 b_1$ et $u\delta$ sont alors deux directions asymptotiques de la projection horizontale. D'ailleurs, le point s, milieu de ur, en est le *centre*, puisque les tangentes en r et u sont parallèles, donc les *asymptotes* de la projection horizontale sont les droites sb et $s\varepsilon$ parallèles respectivement à $s_1 b_1$ et $u\delta$.

Les deux branches rmp et unq de la projection horizontale appartiennent, par suite, à une même *hyperbole*.

Il est aisé d'en déterminer les *sommets*.

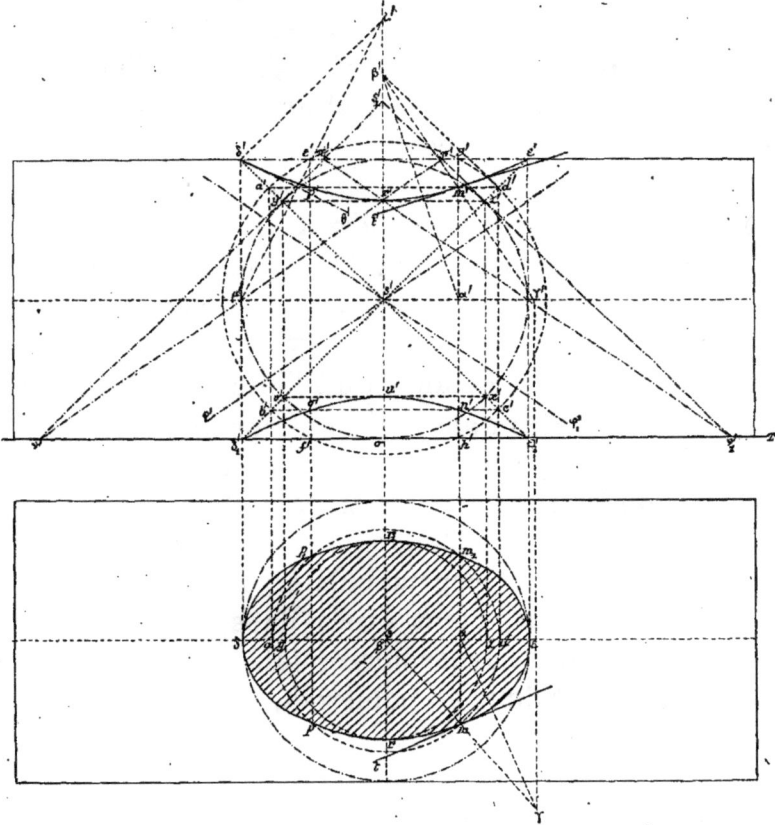

fig. 13

Ils sont situés sur la bissectrice sx de l'angle ιsb des deux asymptotes, et tout revient à trouver les points de l'intersection projetés horizontalement sur la droite sx.

Les génératrices du cône projetées horizontalement suivant $sx\zeta$ sont projetées sur le plan vertical ur selon $s\zeta'_1$ (nous ne considérons que la génératrice située au-dessus du plan horizontal), le point ζ'_1 étant tel que $\eta'\zeta'_1 = \eta\zeta'$. $s\zeta'_1$ coupe le cercle $rx''u$, base du cylindre sur le plan vertical ur, en un point x'' qui est la projection verticale du point cherché sur le plan vertical auxiliaire ur.

Menant la perpendiculaire $x''\mu'x$ à ur, on obtient x sur $s\zeta$. x est un sommet de la projection horizontale, et les points de l'intersection projetés horizontalement en x sont projetés verticalement en x' et x'_1; on a pris : $\mu x' = \mu x'_1 = \mu'x''$.

Nous avons déterminé la tangente à l'intersection en (xx').

La projection horizontale est la perpendiculaire $x\pi$ à sx. Pour en obtenir la projection verticale, construisons le plan tangent au cylindre en (x, x'). La trace verticale de ce plan sur le plan vertical ur est la tangente $x''\nu$ au cercle $rx''u$, et sa trace horizontale est la perpendiculaire $\nu\pi$ à ur. La tangente à l'intersection en (x, x') étant située dans le plan tangent au cylindre en ce point, sa trace horizontale appartient à celle du plan tangent; elle est donc au point π et, par suite, la projection verticale de la tangente est $\pi'x'$.

Asymptotes de l'intersection.

Nous savons (voir notre *Cours*, II$^\mathrm{e}$ vol., 2$^\mathrm{e}$ fasc., n$^\mathrm{o}$ 123) que les asymptotes de l'intersection d'un cylindre et d'un cône sont les génératrices du cylindre contenues dans le plan tangent au cône suivant la génératrice sa parallèle aux génératrices du cylindre.

Les asymptotes sont alors ici les génératrices de *contour apparent vertical du cylindre.*

Nous avons limité le cylindre, d'une part, au plan vertical de projection, et, d'autre part, au parallèle d'intersection $\lambda p\varphi$, $\lambda p'\varphi'$ de ce cylindre avec la sphère sa.

Les points de l'intersection situés sur l'ellipse trace verticale du cylindre sont (q, q') et (q, q'_1) Les points appartenant au parallèle $(\lambda p\varphi, \lambda'\varphi'p')$ sont (p, p') et (p, p'_1).

Le plan du parallèle $(\lambda p\varphi, \lambda'p'\varphi')$ coupe le cône suivant un arc de parabole ($p\rho\sigma$, $p'\rho'\sigma'\rho_1'p_1$); (ρ, ρ') est le point d'intersection de la génératrice ($s\psi$, $s'\psi'$) avec le plan vertical $\lambda p\varphi$.

La branche de l'intersection projetée horizontalement en $r x m p$ est vue tout entière en projection verticale; l'autre branche est cachée.

Données numériques.

Dans un cadre de $0^m,27$ sur $0^m,43$, on placera la ligne de terre parallèlement aux petits côtés du cadre et à $0^m,23$ du côté inférieur. On prendra le point s' à $0^m,115$ du grand côté de gauche.

Titre extérieur : Intersection de surfaces.

Titre intérieur : Cylindre et cône.

11. Problème. — *On donne un cône droit. Dans la section méridienne ASB de ce cône on inscrit un cercle OK. Ce cercle est la section droite d'un cylindre.*

Chercher l'intersection de ce cylindre et du cône (Admission à l'École centrale 1863, 2e session).

Coupons les deux surfaces par des *plans horizontaux* (fig. 15).

Le plan horizontal P' coupe le cône suivant la circonférence ($c'm'd'$, cmd) et le cylindre suivant les deux génératrices (m', mm_1) et (n', nn_1).

Les points (m, m'), (m_1, m'), (n, n') et (n_1, n') communs au parallèle du cône et aux génératrices du cylindre sont quatre points de l'intersection des deux surfaces.

Le plan tangent au cylindre en (m', m) est $m'i'i$ et le plan tangent au cône a pour trace horizontale la tangente αi à la trace horizontale du cône. La *tangente* à l'intersection en (m', m) est alors ($i'm't'$, imt).

Les plans horizontaux *limites* sont :

1° Le plan $e'p'f'$ qui fournit les points (p, p') et (p_1, p');

2° le plan $g'q'h'$ qui donne les points (q, q') et (q_1, q').

En chacun de ces points, l'intersection est tangente au parallèle déterminé dans le cône par le plan horizontal auxiliaire correspondant (Théorème des surfaces inscrites).

Le plan horizontal $j'o'l'$ donne les points (r, r'), (r_1, r'), (u, u') et (u_1, u') appartenant au contour apparent horizontal du cylindre.

Le plan de front ab fournit les points (k', k) et (v', v) situés sur le contour apparent vertical du cône.

fig.14

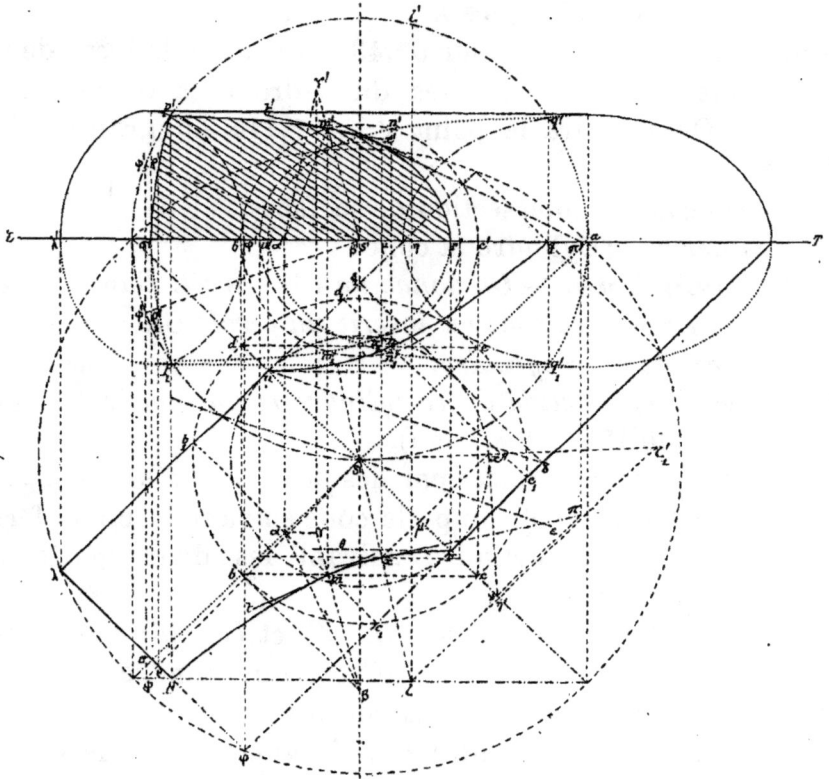

Librairie Ch. Delagrave.

Nature de la projection horizontale.

Le cylindre et le cône sont circonscrits à la sphère OK, donc leur intersection se compose de deux courbes planes.

Les plans de ces courbes passent par les points d'intersection (k', k) et (v', v) des courbes de contact du cylindre et du cône avec la sphère; ils contiennent donc la droite ($k'v'$, kv).

D'ailleurs, le plan de front ab est un plan principal commun aux deux surfaces, donc l'intersection est symétrique par rapport à ce plan. Les plans des deux courbes sont alors également inclinés sur le plan vertical ab.

Ils déterminent deux ellipses égales projetées horizontalement selon les deux ellipses ayant pour axes, l'une p_1q et ru, l'autre pq_1 et r_1u_1.

Données numériques.

Cadre : $0^m,27$ sur $0^m,43$. Placer LT parallèlement aux petits côtés du cadre et à $0^m,21$ du côté inférieur. Prendre la ligne de rappel ss' à égale distance des grands côtés. $\omega s = 0^m,105$; $\omega s' = 0^m,17$. $sa = 0^m,09$.

Le rayon du cylindre vaut $0^m,053$ et sa demi-longueur est égale à $0^m,095$.

Titre extérieur : Intersection de surfaces.

Titre intérieur : Cylindre et cône.

12. Problème. — *Deux cônes sont circonscrits à une même sphère; ils se coupent par suite suivant deux courbes planes.*

L'un de ces cônes est solide (fig. 16). On demande de représenter par ses projections la portion de ce cône solide qui est renfermée dans l'autre. Le centre de la sphère est projeté en o' et o; les points o' et o sont à 120^{mm} de la ligne de terre; le rayon de la sphère a 60^{mm} de longueur.

Les cônes touchent cette sphère suivant des petits cercles projetés verticalement en $a'b'$ et $c'd'$.

Pour déterminer ces droites, on donne les dimensions suivantes :

$$o'e' = 25^{mm}, \quad o'g' = 40^{mm}, \quad o'h' = 10^{mm}, \quad i'h' = 40^{mm}$$

(Concours d'admission à l'École polytechnique 1867.)

Les contours apparents verticaux des deux cônes S et S_1 se composent des tangentes $a's'$, $b's'$ et $c's'_1$, $d's'_1$ au cercle o'.

3

Des points s' et s'_1, on déduit s et s_1 sur la parallèle à LT menée par le point o.

Les contours apparents horizontaux des deux cônes s'obiennent alors en menant des points s et s_1 des tangentes à la circonférence o.

L'intersection des deux cônes se compose de deux courbes planes (voir notre *Cours*, IIe vol., 2e fasc., n° 143). D'ailleurs, le plan de front ss_1 étant un plan principal commun aux deux surfaces, leur intersection est symétrique par rapport à ce plan ; et, par suite, les plans des deux courbes planes considérées sont perpendiculaires au plan vertical.

Ils ont respectivement, pour traces verticales, les droites $k'l'$ et $p'q'$ qui sont les projections verticales des deux courbes. Ces droites passent par le point i', projection verticale de la corde commune aux courbes de contact AB et CD des deux cônes avec la sphère.

On peut d'ailleurs déterminer un point quelconque de l'intersection des deux cônes en les coupant par une sphère auxiliaire ayant son centre au point O de concours des axes SO et S_1O des deux cônes.

La sphère auxiliaire dont le contour apparent vertical est $\alpha'\gamma'\alpha'_1\beta'_1\gamma'_1$ coupe le cône S suivant les parallèles projetés verticalement en $\alpha'n'\alpha'_1$, et $\beta'm'\beta'_1$. Elle coupe le cône S_1 selon les parallèles projetés verticalement en $\gamma'n'\gamma'_1$ et $\delta'm'\delta'_1$.

Les points m', n', r', sont les projections verticales de six points de l'intersection, symétriques deux à deux par rapport au plan de front ss_1.

Pour obtenir les projections horizontales des points projetés verticalement en m', rabattons le plan $\delta'M\delta'_1$ sur le plan de front ss_1.

Le parallèle $\Delta M\Delta_1$ du cône S_1 est, après ce rabattement, projeté verticalement selon la circonférence décrite sur $\delta'\delta'_1$ comme diamètre (il suffit de considérer la demi-circonférence $\delta'M_2\delta'_1$) et la longueur $m'M_2$ est l'éloignement du point M par rapport au plan de front ss_1 ; on obtient alors m et m_1 en prenant $\mu m = \mu m_1 = m'M_2$.

On détermine d'une manière analogue les points n et n_1 en prenant $\nu n = \nu n_1 = n'N_2$, et les points r_1 et r en portant $\rho r = \rho r = r'R_2$.

fig. 15

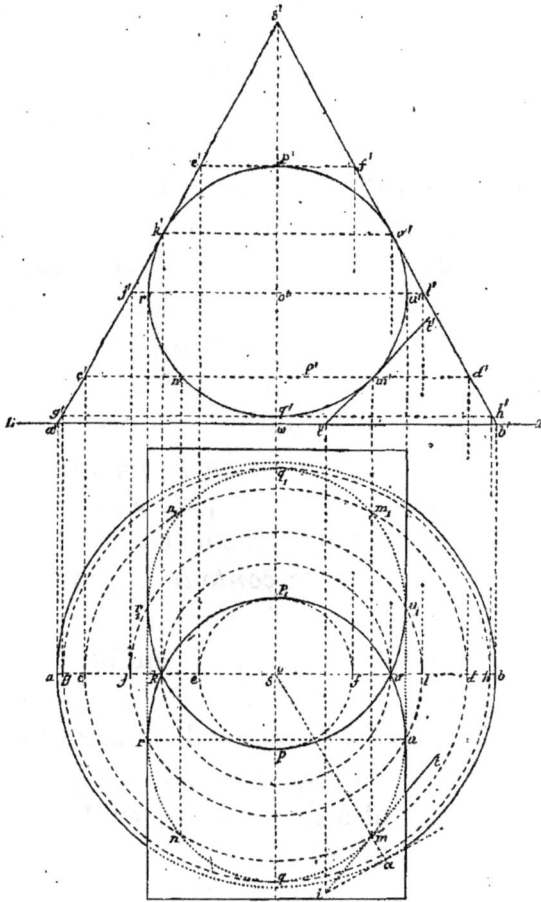

Librairie Ch. Delagrave.

L'intersection des deux cônes se compose de. *deux ellipses* projetées horizontalement suivant des ellipses dont il est facile de déterminer les axes.

L'ellipse projetée verticalement en $k'i'l'$ a pour projection horizontale une ellipse dont le grand axe est kl. Pour en déterminer le petit axe, menons par le milieu (ω, ω') de $(kl, k'l')$ un plan perpendiculaire à l'axe du cône S_1. Ce plan coupe le cône S_1 suivant un parallèle, et la corde de ce parallèle perpendiculaire en (ω, ω') au plan CS_1D est le petit axe de l'ellipse KL (voir notre *Cours*, IIe vol., 1er fasc., n° 95-I, 2°).

En rabattant le plan $\zeta'U'\zeta'_1$ sur le plan de front ss_1, on obtient la longueur $\omega'U_2$ du demi-petit axe de la projection horizontale; nous l'avons reportée eu $\omega'\varphi$, puis en ωu et ωu_1.

Nous avons construit d'une manière analogue les axes pq et vv_1 de la projection horizontale de l'ellipse projetée verticalement en $p'q'$: Ω_1 est le milieu de $(p'q', pq)$, et nous avons pris, comme l'indique l'épure, $\omega_1 v = \omega_1 v_1 = \omega'_1 V_2$.

Nous avons déterminé directement les points de l'intersection situés sur les *génératrices de contour apparent horizontal* des deux cônes.

Les génératrices de contour apparent horizontal du cône S_1 sont projetées horizontalement suivant $s_1 g, s_1 g_1$, et verticalement suivant $s'_1 g'$. Elles coupent les plans des deux ellipses aux points cherchés $(\pi', \pi), (\sigma'\sigma)$ et $(\pi', \pi_1), (\sigma', \sigma_1)$.

Les points appartenant aux génératrices de contour apparent horizontal du cône S sont $(\eta', \eta), (\varepsilon',\varepsilon)$ et $(\eta', \eta_1) (\varepsilon', \varepsilon_1)$.

L'intersection présente deux points doubles (i', i) et (i', i_1).

Nous avons construit aussi la *ligne des points doubles en projection horizontale*. Les plans diamétraux conjugués des cordes verticales dans les cônes S et S_1 sont, respectivement, les plans perpendiculaires au plan vertical et ayant pour traces verticales $s'e'$ et $s'_1 g'$. Ils se coupent suivant une perpendiculaire au plan vertical en j', donc les points doubles x et y de la projection horizontale appartiennent à la ligne de rappel du point j'.

Données numériques.

Dans un cadre de $0^m,27$ sur $0^m,43$ on placera la ligne de terre parallèlement aux petits côtés et à $0^m,195$ du côté inférieur. On prendra oo' à $0^m,155$ du grand côté de gauche.

Titre extérieur : Intersection de surfaces.

Titre intérieur : Cônes circonscrits à une même sphère.

13. Problème. — *On donne un cylindre et un cône circonscrits à une même sphère O (fig. 17).*

Le cylindre a son axe parallèle à la ligne de terre et le sommet du cône est situé sur cette ligne.

On demande :

1° *De déterminer l'intersection des deux surfaces ;*

2° *De représenter le cône supposé plein et existant seul en enlevant la partie de ce corps comprise dans le cylindre.*

Prenons pour plan vertical de projection auxiliaire $L'T'$, le plan de profil qui passe par le point s.

Sur le plan $L'T'$, le contour apparent de la sphère O est la circonférence o'_1. Le contour apparent du cône se compose des tangentes si'_1 et sj'_1 au cercle o'_1 ; ce cercle est d'ailleurs la trace du cylindre sur le plan $L'T'$. Prenons maintenant un nouveau plan horizontal de projection caractérisé par la ligne de terre L_1T_1.

Sur ce plan horizontal :

1° Le contour apparent de la sphère est le cercle o_1, tel que $o'_1o_1 = \omega'o$;

2° Le contour apparent du cylindre se compose des deux droites b'_1b_1 et c'_1c_1 ;

3° Le contour apparent du cône se compose des deux tangentes sb_1 et sd_1 au cercle o_1.

Le plan horizontal L_1T_1 étant un plan principal commun au cône et au cylindre (puisqu'il contient les axes des deux surfaces), les deux courbes planes dont se compose leur intersection sont projetées sur le plan L_1T_1 suivant les deux droites a_1b_1 et c_1d_1. Ce sont deux ellipses projetées sur le plan vertical auxiliaire, $L'T'$ selon le cercle o'_1.

Cela posé, nous allons déterminer les projections des *points remarquables* sur les plans primitifs caractérisés par la ligne de terre LT.

1° *Points appartenant au contour apparent vertical du cylindre.*

Les génératrices de contour apparent vertical du cylindre sont projetées, sur le plan vertical $L'T'$ aux points k'_1 et l'_1. Elles sont projetées horizontalement, sur le plan auxiliaire L_1T_1, selon les perpendiculaires k'_1k_1 et l'_1l_1 à L_1T_1

fig. 16

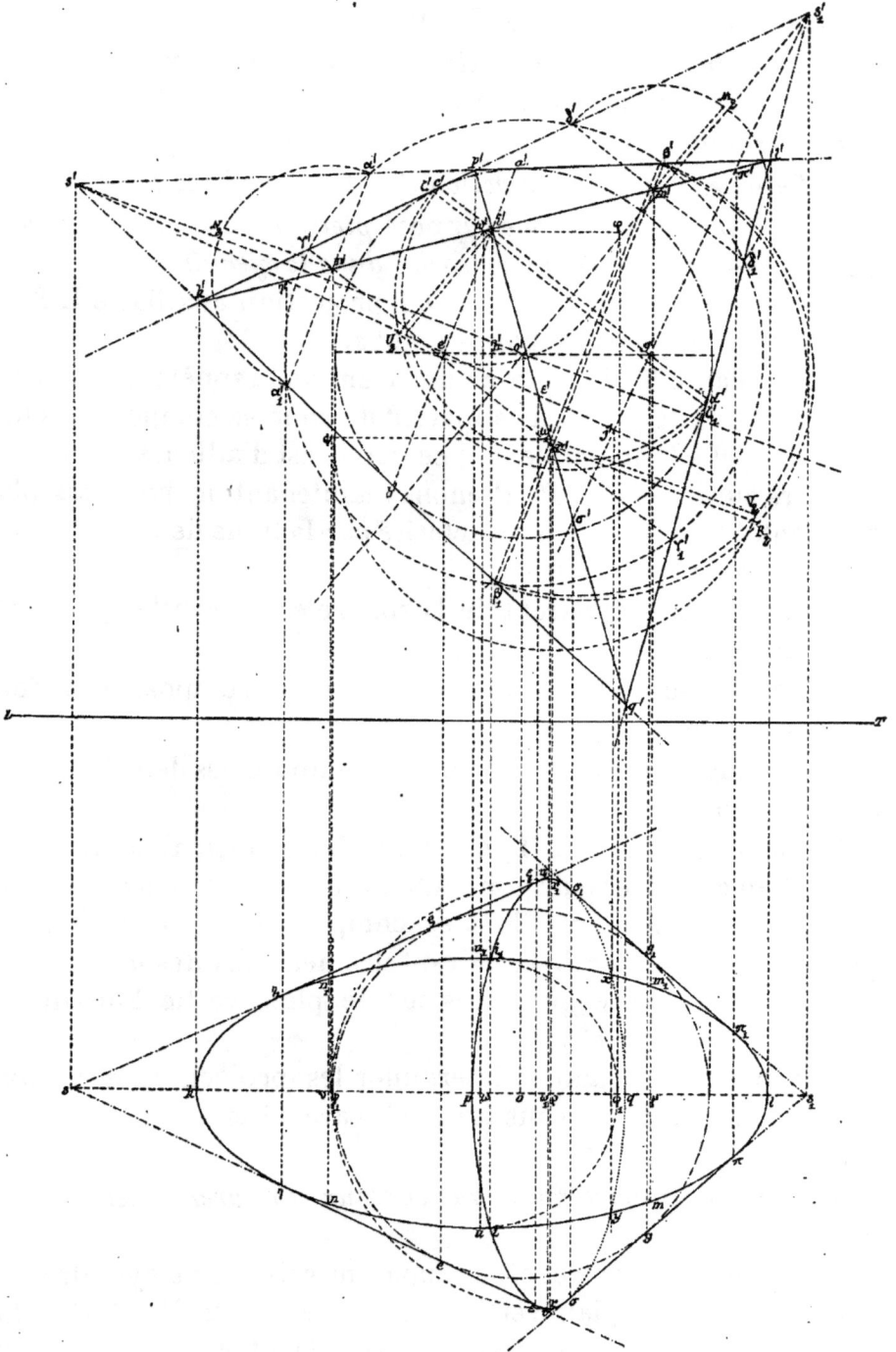

..Les projections auxiliaires des points cherchés sont alors (k'_1, k_1), (k'_1, m_1), (l'_1, l_1) et (l'_1, n_1).

Pour en déduire leurs projections sur les plans primitifs, il suffit de mener du point k'_1 une perpendiculaire à L'T', de prendre $\omega'k = \varepsilon k_1$, $\omega'm = \varepsilon m_1$ et de tracer les lignes de rappel des points k et m; elles fournissent k' et m'.

On·obtient d'une manière analogue (l, l') et (n, n').

2° *Points situés sur les génératrices de contour apparent horizontal du cylindre.*

Ces génératrices sont projetées verticalement sur le plan L'T' aux points e'_1 et f'_1 et horizontalement, sur le plan L_1T_1, selon les perpendiculaires menées à L_1T_1 des points e'_1 et f'_1.

Les points cherchés sont alors (e, e') et (g, g'), pour là génératrice e'_1e_1 ; on a pris : $\zeta'e = \zeta e_1$ et $\zeta'g = \zeta g_1$. Pour la génératrice f'_1f_1, on a pris : $\eta'h = \eta h_1$ et $\eta'f = \eta f_1$.

3° *Points situés sur les génératrices de contour apparent horizontal du cône.*

Ces génératrices sont $(s\alpha, s\alpha')$ et $(s\beta, s\beta')$. Elles sont projetées respectivement sur le plan vertical L'T' en $s\alpha'_1$ et $s\beta'_1$.

La génératrice $(s\alpha'_1, s\alpha)$ coupe le cylindre aux points (p'_1, p) et (q'_1, q); on en déduit p' et q' sur $s\alpha'$.

La génératrice $(s'\beta_1, s\beta)$ fournit les points (r'_1, r) et (t'_1, t) ou, sur les plans primitifs (r, r') et (t, t').

4° *Points situés sur les génératrices de contour apparent vertical $(s\delta', s\delta)$ et $(s\gamma', s\gamma)$ du cône.*

Ces génératrices sont projetées sur le plan L'T' en $s\delta'_1$ et·$s\gamma'_1$ obtenues en prenant $\omega'\delta_1' = \lambda\delta'$ et $\omega'\gamma_1' = \mu\gamma'$.

On trouve alors (x'_1, x) et (y'_1, y) sur $(s\delta'_1, s\delta)$, puis x' et y' sur $s'\delta'$.

Les points situés sur $(s\gamma, s\gamma')$ sont (u, u') et v, v'.

5° *Points doubles de l'intersection.*

Ce sont les points (i_1, i'_1) et (i_1, j'_1). Pour les rapporter aux plans de projection primitifs, prenons sur les perpendiculaires menées de i'_1 et j'_1, à L'T' des longueurs $v'i$ et $\pi'j$ égales à vi_1 ; et sur la ligne de rappel des points i et j des longueurs $\varphi i'$ et $\varphi j'$ égales respectivement à $v'i'_1$ et $\pi'j'_1$.

6° *Points pour lesquels la tangente est de profil.*

Ce sont les points projetés sur les plans caractérisés par la ligne de terre L_1T_1 en (b'_1, b_1), (b'_1, d_1), (c'_1, c_1) et (c'_1, a_1). On en déduit (b, b'), (d, d''), (c, c') et (a, a').

Données numériques.

Dans un cadre de $0^m,28$ sur $0^m,45$, placer LT parallèlement aux grands côtés du cadre, à $0^m,155$ du côté inférieur. Prendre le point s à $0^m,235$ du petit côté de gauche. Tracer la ligne de rappel oo' à $0^m,90$ à droite du point s. $\varphi o' = 0^m,50$ et $\varphi o = 0^m,80$. Rayon de la sphère : $0^m,30$.

Titre extérieur : Intersection de surfaces.

Titre intérieur : Cylindre et cône circonscrits à une même sphère.

14. Problème. — *Déterminer l'intersection d'un cône et d'un cylindre.*

Le cône est de révolution et a son axe vertical (fig. 18).

Le cylindre a une génératrice commune avec le cône, sa trace horizontale est une ellipse dont le petit axe est la projection horizontale de la génératrice commune et dont le grand axe est double du petit axe. La génératrice commune n'est pas parallèle au plan vertical (École polytechnique).

Soient (s', s) le sommet et acb la trace horizontale du cône donné.

Prenons, pour génératrice commune aux deux surfaces, la génératrice $(sc, s'c')$.

La trace horizontale du cylindre est l'ellipse $ecfs$ ayant pour petit axe sc et pour grand axe $ef = 2sc = ab$.

Les génératrices de contour apparent horizontal du cylindre sont projetées horizontalement suivant les tangentes en e et f à l'ellipse $ecfs$.

Les génératrices de contour apparent vertical s'obtiennent en menant à cette ellipse des tangentes, gg' et hh', perpendiculaires à LT et en traçant par les points g' et h' des parallèles à $c's'$.

Pour déterminer *un point* quelconque de l'intersection des deux surfaces, faisons passer un plan par la droite menée par le sommet du cône parallèlement aux génératrices du cylindre (voir notre *Cours*), c'est-à-dire par la génératrice commune $(sc, s'c')$. Soit cP la trace horizontale de ce plan.

Il coupe le cylindre et le cône respectivement suivant les génératrices projetées horizontalement en im et sj ; le point m

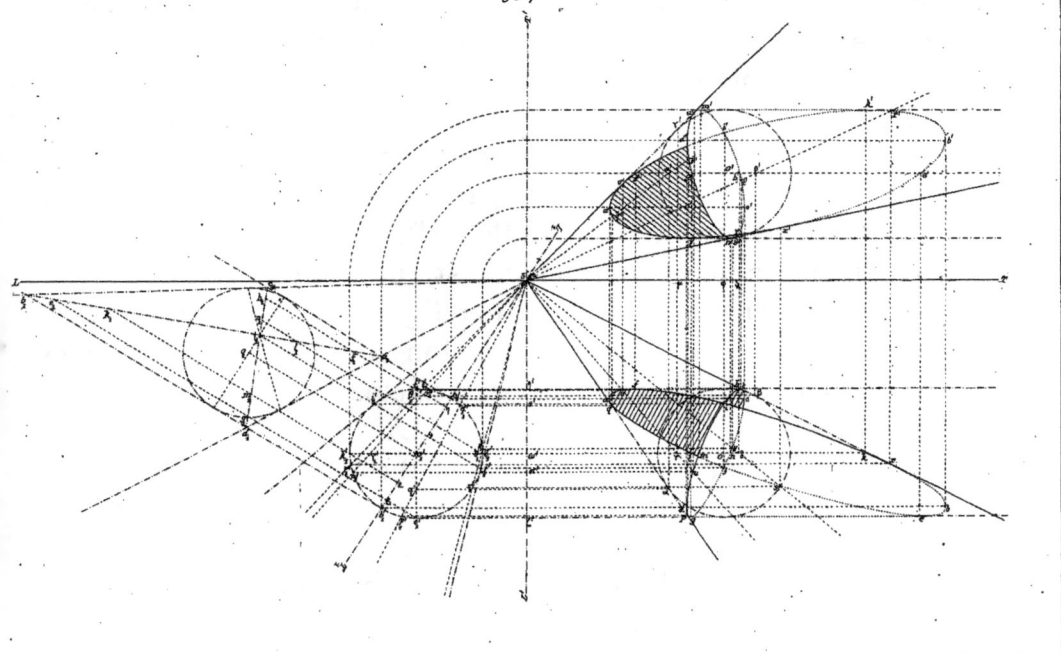

fig. 27

est la projection horizontale d'un point de l'intersection : on en déduit m' sur $s'j'$.

La *tangente en* (m, m') est l'intersection des plans tangents en ce point au cône et au cylindre.

La trace horizontale du plan tangent au cône est la tangente it au cercle s et la trace horizontale du plan tangent au cylindre est la tangente it à l'ellipse $ecfs$ (it est la bissectrice de l'angle aik) ; (tm, $t'm'$) est la tangente à l'intersection en (m, m').

Le plan auxiliaire dont la trace horizontale est cb fournit le point (n, n') situé sur la génératrice de contour apparent vertical (sb, $s'b'$) du cône.

Le plan vertical cs est un plan principal commun aux deux surfaces ; donc il contient le point de l'intersection pour lequel la tangente est horizontale. Pour déterminer ce point, rabattons le plan vertical cs sur le plan horizontal. Les génératrices du cône situées dans le plan vertical cs viennent en cS_1 et en lS_1 (on a pris : $sS_1 = cs'$) ; et la génératrice du cylindre dont la trace horizontale est en s se rabat suivant la parallèle sD_1 à cS_1. Le point D_1 est le rabattement du point cherché qui est, par suite, (d, d').

La génératrice (sc, $s'c'$) est une ligne plane commune aux deux surfaces, donc leur intersection comprend une seconde courbe plane. C'est une *ellipse* projetée horizontalement en $umdnr$ et verticalement en $u'm'd'n'r'$. La projection horizontale $umdnr$ appartient à une ellipse dont il est facile de déterminer les axes. Construisons la projection horizontale p du point de l'intersection situé sur la génératrice de contour apparent horizontal ee_1 du cylindre (on l'obtient en considérant le plan auxiliaire dont la trace horizontale est ce). La symétrie par rapport au plan vertical cs fournit le point q situé sur ff_1. pq est le petit axe de la projection horizontale et ωd en est le demi grand axe.

Données numériques.

Cadre : $0^m,27$ sur $0^m,43$. Tracer LT parallèlement aux petits côtés du cadre et à égale distance de chacun d'eux. Prendre la ligne de rappel ss' à égale distance des grands côtés. $cs' = 0^m,125$; $cs = 0^m,095$.

Rayon de base du cône : $0^m,065$. Angle $asc = 60°$.

Limiter le cylindre à un plan horizontal Q' à la cote $0^m,145$.

Titre extérieur : Intersection de surfaces.

Titre intérieur : Cylindre et cône.

15. Problème. — *On donne deux paraboles, l'une dans le plan horizontal, l'autre dans le plan vertical et dont les axes sont perpendiculaires à la ligne de terre* (fig. 19). *Prouver qu'elles sont les projections d'une même parabole de l'espace* (École polytechnique — 1881 et 1882, *Examen oral*).

Nous allons démontrer que les deux cylindres paraboliques ayant pour directrices les paraboles données p et q' et leurs

fig. 19.

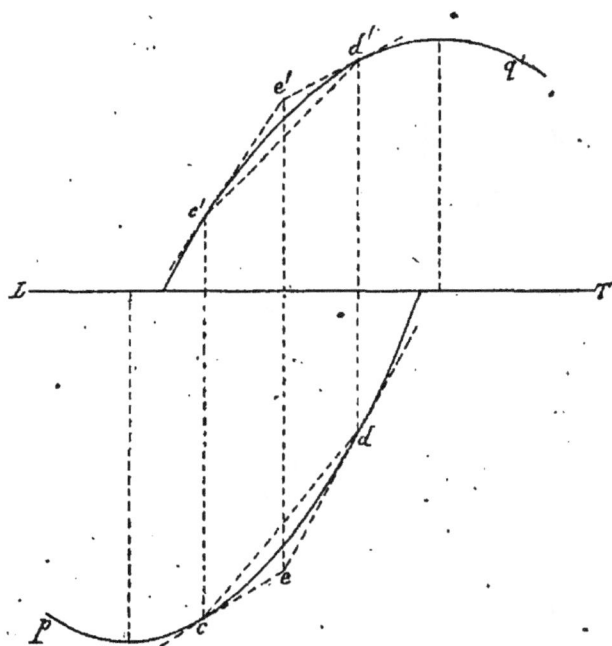

génératrices respectivement perpendiculaires au plan horizontal et au plan vertical, se rencontrent suivant une courbe plane ; et, pour cela, que les tangentes en deux points quelconques C et D de l'intersection des deux cylindres sont situées dans un même plan.

En effet, la tangente en C à l'intersection des deux cylindres est projetée horizontalement selon la tangente ce à la parabole p et, verticalement, suivant la tangente $c'e'$ à la parabole q'.

La tangente en D a pour projections les tangentes de à la parabole p et $d'e'$ à la parabole q'.

Or, la perpendiculaire menée du point e' à la ligne de terre·
étant un diamètre de la parabole q', divise $c'd'$ en deux parties
égales ; elle divise donc aussi cd en deux parties égales et, puisqu'elle est parallèle à l'axe de la parabole p, elle passe par le
point e.

Les points de concours e et e' des droites ce et de, d'une part,

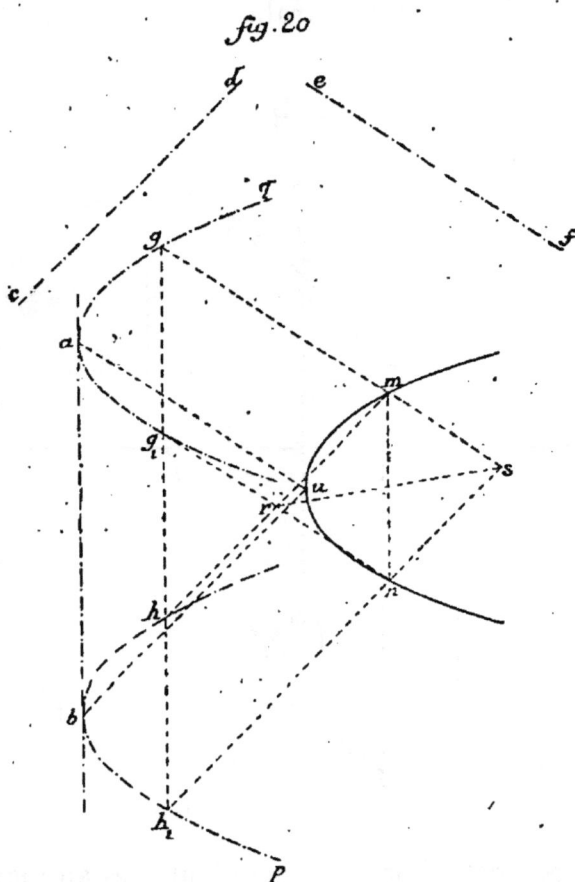

fig. 20

$c'e'$ et $d'e'$, d'autre part, étant sur une même perpendiculaire à
la ligne de terre, les droites $(ce, c'e')$ et $(de, d'e')$ se coupent ;
l'intersection des deux cylindres est donc plane et par conséquent c'est une *parabole*.

Les deux cylindres paraboliques ont une seconde courbe
plane commune rejetée tout entière à l'infini.

16. Problème. — *On donne deux cylindres dont les traces*
horizontales sont deux paraboles égales ayant même tangente ab

en leurs sommets (fig. 20). — *Les plans donnant des génératrices dans les deux cylindres ont leurs traces horizontales parallèles à* ab, *et l'on connaît les directions* cd *et* ef *des projections horizontales des génératrices des cylindres* p *et* q. *Construire la projection horizontale de l'intersection des deux surfaces* (École polytechnique. — 1881 et 1882, *Examen oral*).

Soit gg_1hh_1 la trace horizontale d'un plan sécant auxiliaire.

Ce plan coupe le cylindre p suivant deux génératrices projetées horizontalement en hm et h_1s; il coupe le cylindre q suivant les génératrices projetées selon gm et g_1n. Les points m, s, n et r sont les projections horizontales de quatre points de l'intersection des deux cylindres.

Considérons en premier lieu les points M et N.

La longueur gh restant constante quand la trace horizontale gg_1hh_1 du plan auxiliaire se transporte parallèlement à elle-même, le triangle ghm se déplace parallèlement à lui-même, donc le lieu des points m, n est une parabole égale aux paraboles p et q. C'est la parabole q transportée parallèlement à ef d'une quantité égale à gm.

D'ailleurs, les triangles ghM, abU g_1h_1N, etc. — étant égaux, les cotes des points M, U, N, etc... sont égales; ces points sont alors situés dans un plan horizontal et, par suite, la partie de l'intersection projetée horizontalement suivant mun est une *parabole horizontale égale à la parabole* p.

On peut encore le reconnaître en remarquant que la tangente en M est horizontale, car les traces horizontales des plans tangents aux deux cylindres suivant gM et hM sont parallèles.

Les deux cylindres ayant une courbe plane commune, leur intersection comprend une seconde courbe plane qui est nécessairement une autre parabole. Le lieu des points $r,s...$ est donc une parabole; elle passe par le sommet u de la parabole mun, car le point U est un point double réel de l'intersection des deux cylindres.

17. Problème. — *On donne une droite et un cercle dans le plan vertical. La droite, en tournant autour de la ligne de terre, engendre un cône de révolution; le cercle est la directrice d'un cylindre dont les génératrices sont parallèles au plan horizontal. Trouver un point de l'intersection des deux surfaces et la tan-*

fig. 18

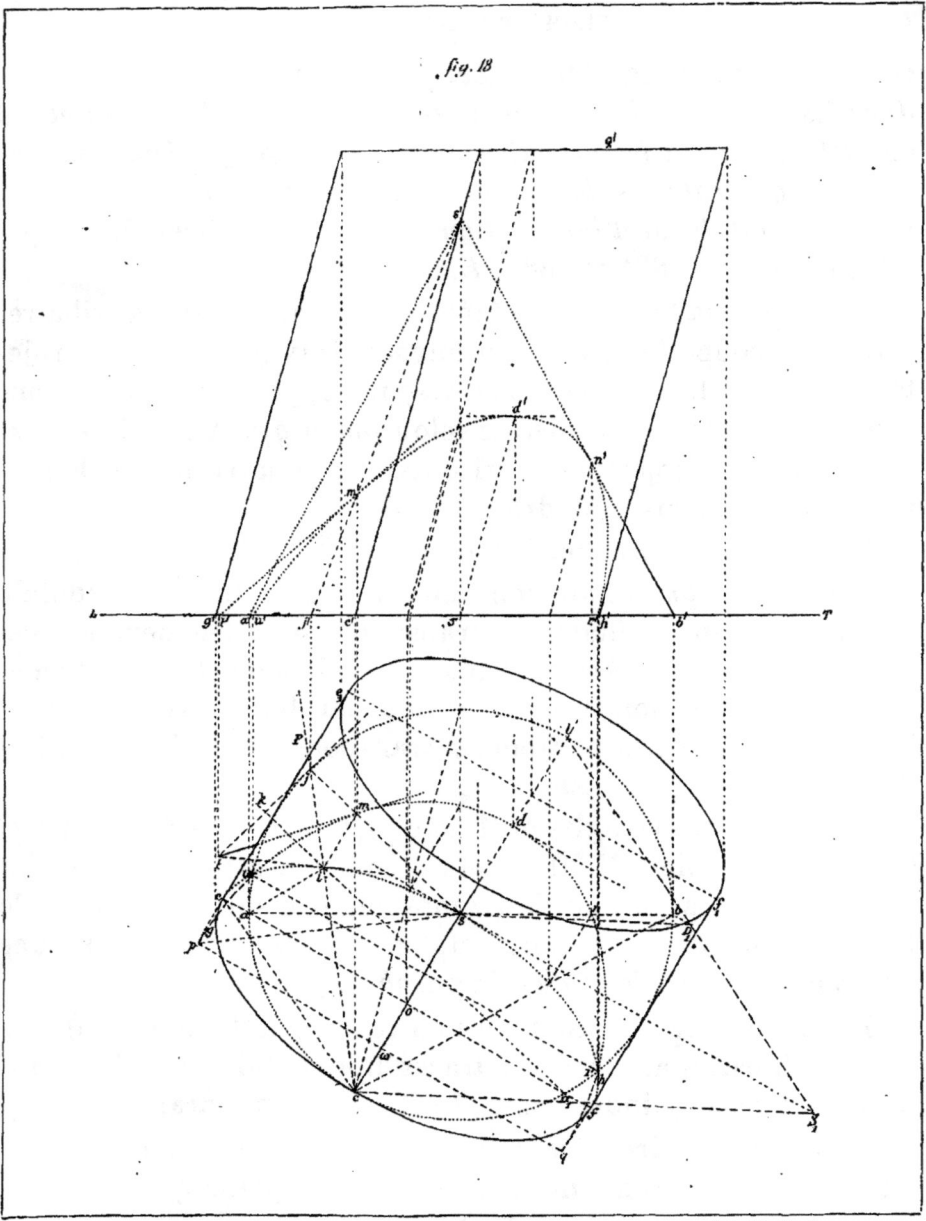

Librairie Ch. Delagrave.

gente en ce point (Concours d'admission à l'École polytechnique — 1881, *Examen oral*).

Soient AB la droite et O le cercle donnés (fig. 21).

fig. 21

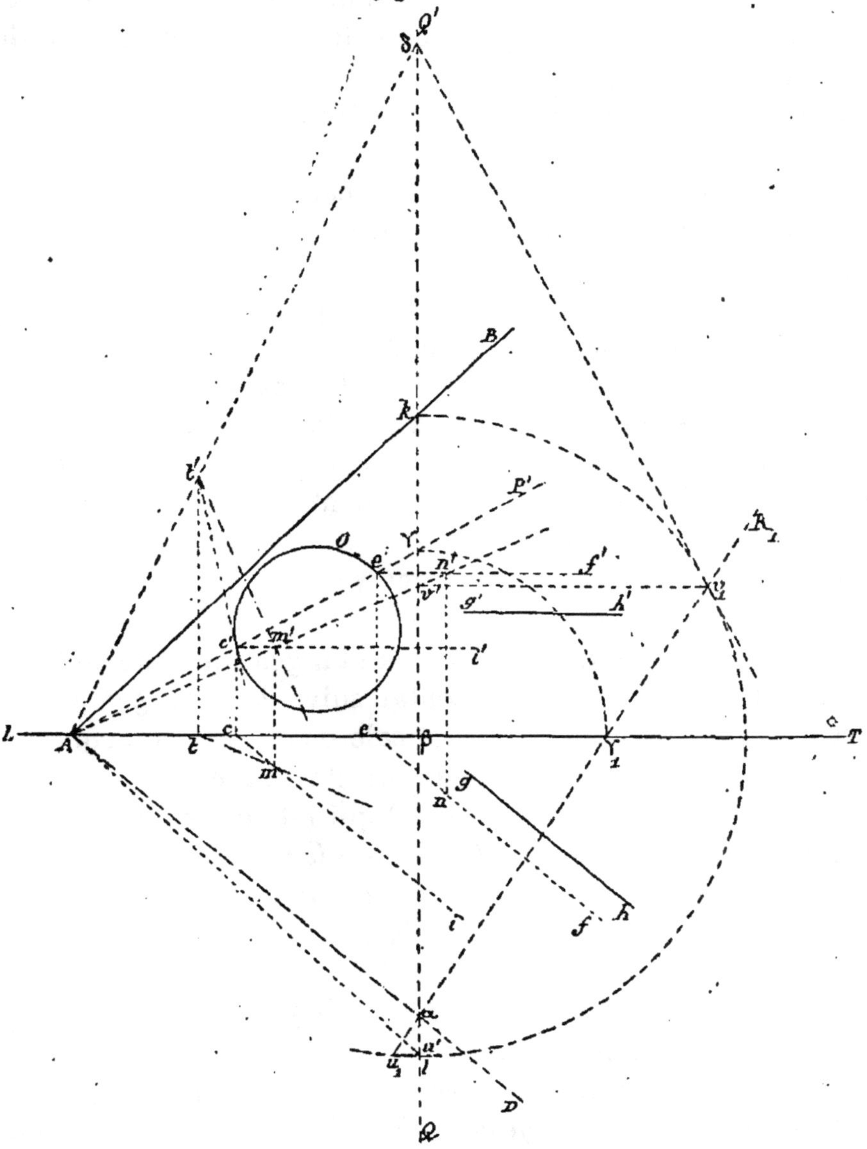

Les génératrices horizontales du cylindre sont parallèles à la droite ($g'h'$, gh).

Menons par le sommet A du cône une parallèle aux génératrices du cylindre ; c'est la droite AD située dans le plan horizontal.

Tous les plans auxiliaires auront pour trace horizontale AD. Soit DAP′ un de ces plans.

Il coupe le cylindre suivant les génératrices $(c'i', ci)$ et $(e'f', ef)$. Pour déterminer les génératrices d'intersection du cône et du plan auxiliaire, prenons pour base du cône le cercle situé dans le plan de profil $Q'\beta Q$.

Rabattons ce plan sur le plan horizontal.

Le cercle de base du cône se rabat en kv_1lu_1 et la trace du plan auxiliaire sur le plan $Q'\beta Q$ se rabat en $\alpha\gamma_1$.

Les points u_1 et v_1 sont les rabattements des traces des génératrices cherchées sur le plan $Q'\beta Q$. Ces traces sont donc projetées verticalement en u' et v', et les projections verticales des génératrices du cône sont Au' et Av'.

Les points, m' et n' communs aux droites Av', et $c'i'$, $e'f'$, sont les projections verticales de deux points de l'intersection du cylindre et du cône ; on en déduit m et n. La génératrice du cône projetée verticalement en Au' contient deux autres points de l'intersection que nous n'avons pas déterminés.

Tangente en (m', m'). — La trace verticale du plan tangent au cylindre en (m,m) est la tangente $c't'$ au cercle O.

La trace, sur le plan $Q'\beta Q$, du plan tangent au cône en (m', m) est rabattue sur le plan horizontal suivant la tangente $v_1\delta$ au cercle kv_1lu_1 ; donc la trace verticale de ce plan tangent est Aδ.

Le point t' commun aux deux droites $c't'$ et Aδ est la trace verticale de la tangente en (m,m') qui est, par suite, $(t'm', tm)$.

18. Problème. — *On donne dans le plan horizontal de projection un cercle qui est tangent à la ligne de terre et dont le rayon est de $0^m,06$. Ce cercle est la base d'un cône droit dont la hauteur est égale à $0^m,14$ (fig. 22).*

Soient A *le point du cercle qui est le plus éloigné de la ligne de terre et* B *le milieu de l'une des arêtes du cône qui sont parallèles au plan vertical de projection. La droite* AB *est parallèle aux génératrices d'un cylindre dont la trace horizontale est le cercle décrit du point* A *comme centre, avec un rayon égal à $0^m,04$.*

On demande :

1° *De trouver l'intersection du cône et du cylindre ainsi définis ;*

2° *De représenter le cône supposé plein et existant seul, en supprimant la partie de ce corps comprise dans le cylindre* (Concours d'admission à l'École centrale —.1876, 1ᵉ session).

Menons, par le sommet (s', s) du cône, une parallèle $(s'i', si)$ à la direction $(Ab, a'b')$ des génératrices du cylindre.

Nous emploierons des plans auxiliaires passant par la droite $(s'i', si)$; leurs traces horizontales passeront toutes par le point i.

Les traces horizontales des plans limites sont : la tangente ia à la trace horizontale du cône et la tangente $i\beta$ à la trace horizontale du cylindre. On voit qu'il y a *arrachement*.

Nous ne déterminerons que les *points remarquables* de l'intersection.

Le plan auxiliaire ic coupe le cône suivant les génératrices $(sc, s'c')$ et $(sA, s'a')$. Il coupe le cylindre suivant les génératrices $(em, e'm')$ et $(fn, f'n')$. Les points (m, m'), (p, p'), (n, n') et (q, q') communs aux génératrices du cylindre et du cône sont quatre points de l'intersection cherchée ; $(m\ m')$ et (n, n') sont les points situés sur le contour apparent vertical du cône.

Le plan auxiliaire dont la trace horizontale est ig donne les points (r, r') et (u, u') appartenant au contour apparent vertical du cylindre.

Le plan limite ia donne le point (v, v') (et un point situé au-dessous du plan horizontal, que nous n'avons pas construit pour ne pas surcharger l'épure). (En v, v'), l'intersection est tangente à la génératrice $(\gamma v, \gamma'v')$ du cylindre.

Le plan limite $i\beta$ fournit les points (x, x') et (y, y'). En ces points, les tangentes à l'intersection sont les génératrices $(sv, s'x')$ et $(sy, s'y')$ du cône.

Points pour lesquels la tangente est horizontale. — En ces points, les plans tangents aux deux surfaces ont leurs traces horizontales parallèles, puisque ces plans se coupent suivant une horizontale.

Il faut donc mener par le point i une droite telle que les tangentes aux circonférences A et s (aux points où ces circonférences sont coupées par la droite) soient parallèles.

On en conclut immédiatement que la trace horizontale du plan auxiliaire qui fournit les points cherchés, passe par le centre de similitude δ des deux circonférences A et s; c'est la droite $i\delta$.

Le plan auxiliaire dont la trace horizontale est $i\delta$ coupe le cône suivant les génératrices $(s\varepsilon, s'\varepsilon')$, $(s\varepsilon_1, s'\varepsilon'_1)$ et le cylindre suivant les génératrices projetées horizontalement en ζz et $\zeta_1 z_1$. En ε et ζ les tangentes aux circonférences s et A sont parallèles; donc le point z, commun à $s\varepsilon$ et ζz, est la projection horizontale d'un point de l'intersection pour lequel la tangente est horizontale. Ce point est projeté verticalement en z' sur $s'\varepsilon'$. La projection horizontale de la tangente en (z, z') est la perpendiculaire zt à sz.

Le second point pour lequel la tangente est horizontale est le point $(z_1 z'_1)$, commun aux génératrices projetées horizontalement en $s\varepsilon_1$ et $\zeta_1 z_1$.

Point double de la projection verticale. — Dans le cône, le plan diamétral conjugué des cordes perpendiculaires au plan vertical est le plan de front cd. Dans le cylindre, c'est le plan des deux génératrices $(gg_1, g'g'_1)$ et $(hh_1, h'h'_1)$. L'intersection de ces deux plans est la droite $(h_1 g_1, h'_1 g'_1)$. Le point double de la projection verticale appartient alors à la droite $h'_1 g'_1$.

Pour obtenir le point double lui-même, rabattons le plan horizontal $h'_1 g'_1$ sur le plan de front cd. Les circonférences déterminées par le plan horizontal $h'_1 g'_1$ dans le cylindre et dans le cône sont, après le rabattement, projetées verticalement selon les circonférences décrites sur $h'_1 g'_1$ et $b'b'_1$ comme diamètres.

La corde $\psi_1 \varphi_1$ commune à ces deux circonférences coupe $h'_1 g'_1$ au point double cherché φ'. Les points de l'intersection projetés verticalement en φ' sont projetés horizontalement en ψ et φ.

Données numériques.

Dans un cadre de $0^m,27$ sur $0^m,43$, placer LT parallèlement aux petits côtés du cadre et à $0^m,235$ du côté inférieur. Prendre ss' à égale distance des grands côtés.

Titre extérieur : Intersection de surfaces.

Titre intérieur : Cylindre et cône.

19. Problème. — *On donne un tétraèdre régulier* ABCD *dont le côté a 19 centimètres et dont la base* ABC *est située dans le plan horizontal de projection* (fig. 23). *Le point* A *est le sommet d'un cône qui a pour base le cercle inscrit dans* BCD. *L'arête* BD *est parallèle aux génératrices d'un cylindre dont la trace horizontale est le cercle décrit du point* B *comme centre avec un rayon égal à 6 centimètres.*

On demande de représenter en projection horizontale le corps

fig. 22

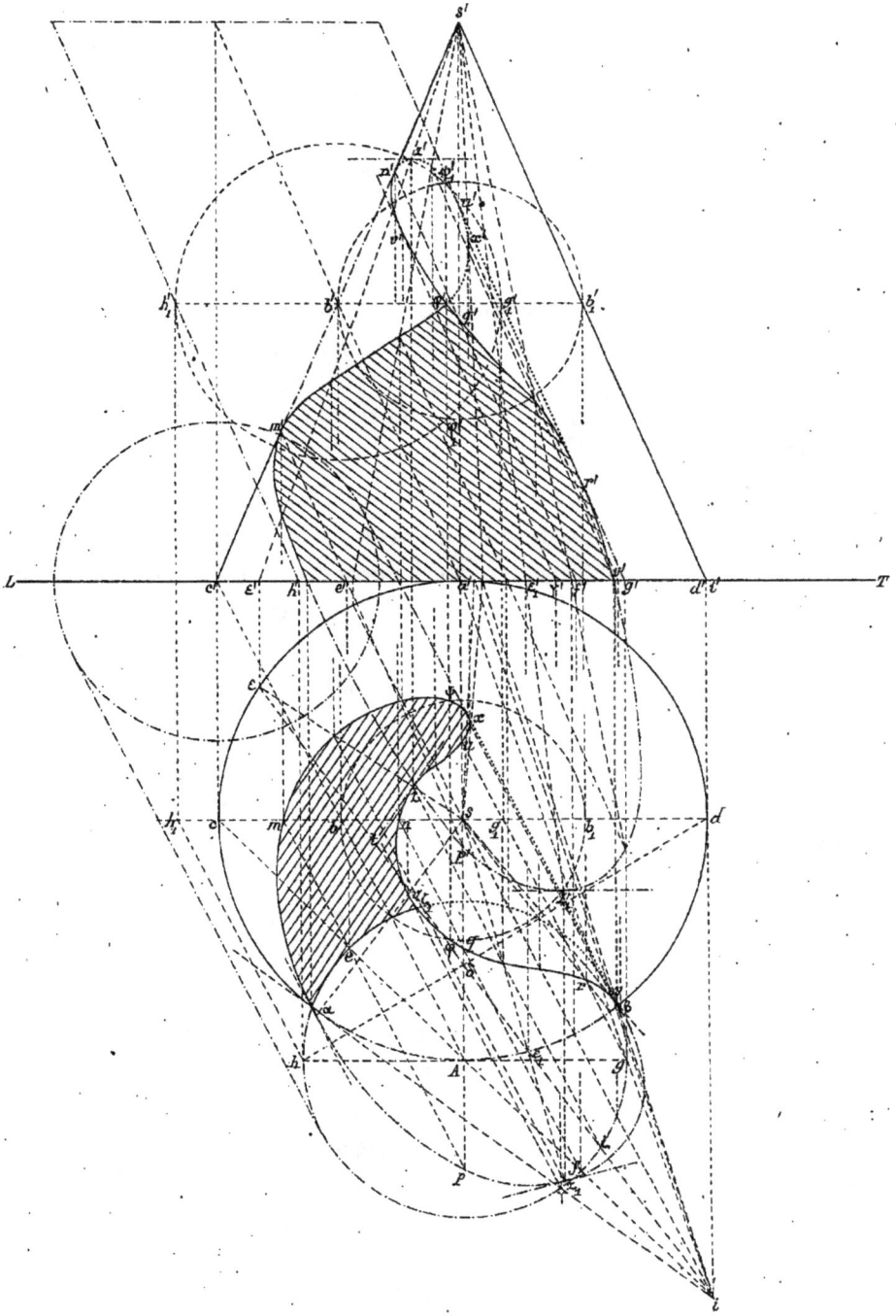

qui reste lorsqu'on supprime dans le tétraèdre la partie comprise dans le cône et la partie comprise dans le cylindre (Concours d'admission à l'École polytechnique — 1880).

Construisons en premier lieu *l'intersection du cylindre et du tétraèdre.*

Le cylindre coupe la face ABC suivant l'arc de cercle KK_1 ; il coupe la face ABD suivant la génératrice projetée horizontalement en Ku et la face CBD suivant la génératrice projetée horizontalement en $K_1 u_1$. Enfin, il coupe la quatrième face ACD du tétraèdre suivant une ellipse projetée horizontalement en uwu_1 ; nous avons déterminé la projection horizontale w du point situé sur la génératrice du cylindre qui passe par le point γ, en rabattant le plan vertical Bb sur le plan horizontal. La génératrice vient en $γW_1$ parallèle à BD_2, BD_2 étant le rabattement de l'arête BD du tétraèdre; $W_1 w$, parallèle à AC, est la tangente en w à l'arc uwu_1.

Construisons maintenant *l'intersection du cône et du tétraèdre;* c'est le cercle de base inscrit dans la face BCD.

Rabattons cette face sur le plan horizontal. La base du cône se rabat suivant le cercle O_1 inscrit dans le triangle équilatéral. BCD_1 ; le centre de l'ellipse, projection horizontale du cercle O est en o, tel que $μo = \frac{1}{3} μd$; le grand axe $λλ_1$, parallèle à BC, est égal au diamètre du cercle O_1 et le petit axe $μμ_1 = 2μo$. L'ellipse est tangente aux droites Bd et Cd aux points de rencontre φ et ψ de ces droites avec les perpendiculaires à ABC menées des points de contact $Φ_1$ et $Ψ_1$ du cercle O_1 avec les droites BD_1 et CD_1.

Les génératrices de contact Aμ, AΦ et AΨ du cône avec le tétraèdre font d'ailleurs partie de l'intersection des deux surfaces.

Le contour apparent horizontal du cône se compose des tangentes menées par le point A à l'ellipse $μλμ_1λ_1$.

Construisons enfin *l'intersection du cylindre et du cône.*

1° Pour *déterminer un point quelconque* de cette intersection, coupons les deux surfaces par un plan auxiliaire passant par la droite menée par le sommet A du cône parallèlement aux génératrices du cylindre.

La tracé horizontale Aα de ce plan coupe la base du cylindre en E et G, donc le plan auxiliaire détermine dans le cylindre

deux génératrices projetées horizontalement suivant les droites
Ef et Gh parallèles à Bd.

Pour obtenir les génératrices d'intersection du plan auxiliaire
avec le cône, observons que la trace de ce plan sur le plan BCD
est parallèle à BD, donc elle se rabat suivant la parallèle αJ$_1$ à
BD$_1$, et les points I$_1$ et J$_1$ communs au cercle O$_1$ et à αJ$_1$ sont les
rabattements des traces des génératrices du cône sur le plan de
la base BCD. Ces traces se projettent horizontalement aux points
de rencontre i et j des perpendiculaires I$_1i$ et I$_1j$ à BC avec
la parallèle αj à Bd; on en déduit les projections horizontales,
Ai et Aj, des génératrices du cône situées dans le plan auxiliaire Aα. Les droites Ai et Aj rencontrent Ef et Gh en m, m_1, n
et n_1 qui sont les projections horizontales de quatre points de
l'intersection du cylindre et du cône.

2° La *tangente en* M est l'intersection des plans tangents en ce
point aux deux surfaces.

Le plan tangent au cylindre en M a pour trace horizontale la
tangente Et au cercle B. Le plan tangent au cône a pour trace,
sur le plan BCD, la tangente au cercle O rabattue suivant la tangente I$_1\beta$ au cercle O$_1$; donc Aβ est la trace horizontale du plan
tangent au cône, et le point t, commun à Et et à Aβ est la trace
horizontale de la tangente en M qui est, par suite, projetée horizontalement suivant tm.

3° Les *plans auxiliaires limites* ont pour traces horizontales
AL et la tangente Aδ au cercle B. Les points situés dans ces plans
limites sont projetés horizontalement en p et q (pour le plan AL),
et en r et s (pour le plan Aδ).

En p et q, la projection horizontale de l'intersection est tangente aux génératrices Kp et Lq du cylindre; en r et s, elle est
tangente aux génératrices As et Ar du cône.

4° Les points y et z, situés *sur le contour apparent du cylindre*,
ont été déterminés en considérant le plan auxiliaire dont la
trace horizontale est Aϵ. Pour ne pas surcharger l'épure, nous
n'avons pas indiqué les constructions.

5° En suivant le mouvement de la courbe tracée à l'aide des
points connus, on obtient les points x et v situés sur le contour
apparent horizontal du cône.

On ponctue aisément l'épure en supposant enlevée la partie
du tétraèdre comprise dans le cylindre et dans le cône.

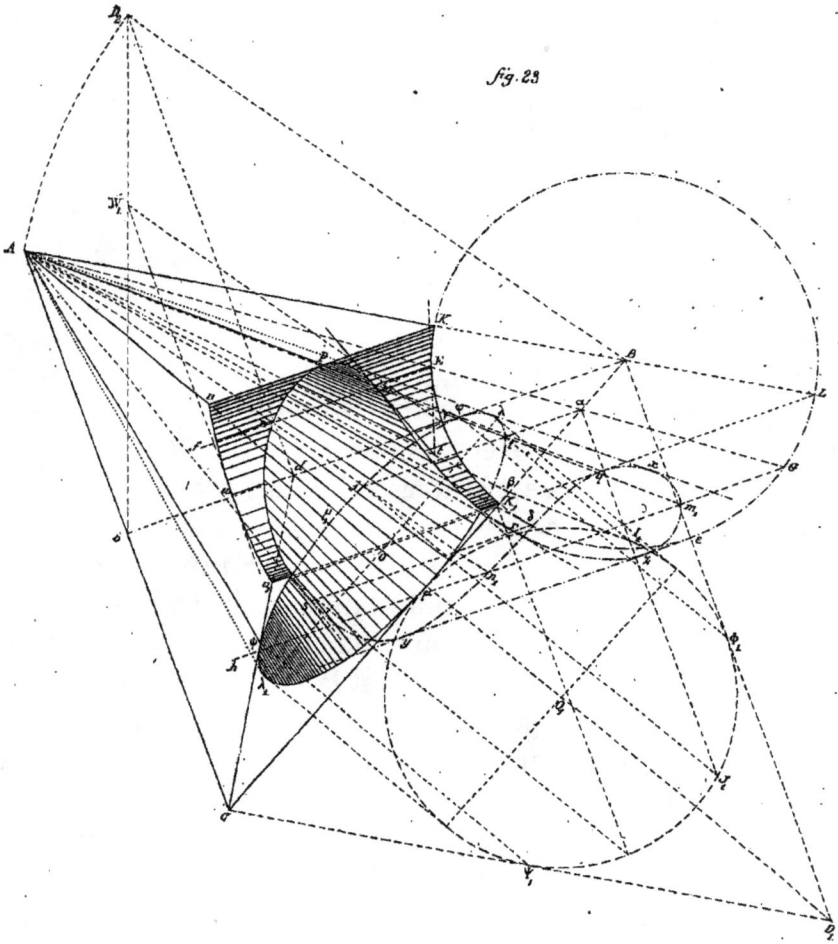

fig. 23

Données numériques.

Dans un cadre de $0^m,27$ sur $0^m,43$, placer le point μ à égale distance des petits côtés du cadre et à $0^m,09$ du grand côté inférieur. Tracer CD_1 parallèlement aux grands côtés.

Titre extérieur : Intersection de surfaces.

Titre intérieur : Tétraèdre, cylindre et cône.

II. CYLINDRE ET SPHÈRE

20. Problème. — *Déterminer l'intersection d'un cylindre et d'une sphère définis de la manière suivante :*

La sphère O a 80^{mm} de rayon, elle est tangente au plan horizontal et l'éloignement de son centre est 95^{mm}.

Le cylindre est droit; sa base est un cercle ω de 60^{mm} de rayon situé dans le plan horizontal. On a, pour déterminer le centre ω, $o\alpha = 10^{mm}$ et $\alpha\omega = 25^{mm}$.

Ponctuer l'épure en supposant que la sphère existe seule, qu'elle est pleine et qu'on a enlevé la partie comprise dans le cylindre (fig. 24).

1° *Surfaces auxiliaires.*

Nous couperons les deux surfaces par des plans de front.

2° *Détermination d'un point quelconque de l'intersection.*

Soit P la trace horizontale d'un plan de front auxiliaire.

Ce plan coupe la sphère suivant la circonférence $(amb, a'm'b')$ et le cylindre suivant les deux génératrices $(c, c'c'_1)$ et $(d, d'd'_1)$. Les points m', m'_1, n' et n'_1 communs à la circonférence $a'm'b'$ et aux droites $c'c'_1$ et $d'd'_1$, sont les projections verticales de quatre points de l'intersection cherchée; ces points sont projetés horizontalement en m et n.

3° *Tangente à l'intersection en (m, m'_1).*

Nous appliquerons la *méthode du plan normal.*

En (m, m'_1), la normale à la sphère est $(om, o'm'_1)$ et la normale au cylindre est l'horizontale $(\omega m, \omega'_1 m'_1)$. Le plan de front qui passe par le centre de la sphère coupe le plan normal déterminé par $(om, o'm')$ et $(\omega m, \omega'_1 m'_1)$ suivant $(oi, o'i')$, donc la projection verticale de la tangente en (m, m'_1) est la perpendiculaire $m'_1 t'$ à $o'i'$; la projection horizontale de cette tangente est la perpendiculaire mt à ωm.

4° *Points situés sur le contour apparent vertical de la sphère.*

Ce sont les points (p', p), (p'_1, p), (q', q) et (q'_1, q) obtenus en prenant pour plan auxiliaire le plan du méridien principal de la sphère.

En p, p'_1, q' et q'_1, la projection verticale de l'intersection est tangente à la circonférence $o'p'$.

5° *Points situés sur le contour apparent vertical du cylindre.*

On les détermine en prenant pour plan auxiliaire le plan de front qui passe par l'axe du cylindre. Ce sont les points (r', r), (r'_1, r), (s', s) et (s'_1, s).

En r', r'_1, s' et s'_1, la projection verticale de l'intersection est tangente à $r'r'_1$ et $s's'_1$.

6° *Points situés sur le contour apparent horizontal de la sphère.*

Le plan de l'équateur de la sphère coupe la sphère et le cylindre suivant deux circonférences projetées respectivement selon les circonférences oa et ω, donc les points cherchés sont projetés horizontalement en u et v; leurs projections verticales sont u' et v'.

Les plans tangents aux deux surfaces en (u, u') sont verticaux; ils se coupent suivant la génératrice du cylindre qui passe par ce point, donc cette génératrice est tangente à l'intersection en (u, u'). De même, la tangente en (v, v') est la génératrice $(v, v'v'_1)$.

7° *Points situés dans les plans auxiliaires limites.*

Les plans de front limites sont :

1° Le plan dont la trace horizontale passe par le point u, et qui fournit le point (u, u') déjà trouvé.

2° Le plan dont la trace horizontale ef est tangente au cercle ω. Ce plan est tangent au cylindre suivant la génératrice $(h, h'g')$ et fournit les deux points (g', g) et (g_1', g).

Le plan tangent à la sphère en (g', g) contient la tangente en ce point à la circonférence $(ef, e'g'f'')$; cette tangente est donc l'intersection des plans tangents en (g', g) aux deux surfaces et, par suite, elle est tangente en (g', g) à l'intersection de ces deux surfaces. Ainsi, la projection verticale de l'intersection est tangente en g' et en g'_1 à la circonférence $e'g'f'$.

Le *théorème des surfaces inscrites* (5) conduit immédiatement à ce résultat. En effet, le plan vertical ef et le cylindre ω étant tangents, la sphère O coupe ces deux surfaces suivant des lignes tangentes en (g', g), c'est-à-dire que la circonférence $(ef, e'f')$ est tangente en (g', g) à l'intersection de la sphère O et du cylindre ω.

8° *Points pour lesquels la tangente est horizontale.*

Ils appartiennent au plan vertical oω qui est un plan principal commun aux deux surfaces. Ce plan détermine dans le cylindre deux génératrices dont les traces horizontales sont k et j; la première coupe seule la sphère.

Pour obtenir les points de l'intersection situés sur cette génératrice, faisons tourner le plan vertical oω autour de la verticale du point o jusqu'à l'amener à coïncider avec le plan du méridien principal de la sphère : les points cherchés viennent en (y_1, y'_1) et (y_1, x'_1). Ramenant le plan dans sa première position, on obtient (y, y') et (y, x').

En x' et en y', la projection verticale de l'intersection est tangente aux droites $x'x'_1$ et $y'y'_1$ parallèles à la ligne de terre.

Données numériques.

Dans un cadre de 270^{mm} sur 430^{mm}, on placera la ligne de terre parallèlement aux petits côtés du cadre et à égale distance de chacun d'eux. On prendra la ligne de rappel oo' à égale distance des grands côtés du cadre.

Titre extérieur : Intersection de surfaces.

Titre intérieur : Cylindre et sphère.

21. Problème. — *Trouver l'intersection d'un cylindre et d'une sphère définis de la manière suivante :*

Le cylindre est droit; sa base est un cercle AB donné sur le plan horizontal (on suppose le diamètre parallèle AB à la ligne de terre).

La sphère a son rayon égal au diamètre du cylindre, et son centre est sur l'arête du cylindre dont le pied C est à 45° de l'extrémité B du diamètre AB; elle repose d'ailleurs sur le plan horizontal.

On mènera la tangente en un point quelconque de la courbe d'intersection, et l'on ponctuera la partie cachée en supposant que le cylindre existe seul (Concours d'admission à l'École centrale). La détermination des contours apparents des deux surfaces ne présente aucune difficulté (fig. 25).

Nous prendrons, pour *surfaces auxiliaires*, des plans de front.

Le plan de front dont la trace horizontale est de coupe la sphère suivant la circonférence (*de*, *d'f'e'*), et le cylindre suivant deux génératrices projetées horizontalement en *f* et *g*.

La *tangente en* (*f*, *f'*) est la perpendiculaire en ce point au plan normal aux deux surfaces. La normale à la sphère est le rayon (*of*, *o'f'*), et la normale au cylindre est l'horizontale (*fω*, *f'ω'*). Le plan de front qui passe par le centre de la sphère coupe le plan normal déterminé par ces deux droites suivant (*oi*, *o'i'*), donc la projection verticale de la tangente en (*f*, *f'*) est la perpendiculaire *f't'* à *o'i'* ; la projection horizontale de cette tangente est la perpendiculaire *tf* à *fω*.

Les *points remarquables* de l'intersection sont :

1° Les points situés dans les plans auxiliaires *limites*. Ces plans sont tangents au cylindre suivant les génératrices projetées respectivement en *p* et *m₁*, et fournissent les points (*p'*, *p*), (*π'*, *p*) et (*m'₁*, *m₁*), (*μ'₁*, *m₁*). On prouverait, comme au problème précédent, qu'en ces points l'intersection est tangente aux circonférences déterminées dans la sphère par les plans tangents au cylindre.

2° Les points (*c'*, *c*), (*γ'*, *c*), (*n'*, *n*) et *ν'*, *n*) situés sur le *contour apparent vertical de la sphère*.

3° Les points (*m'*, *m*), (*μ'*, *m*), (*p'₁*, *p₁*) et(*π'₁ p*) appartenant au *contour apparent vertical du cylindre*.

4° Le point (*r'*, *r*) situé sur le *contour apparent horizontal de la sphère* : (*r'*, *r*) est un *point double* de l'intersection.

Pour déterminer les *tangentes en* (*r'*, *r*), nous chercherons l'équation de la projection verticale de l'intersection.

Prenons respectivement pour plans des *xy*, des *xz* et des *yz*, le plan horizontal, le plan de front et le plan de profil qui passent par le point double (*r'*, *r*).

Soit R le rayon du cylindre.

L'équation du cylindre est

$$x^2 + y^2 - R\sqrt{2}.x - R\sqrt{2}.y = 0 \qquad (1)$$

et l'équation de la sphère

$$x^2 + y^2 + z^2 - 2R\sqrt{2}.x - 2R\sqrt{2}.y = 0 \qquad (2)$$

fig.24

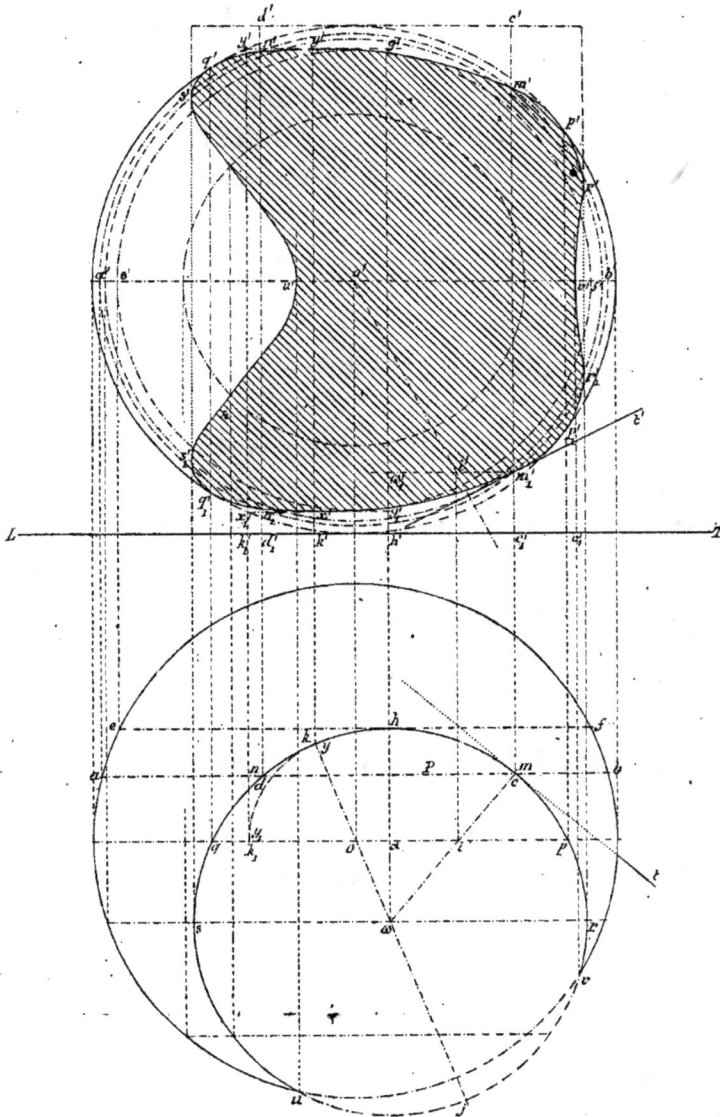

Éliminant y entre ces deux équations, on aura l'équation de la projection sur le plan des xz, projection identique à la projection verticale de l'intersection.

On trouve aisément

$$z^4 - 2R\sqrt{2}.xz^2 + 4R^2x^2 - 2R^2z^2 = 0 \qquad (3)$$

L'équation qui représente le système des tangentes à la courbe (3), menées par l'origine, s'obtient en égalant à zéro l'ensemble des termes du degré le moins élevé. Cette équation est donc

$$2x^2 - z^2 = 0$$

ou

$$(\sqrt{2}.x + z)(\sqrt{2}.x - z) = 0$$

et les tangentes en r' à la projection verticale de l'intersection sont les droites $c'r'$ et $\gamma'r'$.

Données numériques.

Dans un cadre de 270^{mm} sur 430^{mm}, on placera LT parallèlement aux petits côtés et à égale distance de chacun d'eux ; on prendra le point ω à 105^{mm} du côté de gauche du cadre et à 70^{mm} de LT.

Le diamètre AB du cylindre est égal à 80^{mm}.

Titre extérieur : Intersection de surfaces.

Titre intérieur : Cylindre et sphère.

22. Problème. — *On donne un tétraèdre régulier ABCD dont le côté est égal à* 10^{cm} *et dont la base ABC repose sur le plan horizontal de projection.*

On demande :

1º *De trouver la projection horizontale de l'intersection de la sphère ayant* AD *pour diamètre et du cylindre de révolution ayant la droite* AB *pour axe et* 6^{cm} *de rayon ;*

2º *De représenter en projection horizontale la sphère supposée pleine et existant seule, en supprimant la partie de ce corps comprise dans le cylindre* (Concours d'admission à l'École centrale 1874, 1re session).

1º *Tétraèdre* (fig. 26).

Construisons, dans le plan horizontal de projection, un

triangle, équilatéral ABC ayant 10^{cm} de côté en plaçant le côté AB, axe du cylindre, perpendiculairement à la ligne de terre. Le point de concours d des hauteurs de ce triangle est la projection horizontale du quatrième sommet du tétraèdre régulier.

La projection verticale de la base ABC est sur LT en $a'c'$, et le sommet D se projette verticalement sur la ligne de rappel du point d à une distance du point c' égale au côté donné du tétraèdre, puisque l'arête CD est de front.

2° *Sphère*.

Le centré de la sphère donnée est le point milieu (o,o') de l'arête AD. Ses contours apparents sur les deux plans de projection sont les circonférences décrites des points o et o' comme centres avec 5^{cm} de rayon.

3° *Cylindre*.

La trace verticale du cylindre est le cercle décrit du point a' comme centre avec 6^{cm} de rayon. Son contour apparent horizontal se compose des deux droites $e'e$ et $f'f$.

4° *Intersection du cylindre et de la sphère*.

Nous couperons les deux surfaces par des *plans horizontaux*.

Le plan horizontal P', par exemple, coupe la sphère suivant le parallèle $(g'm'h',gmh)$; il coupe le cylindre suivant deux génératrices projetées verticalement aux points m' et μ', et horizontalement suivant les perpendiculaires à LT menées par ces points.

Les points de l'intersection situés sur la génératrice projetée verticalement en m' sont (m,m') et (n,m'); l'autre génératrice fournirait, de la même manière, deux points que nous n'avons pas déterminés pour ne pas surcharger l'épure.

On construit la *tangente en* (m,m'), comme aux deux problèmes précédents, par la méthode du plan normal; c'est la droite $(mt,m't')$.

Les *points remarquables* de l'intersection sont :

1° Les points situés dans les plans auxiliaires limites. Le plan limite dont la trace verticale est $p's'$ fournit les points (p,p') et (q,p'). En p et q, la projection horizontale de l'intersection est tangente à la circonférence pq (5). Le plan limite dont la trace verticale passe par r' fournit le point (r',r).

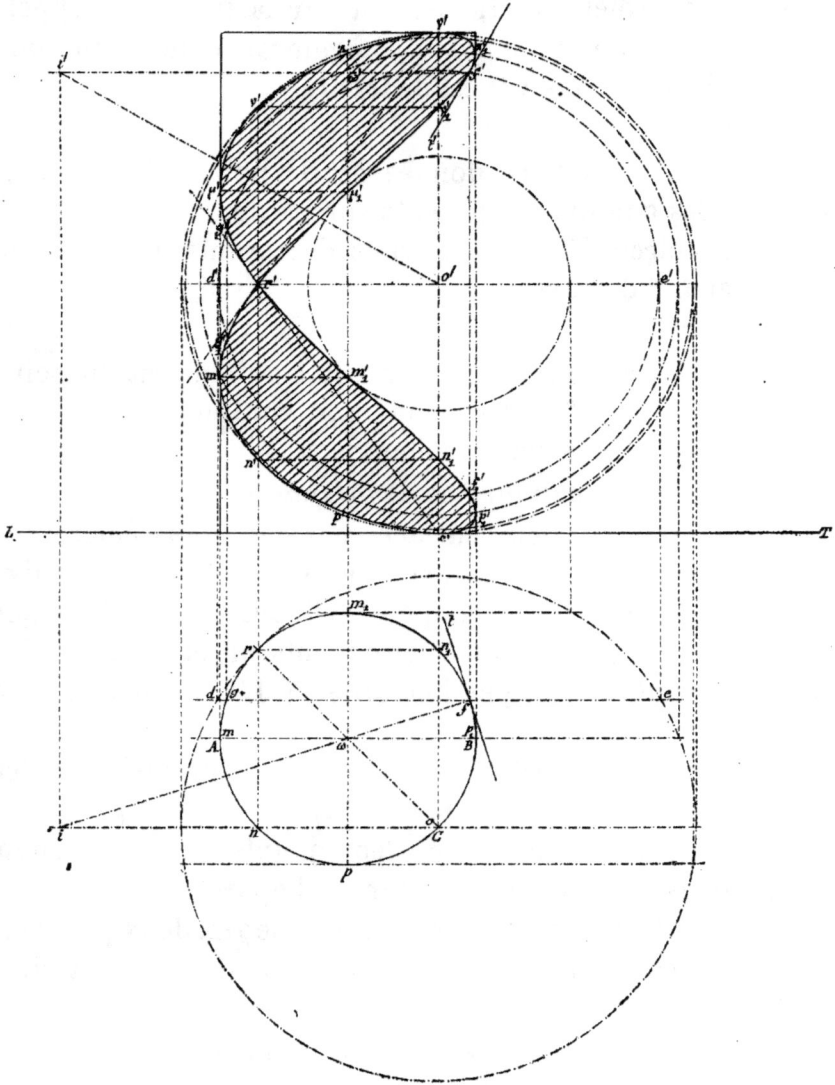

fig. 25.

2° Les points (v,v') et (u,v') situés sur le contour apparent horizontal de la sphère;

3° Les points situés sur les contours apparents verticaux de la sphère et du cylindre. Ce sont les points (r',r) et (l',l) déterminés en prenant pour plan auxiliaire le plan de front ef. En r et l, la projection horizontale de l'intersection est tangente aux projections horizontales $r'r$ et $l'l$ des génératrices du cylindre.

4° Les points pour lesquels la tangente est de front. Ils appartiennent au plan mené par $a'o'$ perpendiculairement au plan vertical. Rabattons le plan $o'a'A$ sur le plan de l'équateur de la sphère; les points cherchés viennent en (x'_1,x_1) et (x'_1,y_1); on en déduit, en relevant le plan, (x, x') et (y, x').

Données numériques.

Dans un cadre de 270^{mm} sur 430, on placera LT parallèlement aux petits côtés et à 170^{mm} du côté inférieur. On prendra AB à 120^{mm} du côté de gauche et le point B à 85^{mm} de la ligne de terre.

Titre extérieur : Intersection de surfaces.

Titre intérieur : Cylindre et sphère.

23. Problème. — *Déterminer l'intersection d'un cylindre de révolution et d'une sphère.*

Le cylindre est tangent au plan horizontal et à ses génératrices parallèles à la ligne de terre.

La sphère a son centre sur la génératrice de contact et a pour rayon le diamètre du cylindre.

On ne représentera que la moitié de la sphère située au-dessus du plan horizontal (École normale supérieure — 1865).

1° *Contours apparents* (fig. 27).

Soient $(ab, a'b')$ la génératrice de contact du cylindre avec le plan horizontal, (o, o') le centre de la sphère et oc son rayon.

Le contour apparent horizontal de la sphère est la circonférence cfd de centre o et de rayon oc, et le contour apparent vertical de la demi-sphère considérée est la demi-circonférence $c'e'd'$ de centre o'.

Le contour apparent vertical du cylindre est le rectangle $a'g'h'b'$, $g'h'$ étant la tangente en e' à la circonférence $c'e'd'$; son contour apparent horizontal est le rectangle $ijkl$ tel que $ai = al = \dfrac{oc}{2}$. L'axe du cylindre est projeté horizontalement en ab et verticalement en $\alpha'\beta'$: $\alpha'g' = \alpha'a'$.

2° *Surfaces auxiliaires.*

Nous emploierons des *plans horizontaux.*

3° *Détermination d'un point quelconque de l'intersection.*

Soit P' la trace verticale d'un plan auxiliaire horizontal.

Ce plan détermine dans la sphère un parallèle projeté verticalement en $p'q'$ et horizontalement suivant la circonférence $pmqn$. Il détermine dans le cylindre deux génératrices projetées verticalement en $r's'$.

Pour construire les projections horizontales de ces génératrices, prenons pour *plan vertical auxiliaire de projection* le plan de profil L'T'.

Sur ce plan, la trace du cylindre est le cercle be'_1 et la trace du plan auxiliaire est P'_1; les deux génératrices d'intersection du cylindre et du plan sont projetées respectivement aux points r'_1 et u'_1, donc leurs projections horizontales sont les parallèles rs et u_1v_1 à LT. Les points d'intersection m, μ, ν et n de rs et u_1v_1 avec la circonférence pq sont les projections horizontales de quatre points de l'intersection cherchée; les projections verticales de ces points sont m' et μ' sur $r's'$.

Le plan horizontal Q' fournit, d'une manière analogue, quatre nouveaux points de l'intersection.

4° *Tangente à l'intersection en (m, m').*

Nous appliquerons la *méthode du plan normal.*

En (m, m'), la normale à la sphère est $(om, o'm')$, et la normale au cylindre est $(mx, m'x')$.

Le plan de front ab coupe le plan normal OMX suivant $(ox, o'x')$, donc la projection verticale de la tangente cherchée est la perpendiculaire $m't'$ à $o'x'$.

Le plan horizontal $\alpha'\beta'$ détermine dans le plan normal la droite $(x'y', xy)$, donc la projection horizontale de la tangente en (m, m') est la perpendiculaire mt à xy.

5° *Points situés sur le contour apparent horizontal de la sphère.*

On les obtient en prenant pour plan auxiliaire le plan horizontal de projection qui détermine le contour apparent horizontal de la sphère. Ce plan coupe le cylindre suivant la génératrice $(ab, a'b')$, et il coupe la sphère suivant la circonférence oc, donc les points cherchés sont (c, c') et (d, d').

En c et d, la projection horizontale de l'intersection est

fig. 26

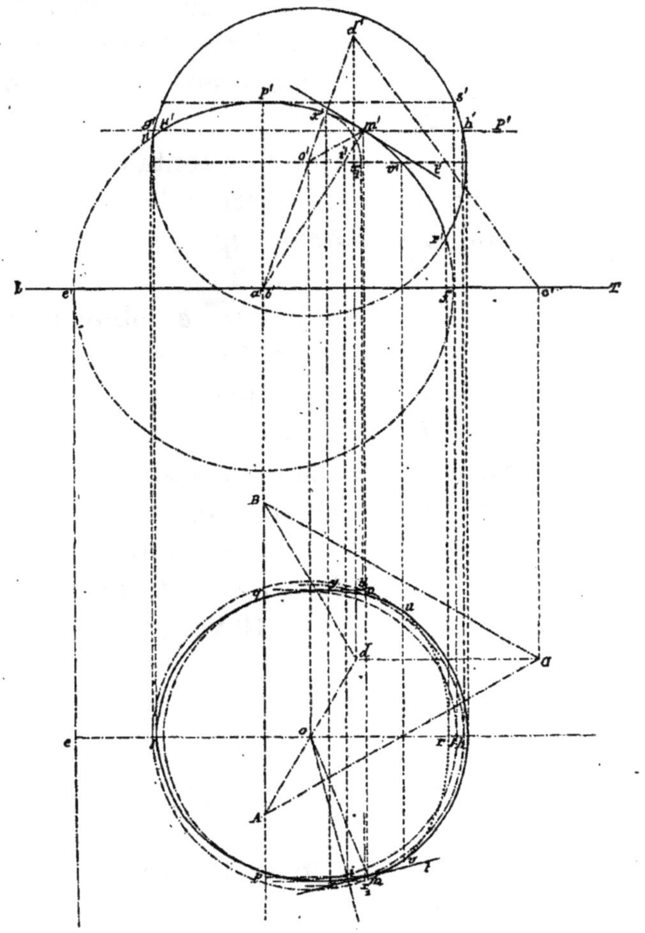

tangente au contour apparent horizontal *cfd* de la sphère.

6° *Points situés sur le contour apparent horizontal du cylindre.*

Le plan qui détermine ce contour apparent est le plan horizontal α'β' mené par l'axe du cylindre. Il coupe le cylindre suivant les deux génératrices (α'β', *lk*) et (α'β', *ij*), et la sphère suivant la circonférence (γ'δ', γδ) ; les points cherchés sont donc (m_1, m'_1), (n_1, m'_1), (μ_1, μ'_1) et (ν_1, μ'_1).

En m_1, n_1, μ_1 et ν_1, la projection horizontale de l'intersection est tangente au contour apparent horizontal du cylindre.

7° *Points situés sur les contours apparents verticaux de la sphère et du cylindre.*

Ce sont les points (*c*, *c'*), (*d*, *d'*) et (*e*, *e'*) obtenus en prenant pour plan auxiliaire le plan de front *ab* qui détermine les contours apparents verticaux des deux surfaces.

8° *Nature de la projection verticale de l'intersection.*

Les deux surfaces considérées sont du second degré et de révolution ; l'une des surfaces est une sphère, donc la projection de l'intersection sur le plan des axes et, par suite, sur le plan vertical (qui est parallèle au plan des axes), est une *parabole*. (Voir notre *Cours de géométrie descriptive*, IIe vol., 2e fascicule, n° 136.)

D'ailleurs, les points *m'* et μ', m'_1 et μ'_1, étant symétriques par rapport à *o'e'*, *o'e'* est l'*axe* de la parabole et *e'* en est le *sommet*.

9° *Nature de la projection horizontale.*

Cherchons l'équation de la projection horizontale de l'intersection.

Prenons pour plan des *xy* le plan horizontal de projection, pour plan des *xz* le plan du méridien principal de la sphère et pour plan des *yz* le plan de profil qui passe par (*o*, *o'*).

L'équation du cylindre est, en désignant son rayon par *r*

$$y^2 + z^2 - 2rz = 0 \qquad (1)$$

L'équation de la sphère est

$$x^2 + y^2 + z^2 = 4r^2 \qquad (2)$$

L'équation de la projection de l'intersection des surfaces (1) et (2) sur le plan des xy s'obtient en éliminant z entre (1) et (2) ; il vient

$$x^4 + 4r^2 (y^2 - x^2) = 0 \qquad (3).$$

C'est l'équation d'une *lemniscate*.

Le système des tangentes à la courbe à l'origine o a pour équation

$$y^2 - x^2 = 0$$

ou

$$y = \pm x$$

Ainsi les tangentes à l'intersection au *point double* (e, e') sont projetées horizontalement suivant les bissectrices des angles *fed* et *fec*.

Données numériques.

· Rayon du cylindre $= 37^{mm}$.
· Longueur du cylindre $= 170^{mm}$.

Dans un cadre de 270^{mm} sur 430^{mm}, on placera la ligne de terre parallèlement aux petits côtés du cadre et à 145^{mm} du côté supérieur. On prendra la ligne de rappel oo' à 100^{mm} du côté de gauche, et $o'o = 140^{mm}$; le point o est le milieu de ab.

Titre extérieur : Intersection de surfaces.

Titre intérieur : Cylindre et sphère.

24. Problème. — *Sphère avec trou cylindrique.*

La sphère est tangente aux deux plans de projection; son rayon est de 50^{mm}.

Le cylindre est de révolution autour d'un axe parallèle à la ligne de terre; son rayon est de 42^{mm}; enfin il touche la sphère au point de cette surface qui est le plus éloigné du plan vertical de projection (Concours d'admissibilité à l'École polytechnique 1877).

$1°$ *Contours apparents* (fig. 28).

Les contours apparents de la sphère sont deux circonférences o et o' de 50^{mm} de rayon et tangentes à la ligne de terre au même point α.

Les projections de l'axe du cylindre sont les parallèles $b'c'$ et bc à la ligne de terre; on a : $a\beta = 42^{mm}$.

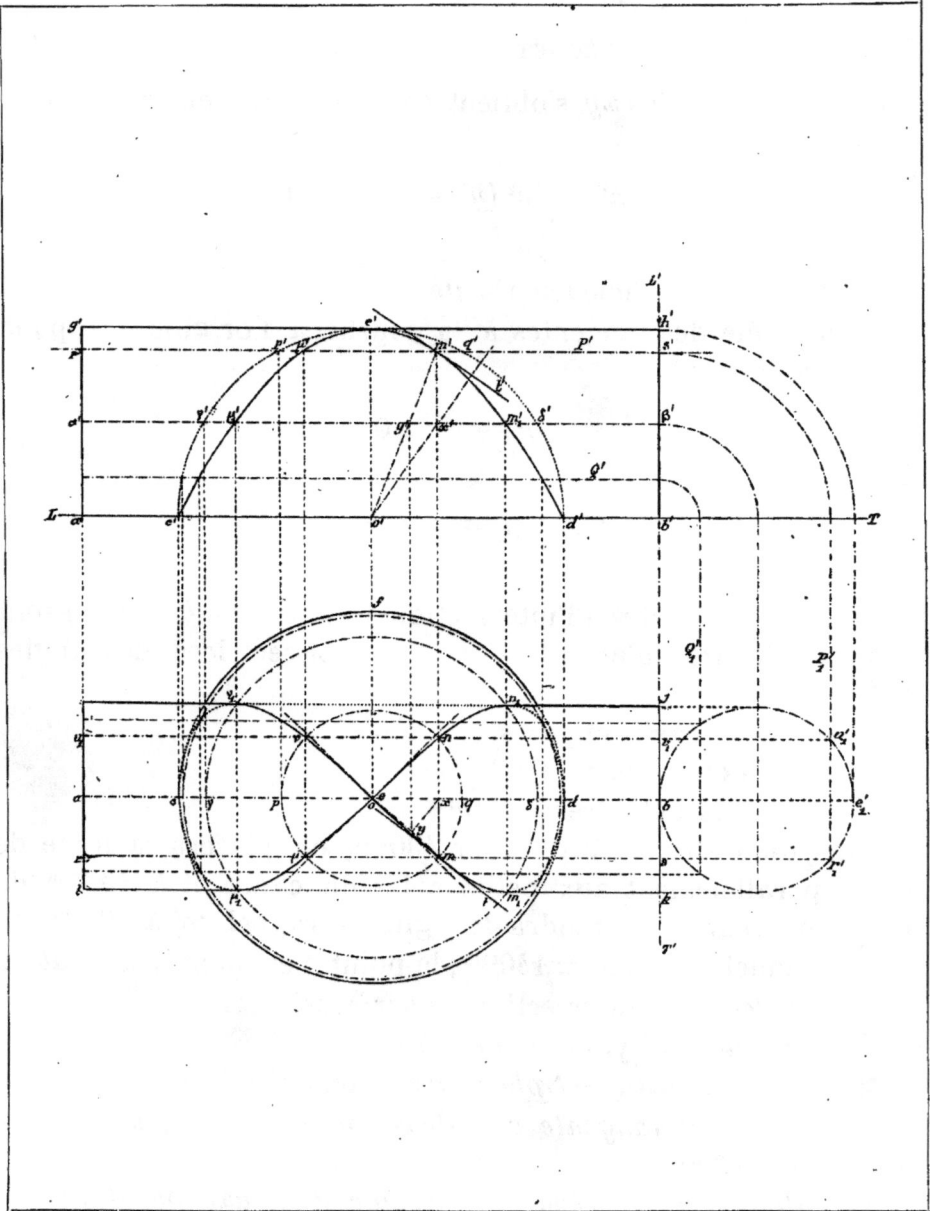

Les génératrices de contour apparent horizontal sont la tangente *de* en *a* à la circonférence *o* et la droite *fg* parallèle à *bc* et telle que *bf = bd*.

Les génératrices de contour apparent vertical sont les parallèles *h'i'* et *k'l'* à LT, et telles que $b'h' = b'k' = 42^{mm}$.

2° *Surfaces auxiliaires.*

Nous emploierons des *plans de front.*

On pourrait prendre des *sphères inscrites dans le cylindre.* (Voir plus loin, n°ˢ 26 et 27.)

3° *Détermination d'un point quelconque de l'intersection.*

Soit P la trace horizontale d'un plan auxiliaire parallèle au plan vertical.

Ce plan auxiliaire coupe la sphère suivant une circonférence projetée horizontalement selon la droite γδ, et verticalement selon la circonférence γ'δ' de centre *o'* ; il coupe le cylindre suivant deux génératrices projetées horizontalement en *pq*.

Pour obtenir les projections verticales de ces génératrices, prenons pour *plan vertical auxiliaire* de projection le plan de profil L'T'.

Sur ce plan, la trace du cylindre est le cercle $f'_1 h'_1 d'_1 k'_1$ de 42^{mm} de rayon et ayant son centre au point b'_1 pied de l'axe ; les génératrices considérées se projettent respectivement aux points p'_1 et r'_1 ; on en déduit aisément les projections verticales *p'q'* et *r's'* sur le plan vertical caractérisé par la ligne de terre LT.

Les points d'intersection *m'*, *n'*, μ' et ν' des droites *p'q'* et *r's'* avec la circonférence γ'δ' sont les projections verticales de quatre points de l'intersection projetés horizontalement en *m* et μ.

4° *Tangente à l'intersection en* (*m, m'*).

Nous appliquons la *méthode du plan normal.*

Les normales en (*m, m'*) à la sphère et au cylindre sont respectivement (*om, o'm'*) et (*mx, m'x'*).

Le plan de front *bc* coupe le plan normal OMX suivant (*xy; x'y'*), donc la projection verticale de la tangente cherchée est la perpendiculaire *m't'* à *x'y'*.

Le plan horizontal *b'c'* détermine dans le plan normal la droite (*o'x', ox*), donc la projection horizontale de la tangente en (*m, m'*) est la perpendiculaire *mt* à *ox*.

5° *Points situés sur les contours apparents horizontaux de la sphère et du cylindre.*

Ce sont les points (a, a'), $(1, 1')$ et $(2, 2')$ déterminés au moyen du plan auxiliaire horizontal $b'c'$.

6° *Points situés sur le contour apparent vertical de la sphère.*

On les obtient en prenant pour plan auxiliaire le plan de front qui passe par le centre de la sphère; ce sont les points $(3', 3)$, $(5', 5)$, $(4', 3)$ et $(6', 5)$.

7° *Points appartenant au contour apparent vertical du cylindre.*

Le plan de front bc fournit les points $(7', 7)$, $(9', 9)$, $(8', 7)'$ et $(10', 9)$.

La projection horizontale de l'intersection est une *parabole*, puisque l'une des surfaces considérées est une sphère et que le plan horizontal $b'c'$ est un plan principal commun aux deux surfaces. (II° vol. de notre *Cours*, 2ᵉ fasc., n° 136.) L'*axe* de cette parabole est αa et son sommet est le point a.

8° *Tangentes à l'intersection en (a, a').*

L'intersection présente un *point double* (a, a').

Pour construire les tangentes en ce point, nous chercherons l'équation de la projection verticale de l'intersection.

Prenons pour plan des xy le plan de l'équateur de la sphère, pour plan des xz le plan du méridien principal et pour plan des yx le plan de profil mené par le centre de la sphère.

L'équation de la sphère est, en désignant son rayon par R :

$$x^2 + y^2 + z^2 = R^2 \qquad (1)$$

L'équation du cylindre est, en désignant son rayon par r :

$$y^2 + z^2 - 2(R - r)y + R^2 - 2Rr = 0 \qquad (2)$$

En éliminant y entre les équations (1) et (2), on aura l'équation de la projection de l'intersection sur le plan des xz, projection qui est identique à la projection verticale.

On trouve aisément, en posant $R - r = d$:

$$x^4 - 4drx^2 + 4d^2z^2 = 0 \qquad (3)$$

L'équation qui représnnte le système des tangentes à la courbe à l'origine est

$$dz^2 - rx^2 = 0$$

d'où

$$z = \pm \frac{\sqrt{d.r}}{d} x$$

On obtiendra donc les projections verticales des tangentes à l'intersection au *point double* (a', a) en prenant

$$a'\beta_1 = o\beta, \qquad \beta_1 u' = \beta\varepsilon$$

et en joignant $(\overline{a'u'})$.

La projection verticale $a'v'$ de la seconde tangente est symétrique de $a'u'$ par rapport à $o'\alpha$.

Données numériques.

Dans un cadre de 270^{mm} sur 430^{mm}, placer LT parallèlement aux petits côtés du cadre et à égale distance de chacun d'eux.

Prendre la ligne de rappel oo' à 80^{mm} du bord de gauche. Rayon de la sphère $= 67^{\text{mm}}$, Rayon du cylindre $= 56^{\text{mm}}$.

Titre extérieur : Intersection de surfaces.

Titre intérieur : Cylindre et sphère.

25. Próblème. — *On donne une sphère tangente aux deux plans de projection et ayant $0^{\text{m}},05$ de rayon. Par le point le plus haut de cette sphère, on mène une parallèle à la ligne de terre.*

Cette parallèle est l'axe d'un cylindre de révolution ayant un rayon égal à celui de la sphère.

Trouver les projections de l'intersection de la sphère et du cylindre.

Dans la mise à l'encre, on supposera que la sphère existe seule, qu'elle est pleine et qu'on a enlevé la portion comprise dans le cylindre ; on mettra des hachures sur les parties coupées visibles (Concours d'admission à l'École centrale 1867, 1re *session*).

On détermine aisément les *contours apparents* des deux surfaces (fig. 29).

Les circonférences o et o' de 50^{mm} de rayon et tangentes à LT en α sont les contours apparents de la sphère.

L'axe du cylindre est $(ef, e'f')$; son contour apparent horizontal est $ghji$ et son contour apparent vertical, $k'l'r'q'$.

Nous prendrons, pour *surfaces auxiliaires*, des *plans horizontaux*.

Le plan horizontal P' détermine dans la sphère un parallèle projeté verticalement en $\beta'\gamma'$ sur P' et horizontalement en vraie grandeur suivant la circonférence $\beta\gamma$. Le plan P' coupe le cylindre suivant deux génératrices projetées verticalement en $u'v'$; on obtient aisément les projections horizontales de ces génératrices en prenant, pour base du cylindre, le cercle suivant lequel il est coupé par le plan de profil oo'. Ce cercle rabattu sur le plan du méridien principal de la sphère, vient en $(c'_1 o'd'_1, c_1 d_1 o)$ et les traces des génératrices sur le plan de profil oo' sont rabattues en (δ'_1, δ_1) et $(\varepsilon'_1 \varepsilon_1)$. Relevant le plan de profil, on obtient δ et ε; les parallèles à LT menées par ces points sont les projections horizontales des génératrices considérées.

Les points d'intersection n, ν, m et μ des droites uv et $u_1 v_1$ avec la circonférence $\beta\gamma$ sont les projections horizontales de quatre points de l'intersection cherchée; ces points sont projetés verticalement sur P' en n' et ν'.

La *tangente* en (m, n') s'obtient, comme au problème précédent, par la méthode du plan normal : mt est perpendiculaire à xy et $n't'$ est perpendiculaire à $o'x'$.

Les points situés sur les *contours apparents verticaux* de la sphère et du cylindre sont (a', a) et (b', b); on les obtient en prenant pour plan auxiliaire le plan de front ef.

Il importe de déterminer les points de l'intersection situés sur les *génératrices limites*, c'est-à-dire tangentes à la sphère.

Ces génératrices appartiennent au cylindre circonscrit à la sphère et dont les génératrices sont parallèles à la ligne de terre.

Ce cylindre a pour trace, sur le plan de profil oo', une circonférence de grand cercle qui se rabat, sur le plan de front ef, suivant le cercle $(a'\alpha b', aob)$. Les points c'_1 et d'_1 communs aux deux circonférences $a'\alpha b'$ et $c'_1 o'd'_1$ sont les projections verticales, après rabattement, des traces des génératrices du cylindre donné qui sont tangentes à la sphère.

fig.28

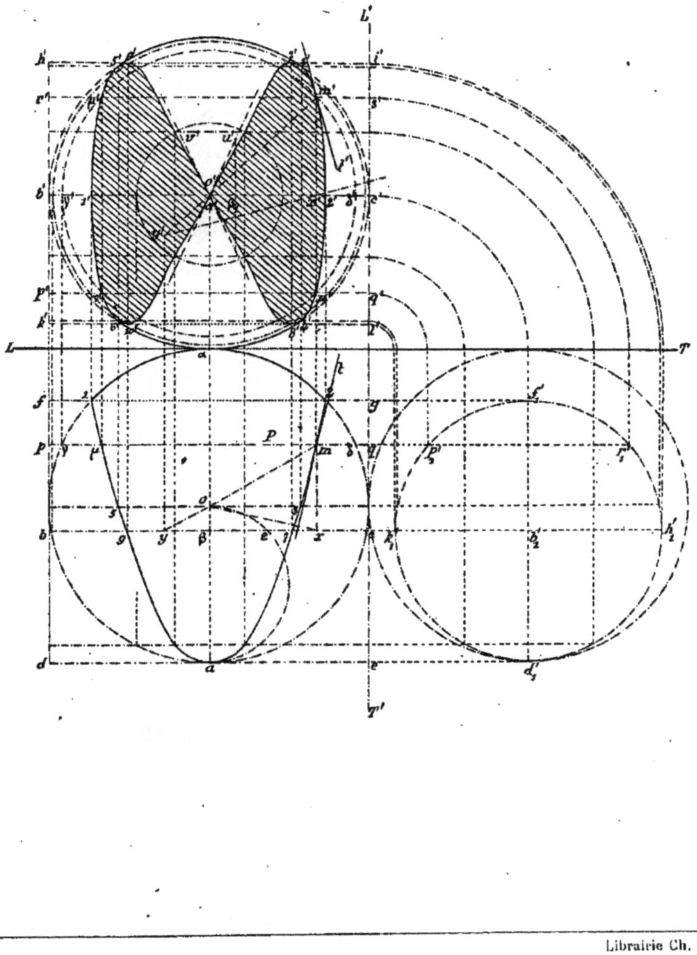

Librairie Ch. Delagrave.

, Les génératrices limites sont donc projetées verticalement en $c'_1d'_1$ et horizontalement suivant les parallèles à LT menées par les points c et d; *ces génératrices sont tangentes à l'intersection des deux surfaces*, car, en (c', c), par exemple, les plans tangents au cylindre $(e'f', ef)$ et à la sphère (o', o) contiennent tous deux la génératrice limite qui passe par ce point; et, par suite, cette génératrice est la tangente en (c', c) à l'intersection du cylindre et de la sphère.

' Pour qu'un plan auxiliaire fournisse des points de l'intersection, il faut que sa trace verticale soit comprise entre les deux droites $a'b'$ et $d'_1c'_1$.

La projection verticale $a'n'c'v'b'$ de l'intersection est une *parabole* (24) ayant pour *axe* $c'o'$ et pour *sommet* c'.

Données numériques.

Dans un cadre de 270^{mm} sur 430^{mm}, on tracera la ligne de terre parallèlement aux petits côtés du cadre et à 250^{mm} du côté supérieur.

On prendra la ligne de rappel oo' à 150^{mm} du côté de gauche.

Rayon de la sphère $= 66^{mm}$.

Longueur du cylindre $= 200^{mm}$.

Titre extérieur : Intersection de surfaces

Titre intérieur : Cylindre et sphère.

26. Problème. — *On donne une sphère (o, o') tangente au plan horizontal de projection, et un cylindre de révolution dont l'axe $(ab, a'b')$ est situé dans le plan du méridien principal de la sphère.*

On demande :

1° *De déterminer l'intersection du cylindre et de la sphère, et la tangente en un point de cette intersection;*

2° *De représenter la sphère pleine et existant seule en supprimant la partie de ce corps comprise dans le cylindre (fig. 30).*

1° *Surfaces auxiliaires.*

Nous emploierons des *sphères inscrites* dans le cylindre.

2° *Détermination d'un point quelconque de l'intersection.*

Considérons la sphère auxiliaire ayant pour centre le point (ω', ω) de l'axe $(a'b', ab)$. Elle est tangente au cylindre suivant le parallèle projeté verticalement selon la droite $c'c'_1$, et elle coupe la sphère (o', o) suivant une circonférence projetée verticalement en $e'e'_1$.

Les deux circonférences CC_1 et EE_1 se coupent en deux points qui appartiennent à l'intersection cherchée ; ils sont projetés verticalement au point m' commun aux deux droites $c'c'_1$ et $e'e'_1$, et horizontalement en m et m_1 sur la circonférence $o\alpha$.

3° *Tangente en* (m, m').

En chacun des points (m, m') et (m_1, m') l'intersection est tangente à la circonférence EE_1 déterminée dans la sphère donnée par la sphère auxiliaire inscrite dans le cylindre (5).

Donc *la projection verticale de la tangente à l'intersection est* $e'e'_1$.

Le plan normal en (m, m') aux deux surfaces est coupé par le plan de l'équateur de la sphère suivant la droite $(o'i', oi)$, donc la projection horizontale de la tangente est la perpendiculaire mt à oi.

4° *Points situés sur les contours apparents verticaux du cylindre et de la sphère.*

Ce sont les points (g', g) et (h', h). En chacun de ces points, la tangente à l'intersection est perpendiculaire au plan vertical. On obtiendrait les tangentes à la projection verticale en g' et h' par la méthode connue (voir notre *Cours*, IIe vol., 2° fasc., n° 125).

5° *Points situés sur le contour apparent horizontal de la sphère.*

On prend pour sphère auxiliaire la sphère dont le centre est projeté verticalement en k' et dont le rayon est égal à $k'l'$. Elle coupe le cylindre suivant le parallèle projeté verticalement en $d'd'_1$; les points cherchés sont (f', f) et (f', f_1).

6° *Points appartenant au contour apparent horizontal du cylindre.*

Les génératrices de contour apparent horizontal sont projetées verticalement en $a'b'$, et horizontalement suivant des parallèles à ab et à une distance de cette droite égale au rayon du cylindre.

Pour déterminer les points de l'intersection situés sur ces génératrices, prenons pour surface auxiliaire le plan qui projette ces génératrices sur le plan vertical, et rabattons ce plan auxiliaire sur le plan du méridien principal de la sphère.

Les génératrices de contour apparent horizontal du cylindre sont, après le rabattement, projetées verticalement en $c'd'$ et

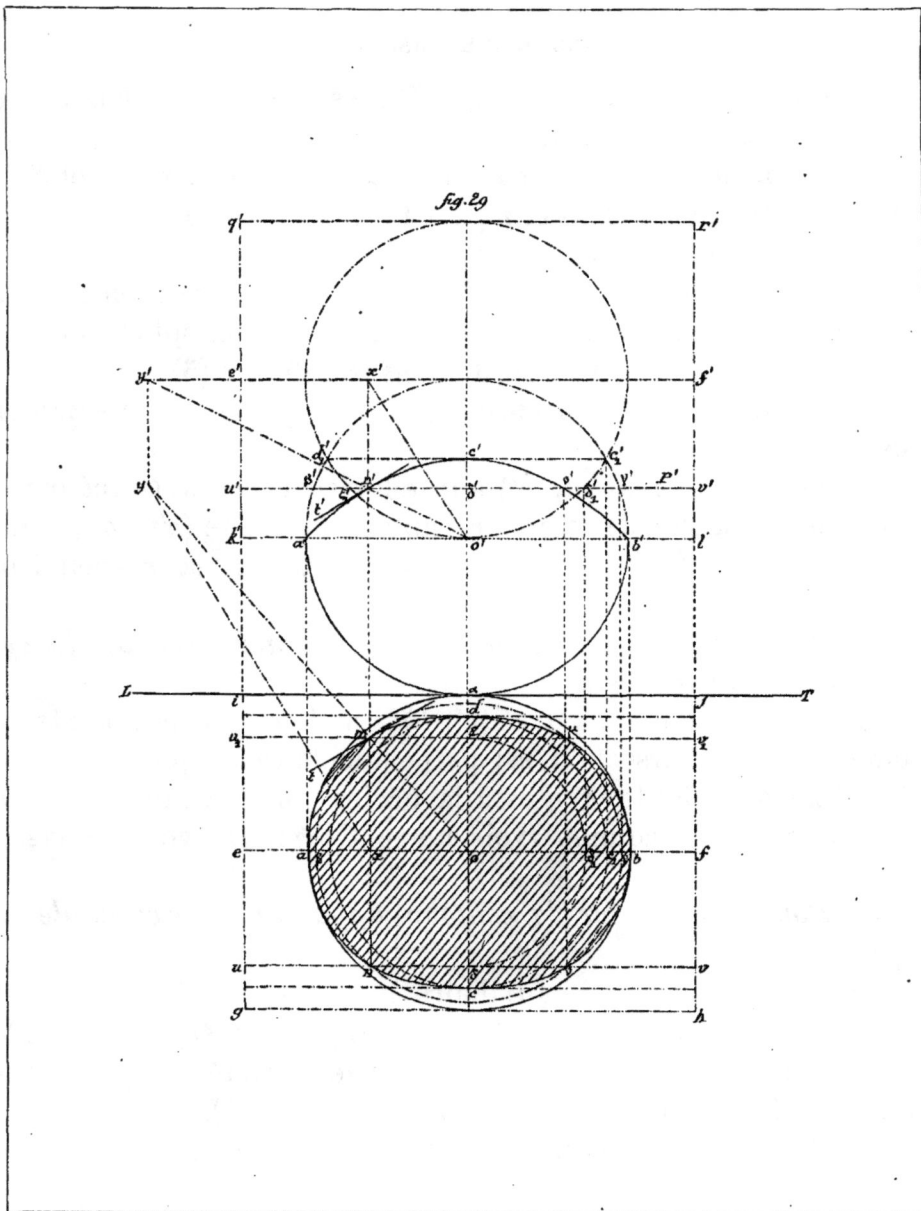

fig. 29

Librairie Ch. Delagrave.

$c'_1 d'_1$, et la circonférence déterminée dans la sphère par le plan auxiliaire est projetée verticalement selon la circonférence décrite sur $\beta'\gamma'$ comme diamètre.

Les points π'_1 et ρ'_1, communs à la circonférence $\beta'\gamma'$ et aux droites $c'd'$ et $c'_1 d'_1$, sont les projections verticales des points cherchés, après le rabattement du plan auxiliaire. Relevons ce plan, nous obtenons p' et r' sur $a'b'$, puis p, p_1, r et r_1.

7° *Points pour lesquels la tangente est horizontale.*

En ces points, la projection verticale de la tangente à l'intersection est parallèle à la ligne de terre ; donc, en vertu de ce qui précède (3°), la projection verticale de la sphère auxiliaire inscrite dans le cylindre doit couper la circonférence o' suivant une parallèle à LT.

Il résulte de là qu'il faut prendre pour sphère auxiliaire inscrite celle dont le centre est projeté verticalement au point d'intersection k' de $a'b'$ avec la perpendiculaire à LT menée par o'. On obtient ainsi les points (q', q) et (q', q_1).

En chacun de ces points, l'intersection est tangente à la circonférence $(\delta' q' \varepsilon', \delta q \varepsilon)$, donc la projection horizontale de l'intersection est tangente en q et q_1 à la circonférence $\delta q \varepsilon$.

8° *Points pour lesquels la tangente est de profil.*

On les détermine en prenant pour sphère auxiliaire inscrite dans le cylindre celle dont le centre est projeté verticalement en μ'. Elle fournit les points (s', s) et (s', s_1).

9° *Points situés sur les génératrices du cylindre tangentes à la sphère.*

Ces génératrices appartiennent au cylindre circonscrit à la sphère et dont les génératrices sont parallèles à $(a'b', ab)$.

Pour les déterminer, coupons ce cylindre et le cylindre donné par le plan mené par (o', o) perpendiculairement à l'axe $(a'b', ab)$, et rabattons ce plan sur le plan du méridien principal de la sphère.

Les cercles déterminés dans les deux cylindres par le plan $u'v'$ se rabattent suivant les cercles projetés verticalement en $u'x'v'x'_1$ et $u'_1 x'v'_1 x'_1$. Les génératrices cherchées sont, par suite, projetées verticalement en $x'x'_1$; leurs projections horizontales sont parallèles à ab et à des distances de cette droite égales à $x'y'$: les points de l'intersection appartenant à ces génératrices sont (y', y) et (y', y_1).

Les génératrices limites sont tangentes à l'intersection de la sphère et du cylindre, car les plans tangents aux deux surfaces en (y',y), par exemple, se coupent suivant la génératrice du cylindre qui passe par ce point.

La projection verticale de l'intersection est une *parabole* dont l'axe est perpendiculaire à $a'b'$ (voir notre *Cours*, IIᵉ vol., 2. fasc., nº 136); le point y' est le *sommet* de cette parabole.

10º *Points doubles de la projection horizontale.*

Les plans diamétraux conjugués des cordes verticales dans la sphère et dans le cône sont les plans menés par $l'l'_1$, et $a'b'$ perpendiculairement au plan vertical; donc les points doubles de la projection horizontale appartiennent à la ligne de rappel du point μ' (I-6º). On pourrait obtenir les points doubles eux-mêmes, comme au nº 1, car le plan de profil qui passe par μ' coupe la sphère et le cylindre suivant deux lignes faciles à construire.

Pour ne pas surcharger l'épure, nous n'avons pas indiqué ces constructions.

Données numériques.

Sphère. — Le rayon de la sphère est 80^{mm}, la cote de son centre O est 80^{mm} et son éloignement 100^{mm}.

Cylindre. — Le rayon du cylindre est 70^{mm}. Pour déterminer son axe $(a'b', ab)$ situé dans le plan du méridien principal de la sphère, on a : $o'\mu' = 15^{mm}$ et $o'k' = 30^{mm}$.

Dans un cadre de 270^{mm} sur 430^{mm}, on placera LT parallèlement aux petits côtés du cadre et à 230^{mm} du côté supérieur. On prendra la ligne de rappel oo' à égale distance des grands côtés.

Titre extérieur : Intersection de surfaces.

Titre intérieur : Cylindre et sphère.

27. Problème. — *Trouver l'intersection d'une sphère et d'un cylindre de révolution définis de la manière suivante :*

La sphère a 10^{cm} de rayon, elle est tangente aux deux plans de projection (fig. 31).

Le cylindre a 6^{cm} de rayon; son axe passe par le point le plus haut de la sphère, est parallèle au plan vertical et fait un angle de 45º avec le plan horizontal.

On représentera le solide commun au cylindre et à la sphère (Concours d'admission à l'École centrale — 1872).

La méthode à suivre est celle que nous avons appliquée pour résoudre le problème précédent.

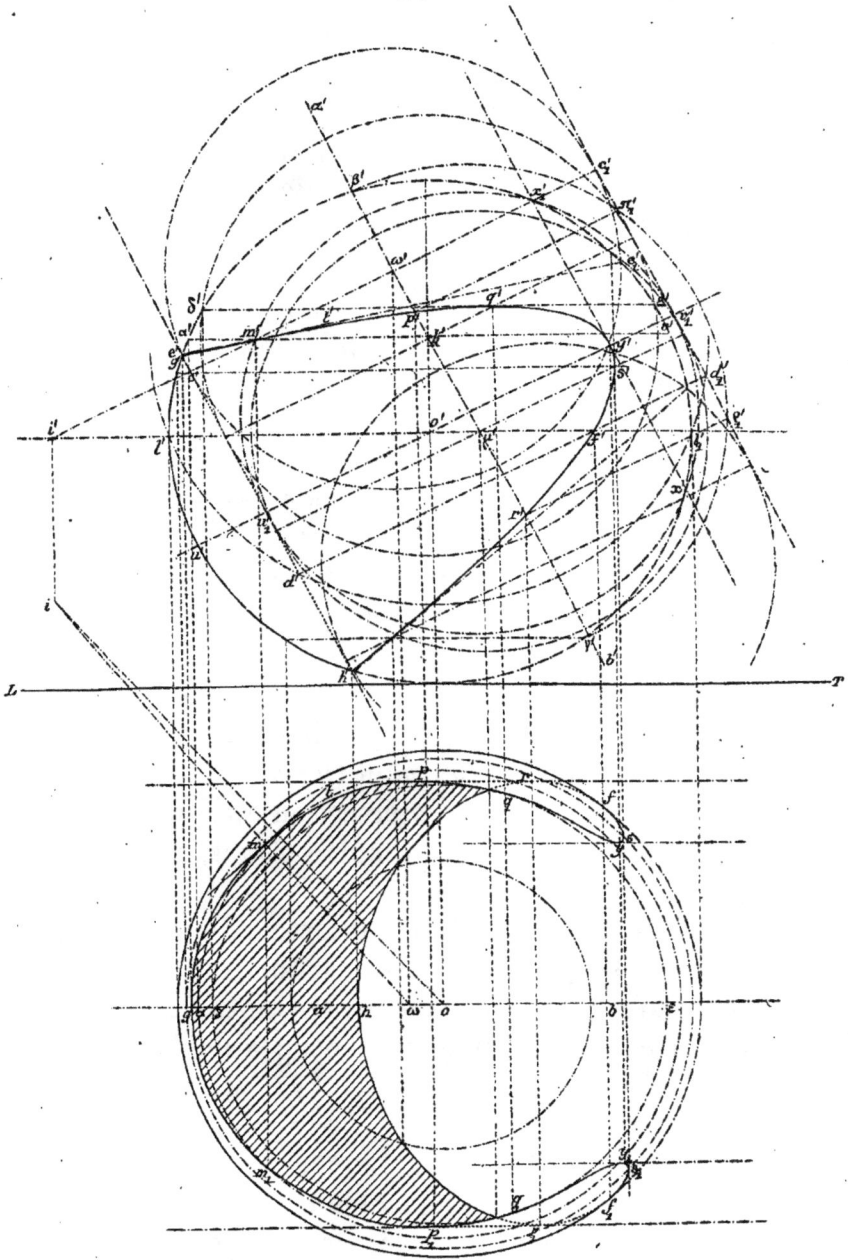

fig. 39

La sphère auxiliaire (ω',ω) inscrite dans le cylindre fournit les points (m',m) et (m',m_1).

La tangente en (m',m_1) est projetée verticalement en $a'b'$, et horizontalement suivant la perpendiculaire m_1t à la projection horizontale oi de la ligne de niveau du plan normal en (m',m_i) située dans le plan de l'équateur de la sphère.

Les points situés sur les contours apparents verticaux du cylindre et de la sphère sont (c',c) et (d',d).

La sphère auxiliaire de centre (e',e) et de rayon $(e'f',ef)$ fournit les points (g',g) et (g',g_1) appartenant au contour apparent horizontal de la sphère.

Les points (p',p), (p',p_1) et (r',r), (r',r_1) situés sur les génératrices de contour apparent horizontal s'obtiennent en prenant pour plan auxiliaire le plan $e'h'$ qui projette ces génératrices sur le plan vertical.

La sphère inscrite dont le centre est projeté verticalement en e' fournit les points (q', q) et (q',q_1) pour lesquels la tangente à l'intersection est horizontale.

La sphère inscrite dont le centre est projeté verticalement en h' donne les points (s', s) et (s', s_1) où la tangente est de profil.

Les points situés sur les génératrices limites s'obtiennent, comme au n° précédent (26-9°), en coupant le cylindre et la sphère par le plan mené par (o', o) perpendiculairement à l'axe du cylindre; ce sont les points (y', y) et (y', y_1).

La projection verticale de l'intersection est une *parabole* dont $o'y'$ est l'*axe* et y' le *sommet* (voir notre *Cours*, II° vol., 2° fasc., n° 136).

La projection horizontale de l'intersection est tangente en p, r, p_1, r_1, y et y_1 aux projections horizontales des génératrices du cylindre. En q et q_1, elle est tangente à la circonférence oq, et en c et d les tangentes sont perpendiculaires à la ligne de terre.

Données numériques.

Dans un cadre de 270^{mm} sur 430^{mm}, on placera la ligne de terre parallèlement aux petits côtés du cadre et à 225^{mm} du côté supérieur. On prendra $o'o$ à égale distance des grands côtés du cadre.

Titre extérieur : Intersection.

Titre intérieur : Cylindre et sphère.

28. Problème. — *On donne un cylindre à bases parallèles; la base inférieure est un cercle situé dans le plan horizontal de projection; son centre est à 5^{cm} en avant de la ligne de terre et son rayon a 4^{cm}; les génératrices sont parallèles au plan vertical et inclinées de 45° sur le plan horizontal et la base supérieure est à 14^{cm} au-dessus du plan horizontal.*

Une sphère, ayant pour rayon 7^{cm} *et pour centre le milieu* (i, i') *de l'arête* (ab a'b') *du cylindre parallèle au plan vertical et la plus rapprochée de ce plan, coupe le cylindre.*

On demande de représenter le corps qui subsiste quand on détache du cylindre le volume commun à ce cylindre et à la sphère (Concours d'admission à l'École polytechnique 1873).

1° *Contours apparents du cylindre et de la sphère* (fig. 32).

La représentation des deux surfaces ne présente aucune difficulté.

Il résulte d'ailleurs des données que la sphère est tangente au plan horizontal de projection et au plan de la base supérieure du cylindre.

2° *Surfaces auxiliaires.*

On peut employer des *plans de front* ou couper les deux surfaces par des *plans horizontaux.*

Si l'on emploie des plans horizontaux, on projette obliquement, sur le plan horizontal, les sections déterminées dans les deux surfaces par des plans auxiliaires, en prenant (*ab, a'b'*) pour direction des projetantes obliques (voir notre *Cours,* IIe vol., 2e fasc., 2° 126).

Nous construirons spécialement les *points remarquables* de l'intersection.

3° *Points situés sur le contour apparent vertical du cylindre.*

Ils sont fournis par le plan de front dont la trace horizontale est *cd.*

Ce plan détermine dans le cylindre les deux génératrices (cd, $c'd'$) et (c_1d_1, $c'_1d'_1$), et, dans la sphère, la circonférence ($cm\mu f$, $e'\mu'f'm'$).

Les points (m', m), (μ', μ), (m'_1, m_1) et (μ'_1, μ_1), communs aux génératrices et à la circonférence, sont les points cherchés.

4° *Points situés sur le contour apparent horizontal du cylindre.*

Prenons, pour plan de front auxiliaire, le plan dont la trace

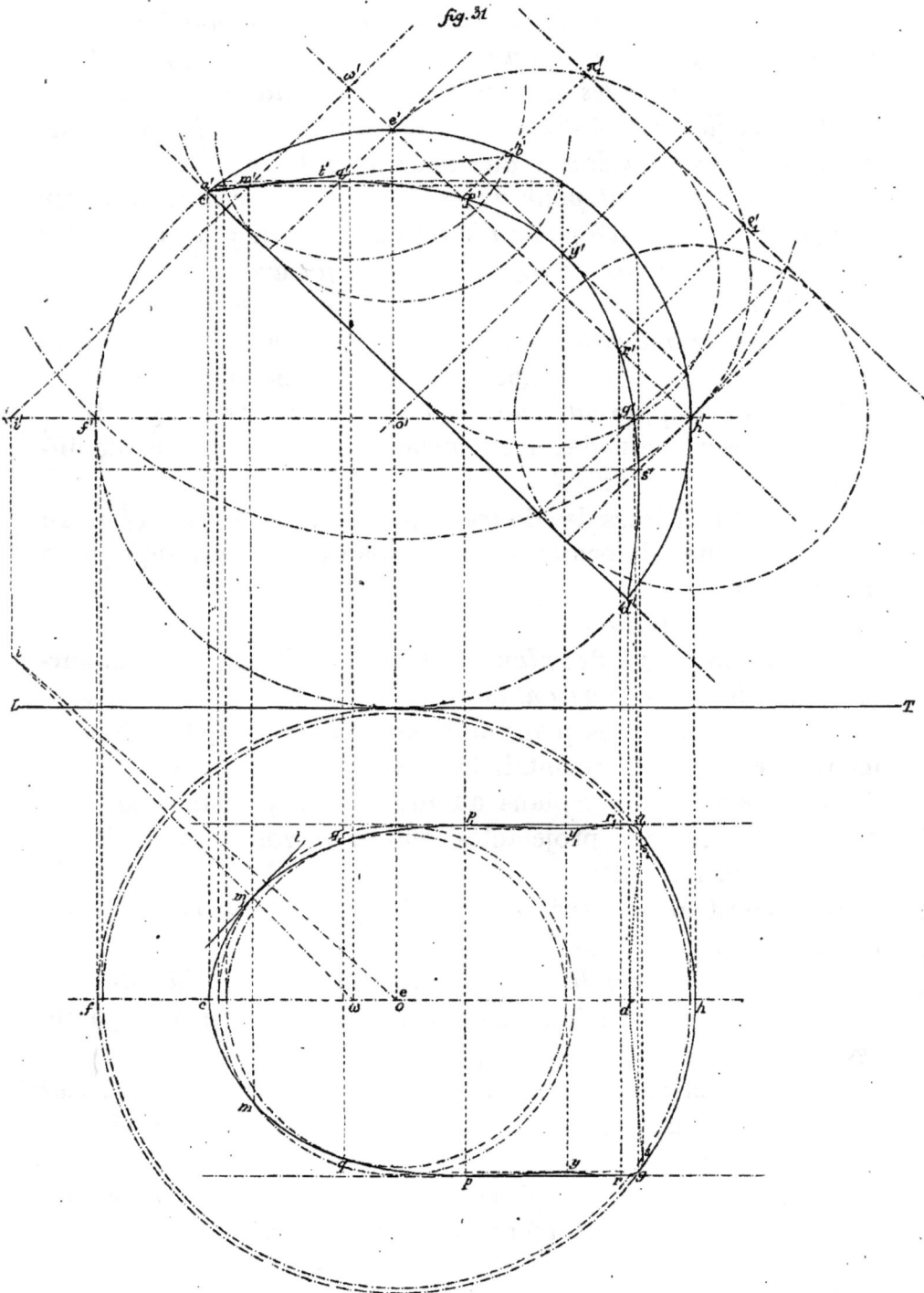

fig. 31

horizontale est ab. Les points de l'intersection situés sur la géné-ratrice $(ab, a'b')$ sont (n', n) et (v', v).

La génératrice $(a_1b_1, a'b')$ ne rencontre pas la sphère.

Les points (n', n) et (v', v) appartiennent aussi au contour apparent vertical de la sphère.

5° *Points appartenant au contour apparent horizontal de la sphère.*

Prenons pour plan auxiliaire le plan de l'équateur de la sphère; puis, projetons les sections qu'il détermine dans les deux surfaces sur le plan horizontal et parallèlement à $(a'b', ab)$.

La section déterminée dans le cylindre se projette suivant la circonférence aca_1c_1, trace du cylindre sur le plan horizontal; la section déterminée dans la sphère se projette suivant la circonférence ayant pour centre le point a, projection oblique de (i', i) et pour rayon ai.

Les projections obliques des deux sections se coupent en deux points p_2 et π_2 qui sont les projections obliques des points cherchés. Les projetantes inverses menées par p_2 et π_2 four-nissent aisément (p', p) et (π'_1, π_1).

6° *Points situés sur les génératrices limites.*

Le cylindre circonscrit à la sphère et dont les génératrices sont parallèles à $(a'b', ab)$ a pour trace horizontale l'ellipse ur_2vq_2. Le demi-petit axe av est égal au rayon de la sphère et le demi-grand axe au s'obtient en déterminant la trace horizontale u de l'une des génératrices situées dans le plan du méridien principal de la sphère (Ier vol., 1er fasc., n° 94).

Les points q_2 et r_2, communs à cette ellipse et à la circonférence aca_1c_1 sont les traces horizontales des génératrices du cylindre donné qui sont tangentes à la sphère.

Le plan de front dont la trace horizontale est q_2r_2 fournit les points de l'intersection (q', q) et (r'_1, r_1) situés sur ces géné-ratrices.

7° *Point le plus haut et point le plus bas.*

Reprenons la méthode des sections horizontales.

Les plans horizontaux *limites* sont ceux qui coupent la sphère et le cylindre suivant des circonférences tangentes.

La projection oblique o_1g de la circonférence déterminée dans la sphère par un plan horizontal limite P' est tangente à la cir-conférence aca_1c_1.

Tout revient à déterminer le point o_1.

En désignant par x la longueur $i_2 o_1$, par r le rayon de la base du cylindre, par R le rayon de la sphère, et en remarquant qu'on a : $o_1 g = o'h'$ et $a o_1 = i'o'$, on trouve aisément l'équation

$$2x^2 - 2rx - R^2 = 0$$

d'où

$$x = \frac{r \pm \sqrt{r^2 + 2R^2}}{2}$$

La valeur positive, seule admissible, est facile à construire.

On prend $k\alpha = R = ki_2$ et on joint $i_2\alpha$. Puis, sur la perpendiculaire en α à $i_2\alpha$, on porte $\alpha\beta = r$ et on joint $i_2\beta$; on prolonge $i_2\beta$ d'une longueur $\beta\alpha_1$ égale à r ou à $\beta\alpha$ et on prend le milieu γ de $i_2\alpha_1$; $i_2\gamma$ est la longueur cherchée $i_2 o_1$.

En joignant $i_2 o_1$, on obtient la trace horizontale g de la génératrice qui contient le point le plus haut (ρ', ρ).

La projection horizontale ρt de la tangente à l'intersection en (ρ', ρ) est parallèle à la trace horizontale $g\theta$ du plan tangent au cylindre en ce point.

Le point le plus bas (r', r) est sur la génératrice dont la trace horizontale est g_1.

8° *Point le plus à droite et point le plus à gauche.*

En chacun de ces points, la tangente à l'intersection est située dans un plan de profil; ses projections sont perpendiculaires à LT.

Or, $a'b'$ est un axe de la projection verticale; donc, le symétrique ρ'_1 de ρ' par rapport à $a'b'$ est la projection verticale d'un point de l'intersection. D'ailleurs, la tangente à la projection verticale en ρ'_1 est perpendiculaire à LT, donc ρ'_1 est la projection verticale du point le plus à droite; sa projection horizontale est ρ_1.

Il appartient à la génératrice qui contient le point le plus bas (r', r).

On détermine, de la même manière, le point le plus à gauche (s'_1, s_1).

9° *Points doubles de la projection horizontale.*

Les plans diamétraux conjugués des cordes verticales dans la sphère et dans le cylindre. sont, respectivement, le plan de l'équateur de la sphère et le plan $b'a'a_1$ qui détermine les génératrices de contour apparent horizontal du cylindre. Ces deux plans se coupent suivant la perpendiculaire au plan vertical projetée en i'.

La ligne des points doubles de la projection horizontale est donc $i\alpha$.

On peut construire les points doubles eux-mêmes (1-6°).

Le plan qui projette la droite (i', $i\alpha$) sur le plan. horizontal coupe la sphère suivant le méridien de profil et le cylindre suivant une circonférence égale à la circonférence de base aca_1c_1 car les sections horizontale et de profil sont anti-parallèles. Rabattons ce plan sur le plan horizontal. Les sections déterminées dans le cylindre et dans la sphère se rabattent respectivement suivant la circonférence aca_1c_1 et suivant la circonférence de centre a et de rayon ai; la corde commune $p_2\pi_2$ perpendiculaire à $i\alpha$ fournit le point double π. Les points de l'intersection projetés horizontalement en π sont projetés verticalement en π' et p'_1.

Données numériques.

Dans un cadre de 270^{mm} sur 430^{mm}, on placera LT parallèlement aux petits côtés du cadre et à 240^{mm} du côté supérieur. On prendra la ligne de rappel $i'i$ à 150^{mm} du côté de gauche.

Titre extérieur : Intersection de surfaces.

Titre intérieur : cylindre entaillé par une sphère.

III. CÔNE ET SPHÈRE.

29. Problème. — *Déterminer l'intersection d'un cône de révolution et d'une sphère* (fig. 33).

La sphère repose sur le plan horizontal. Le cône a son axe dans le plan du méridien principal de la sphère ; les génératrices situées dans ce plan sont : 1° la tangente au méridien principal au point le plus haut (a', a) *; 2° une droite passant par l'extrémité* (b', b) *du diamètre horizontal.*

1° *Contours apparents du cône.*

Sur le plan vertical, le contour apparent du cône se compose de la tangente horizontale $a's'$ au cercle o' et de la droite $s'b'$ passant par l'extrémité b' du rayon horizontal $o'b'$. La bissectrice $s'\omega'$ de l'angle $a's'b'$ est la projection verticale de l'axe du cône.

Pour obtenir le contour apparent sur le plan horizontal, inscrivons dans le cône une sphère quelconque, celle qui a pour centre le point (ω', ω) par exemple ; puis, menons les tangentes $s\beta$ et $s\beta_1$ au contour apparent horizontal $\alpha\beta\beta_1$ de cette sphère ; le contour apparent horizontal du cône se compose des deux droites $s\beta$ et $s\beta_1$, (IIe vol., 1er fasc., n° 7).

2° *Surfaces auxiliaires.*

Les deux surfaces considérées sont de révolution ; de plus, si l'on joint le centre (o', o) de la sphère à un point quelconque de l'axe $(s'\omega', s\omega)$ du cône, la sphère est de révolution autour de la droite obtenue. Il résulte de là que l'on peut employer comme surfaces auxiliaires des *sphères ayant pour centre un point quelconque de l'axe du cône.*

3° *Détermination d'un point quelconque de l'intersection.*

Considérons la sphère ayant pour centre le point (ω', ω) de l'axe du cône situé sur le diamètre vertical $(o'a', oa)$.

Cette sphère, de rayon $\omega'\gamma'$, coupe la sphère (o', o) suivant un parallèle projeté verticalement selon la droite $\gamma'\delta'$ et horizontalement selon la circonférence $\omega\gamma$. Elle coupe le cône suivant deux parallèles projetés verticalement en $g'g'_1$ et $d'd'_1$.

Le point m', commun aux deux droites $\gamma'\delta'$ et $g'g'_1$ est la projection verticale de deux points de l'intersection projetés horizontalement en m et m_1 sur la circonférence $\omega\gamma$; (n', n) et (n', n_1) sont deux autres points de cette intersection.

Observons tout de suite que, le plan des axes des deux surfaces étant de front, la projection verticale de l'intersection est un arc de *parabole*, puisque l'une des surfaces est une sphère. (IIe vol., 2e fasc., n° 136).

4° *Tangente à l'intersection en un point quelconque (m, m').*

En (m, m'), la normale à la sphère est $(om, o'm')$ et la normale au cône est $(m'i', mi)$, (i, i') étant le point où la normale au cône en (g', g) coupe l'axe $(s'\omega', s\omega)$.

Le plan normal (MO, MI) est coupé par le plan horizontal $o'b'$

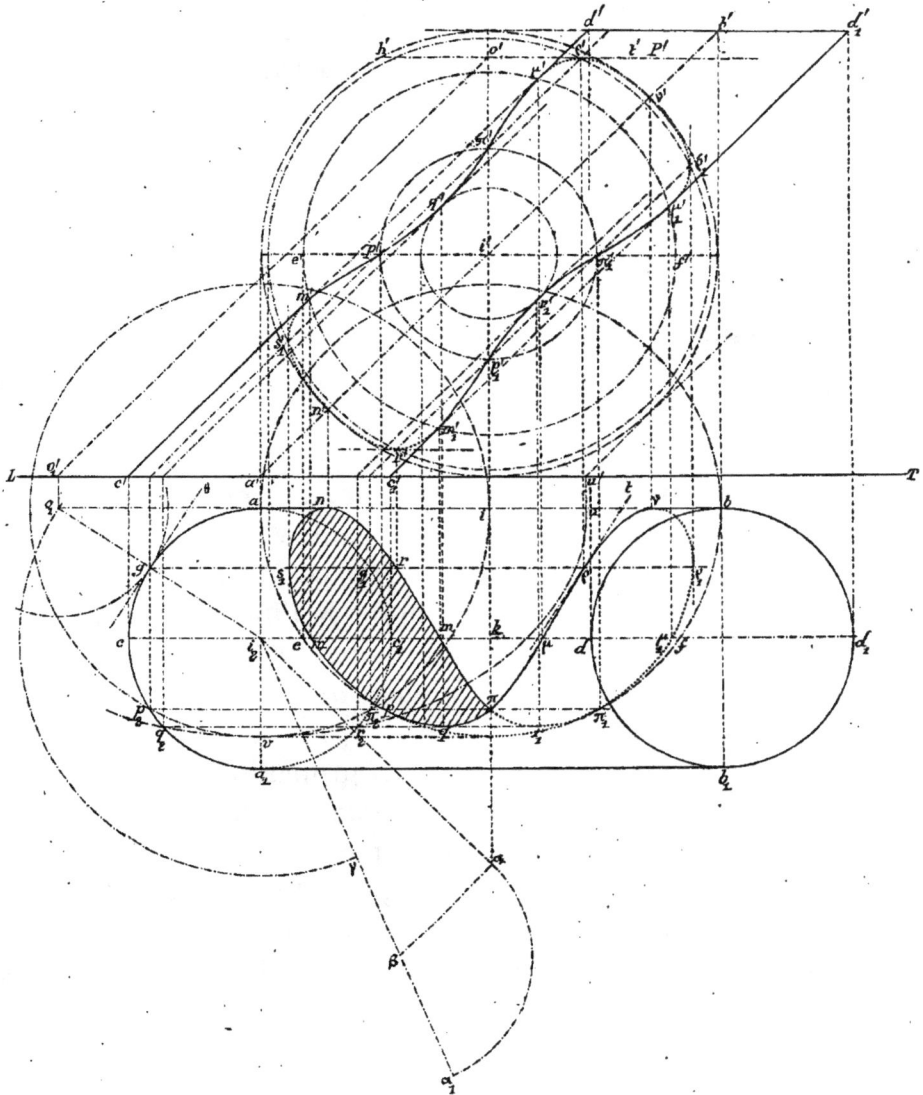

fig.32

suivant la droite $(o'k', ok)$, donc la projection horizontale de la tangente en (m, m') est la perpendiculaire mt à ok ; la projection verticale de cette tangente est la perpendiculaire $m't'$ à $o'i'$.

5° *Points situés sur les contours apparents verticaux de la sphère et du cône.*

Ce sont les points (a', a), (b', b) et (c', c). En (a', a), la tangente est horizontale ; le point (a', a) est le point le plus haut de l'intersection. En chacun des points (b', b) et $(c,' c)$, la tangente est perpendiculaire au plan vertical. Nous avons expliqué (voir notre *Cours*, II° vol., 2° fasc., n° 124-3°) comment on peut construire les tangentes en b' et c' à la projection verticale de l'intersection ; pour ne pas surcharger l'épure, nous n'avons pas construit ces tangentes.

6° *Points situés sur le contour apparent horizontal de la sphère.*

On les obtient en prenant pour sphère auxiliaire celle dont le centre est projeté verticalement en ω' et dont le rayon est égal à $\omega'b'$.

Cette sphère détermine dans le cône deux parallèles : l'un, qui passe par le point (b', b), est tangent en ce point à l'équateur et fournit le point (b', b) déjà connu ; l'autre est projeté verticalement suivant la droite $l'l'_1$ et donne les points (p', p) et (p', p_1).

En p et p_1, la projection horizontale de l'intersection est tangente à la circonférence de contour apparent o de la sphère.

· 7° *Points appartenant au contour apparent horizontal du cône $s\beta$ et $s\beta_1$.*

Construisons en premier lieu la projection verticale des génératrices du cône projetées horizontalement en $s\beta$ et $s\beta_1$.

Pour cela, il suffit de remarquer que β et β_1 sont les projections horizontales des points où ces génératrices coupent l'équateur de la sphère (ω, ω') inscrite dans le cône. Ces points sont, par suite, projetés verticalement à l'intersection β' de la ligne de rappel $\beta\beta_1$ et de la parallèle à LT menée par ω', et $s'\beta'$ est la projection verticale cherchée. $s'\beta'$ coupe le contour apparent vertical de la sphère en e' et e'_1 ; prenons pour sphère auxiliaire celle qui détermine dans la sphère donnée (o, o') le cercle projeté verticalement suivant la droite $e'e'_1$. Cette sphère auxiliaire a pour centre le point projeté verticalement à l'intersection ε' de $s'\omega'$ et de la perpendiculaire menée à $e'e'_1$ en son milieu.

Elle détermine dans le cône deux parallèles projetés verticalement en $f'f'_1$ et $h'h'_1$; $f'f'_1$, et $h'h'_1$ coupent $e'e'_1$ en r' et q' qui fournissent r et q sur $s\beta$, r_1 et q sur $s\beta_1$.

En r et q, la projection horizontale de l'intersection est tangente à $s\beta$; en r_1 et q, elle est tangente à $s\beta_1$.

8° *Points pour lesquels la tangente est située dans un plan de profil.*

Première méthode. — Nous avons démontré (5) que, quand deux surfaces S et S_1 sont inscrites l'une dans l'autre, si on les coupe par une troisième surface S_2 qui rencontre leur courbe

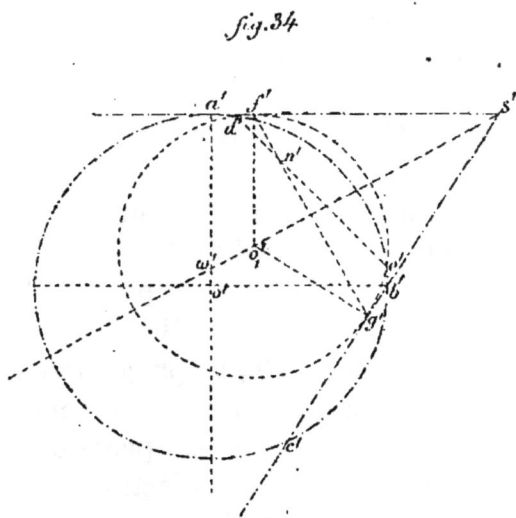

fig.34

de contact D, les lignes d'intersection C et C_1 de la surface S_2 avec les surfaces S et S_1 sont tangentes entre elles aux points où elles rencontrent la ligne de contact D.

Il résulte de là que *toute sphère auxiliaire O_1 inscrite dans le cône S coupe la sphère donnée O suivant une circonférence dont la projection verticale* d'e' (fig. 34) *fournit à la fois un point* n' *de la projection verticale de l'intersection cherchée et la tangente* d'e' *en ce point.*

En effet, d'après le théorème que nous venons de rappeler, l'intersection de la sphère O et du cône S, et l'intersection des deux sphères O et O_1, c'est-à-dire la circonférence DE, sont tangentes entre elles au point N où elles rencontrent la circonférence de contact FG de la sphère O_1 et du cône S ; l'intersection cherchée et la circonférence DE ont donc même tangente en N. Or, la tangente en ce point à la circonférence DE, dont le plan est perpendiculaire au plan vertical, est projetée verticalement suivant $d'e'$, donc $d'e'$ est aussi la projection verticale de la tangente en N à l'intersection de la sphère O et du cône S.

Cela posé, observons que $d'e'$ est perpendiculaire à $o'o'_1$; or, pour les points cherchés, la projection verticale de la tangente est perpendiculaire à la ligne de terre; donc, pour les obtenir (fig. 33), il faut considérer la sphère auxiliaire inscrite dont le centre est projeté verticalement au point de rencontre ω'_1 de $s'\omega'$ avec la parallèle à LT menée par o'. Le rayon de cette sphère inscrite est égal à $\omega'_1 j'$; le parallèle de contact JJ_1 coupe la circonférence d'intersection $\psi\psi_1$ des deux sphères O et ΩJ aux points cherchés (u', u) et (u', u_1).

Seconde méthode. — On peut arriver au même résultat par les considérations suivantes :

La projection verticale $m't'$ de la tangente en M est perpendiculaire à la projection verticale $o'i'$ de la ligne de front du plan normal située dans le plan du méridien principal de la sphère.

Pour les points cherchés, la projection verticale de la tangente étant perpendiculaire à LT, la projection verticale de la ligne de front correspondante du plan normal est parallèle à LT ; donc, cette ligne de front est projetée verticalement suivant $o'\omega'_1$, et le point ω'_1 est la projection verticale du pied de la normale aux points cherchés. Il résulte de là que ces points appartiennent au parallèle du cône projeté verticalement suivant $j'j'_1$ (j' étant le pied de la perpendiculaire menée de ω'_1 à $s'a'$) et l'on est ramené à la construction fournie par la première méthode.

9° *Points doubles de la projection horizontale.*

Le plan diamétral conjugué des cordes verticales dans la sphère est le plan de l'équateur, et le plan diamétral conjugué de ces mêmes cordes dans le cône est le plan qui détermine les génératrices de contour apparent horizontal, c'est-à-dire le plan mené par $s'e'$ perpendiculairement au plan vertical. Les points doubles x et x_1 de la projection horizontale de l'intersection appartiennent donc à la ligne de rappel du point x' commun à $b'b'_1$ et $s'e'$.

10° *Directrice, foyer et sommet de la projection verticale.*

Nous avons démontré (IIe vol., 2e fasc., n° 136) que l'inter-section de deux surfaces du second degré et de révolution, dont l'une est une sphère, se projette sur le plan déterminé par le centre de la sphère et l'axe de la seconde surface suivant une *parabole*. L'équation (G) montre d'ailleurs immédiatement que l'axe de cette parabole est perpendiculaire à l'axe de la seconde surface.

Il résulte de là que *l'axe de la parabole* b'a'c' *est perpendiculaire à* s'ω' ; et, par suite, les droites telles que g'g'$_1$ sont des diamètres.

Cela posé, les tangentes a'ψ' et u'ψ' étant rectangulaires, le point ψ' appartient à la *directrice* qui est, par suite, la perpendiculaire ψ'v' à g'g'$_1$. La corde des contacts a'u' des tangentes rectangulaires a'ψ' et u'ψ' passe par le *foyer* qui est le pied φ' de la perpendiculaire menée de ψ' à a'u'. Le *sommet* est alors le point y' milieu de la distance de φ' à ψ'v'.

Données numériques.

Dans un cadre de 270^{mm} sur 430 ^{mm}, placer LT parallèlement aux petits côtés et à 210^{mm} du côté supérieur ; prendre la ligne de rappel oo' à 125^{mm} du côté de gauche.

Sphère. — Le rayon de la sphère est 75^{mm} (cote du centre) ; l'éloignement de son centre est 110^{mm}.

Cône. — Prendre as = 120^{mm}.

Titre extérieur : Intersection de surfaces.

Titre intérieur : Cône et sphère.

30. Deuxième méthode.

Nous avons prouvé (29-8°) que toute sphère inscrite dans le cône coupe la sphère donnée suivant une circonférence dont la projection verticale fournit à la fois un point de la projection verticale de l'intersection cherchée et la tangente en ce point.

Il est alors avantageux d'employer, comme *sphères auxiliaires*, des *sphères inscrites dans le cône* (fig. 35).

La sphère auxiliaire dont le centre est projeté verticalement en i', par exemple, fournit m' et la tangente e'e'$_1$ en ce point à la projection verticale de l'intersection.

Si l'on observe que e'e'$_1$ est perpendiculaire à o'i', il est facile de *déterminer le point de la projection verticale pour lequel la tangente est parallèle à une direction donnée* d'd'$_1$. Il suffit de mener de o' une perpendiculaire à d'd'$_1$, et de prendre pour

fig. 33

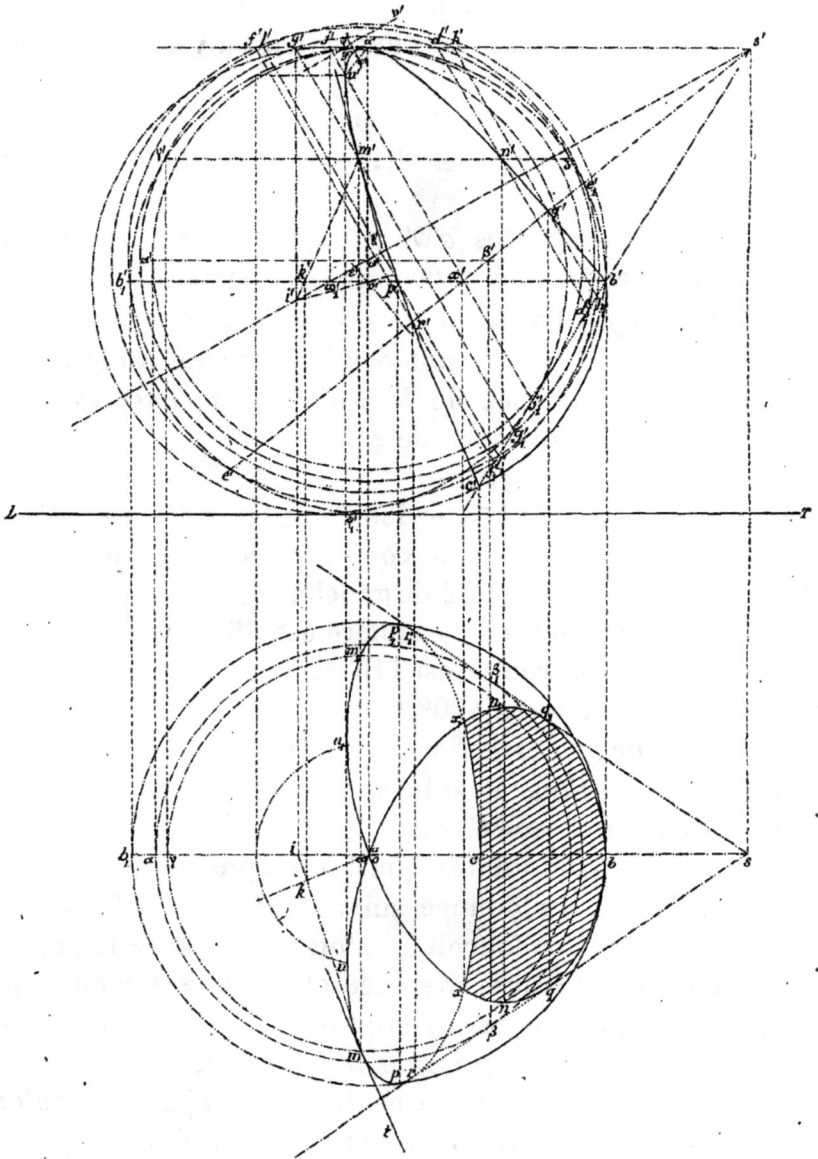

sphère inscrite celle dont le centre est projeté verticalement au point i' où cette perpendiculaire coupe $s'\omega'$.

La sphère inscrite dont le centre est projeté en ω'_1, $o'\omega'_1$ étant parallèle à LT, fournit le point u' de la projection verticale pour lequel la tangente est perpendiculaire à LT.

Pour déterminer le *sommet* de la parabole $b'a'c'$, il suffirait de remarquer qu'en ce point la tangente à la parabole est perpendiculaire à $h'h'_1$ et, par suite, parallèle à $s'\omega'$; on serait alors conduit à prendre pour sphère auxiliaire, celle dont le centre est projeté verticalement au pied k' de la perpendiculaire menée de o' à $s'\omega'$; toutefois, à cause des données particulières du problème, il vaut mieux ici, pour éviter la confusion, appliquer la méthode donnée au numéro précédent (10°).

Observons enfin que la sphère auxiliaire inscrite dont le centre est projeté en i'_1 sur la perpendiculaire $c'i'_1$, à $s'c'$, fournit la tangente $c'c'_1$ en c' à la parabole $b'a'c'$. On obtient, d'une manière analogue, la tangente $b'b'_1$ en b'.

Nous avons représenté le *solide commun* au cône et à la sphère.

31. Troisième méthode.

On pourrait encore prendre, pour sphères auxiliaires, des *sphères ayant pour centre commun le sommet* (s, s') *du cône* (fig. 36).

La sphère dont le rayon est égal à $s'd'$ fournit les points m', $m)$ et m', m_1).

32. Problème. — *Déterminer l'intersection d'un cône de révolution et d'une sphère* (fig. 37).

La sphère est tangente au plan horizontal en (a, a'). *L'une des génératrices du cône est située dans le plan horizontal et passe par le point* (a, a') ; *la seconde génératrice contenue dans le plan vertical as passe par l'extrémité* B *du diamètre horizontal de la sphère situé dans ce plan.*

1° Surfaces auxiliaires.

Observons tout d'abord que, le plan vertical *as* étant un plan principal commun aux deux surfaces, il est avantageux, au point de vue de la simplicité des constructions, de prendre ce plan pour plan vertical de projection auxiliaire L'T'.

Sur le plan vertical L'T', le contour apparent de la sphère est la circonférence de centre o'_1 et de rayon $o'_1 o = o'a'$. Le contour apparent du cône se compose de la droite *as* et de la droite $sb'_1c'_1$. La bissectrice $s\omega'_1$ de l'angle $c'_1\,sa$ est la projection verticale de l'axe du cône sur le plan L'T'.

Cela posé, nous emplóierons comme surfaces auxiliaires des *sphères ayant pour centre un point quelconque de l'axe* $(sa, s\omega'_1)$.

fig. 35.

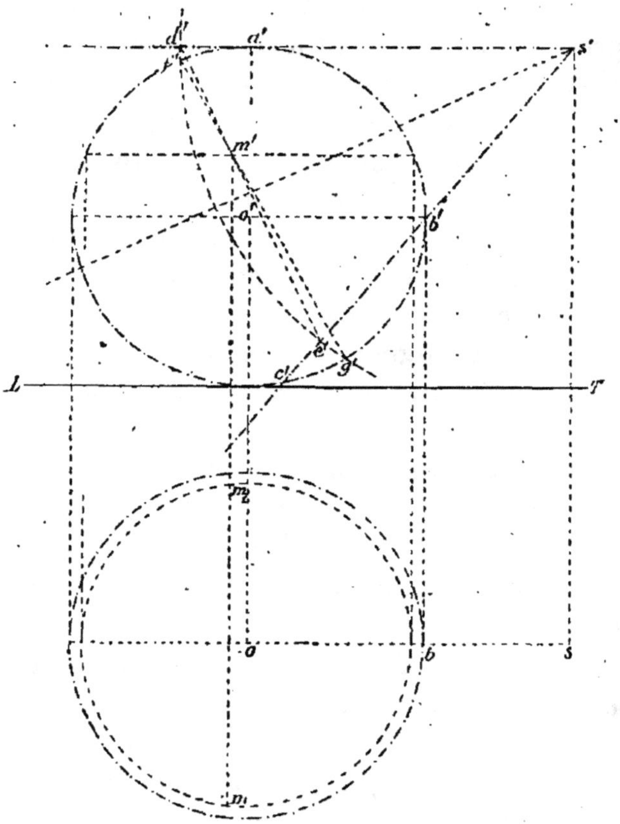

2° *Contours apparents du cône.*

Considérons la sphère inscrite ayant pour centre le point (ω'_1, ω) ; son rayon est $\omega'_1\omega$. Les tangentes $s\beta$ et $s\beta_1$ au contour apparent horizontal de cette sphère forment le contour apparent horizontal du cône ; les tangentes $s'a'$ et $s'\alpha'$ au contour apparent vertical ω' de la sphère inscrite constituent le contour apparent vertical du cône.

3° *Détermination d'un point quelconque de l'intersection.*

Du point ω'_1, comme centre avec un rayon quelconque $\omega'_1 g'_1$.

fig. 35

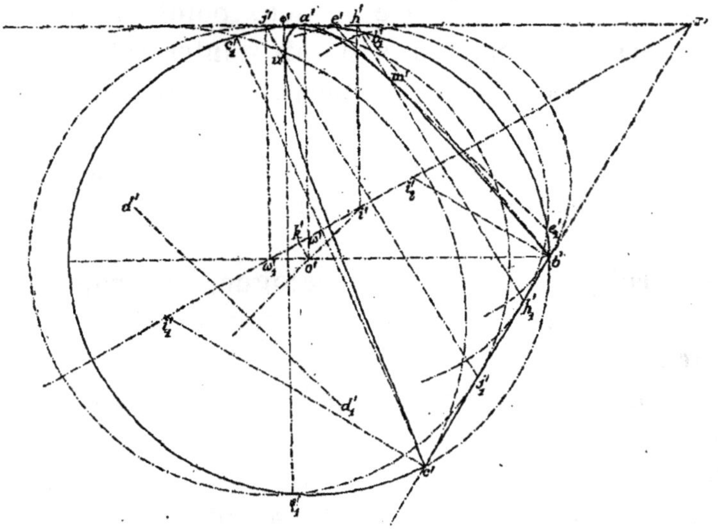

décrivons une circonférence. Cette circonférence peut être considérée comme le contour apparent, sur le plan vertical L'T', d'une sphère auxiliaire qui détermine dans le cône deux parallèles projetés verticalement suivant les deux droites $g'_1 g'_2$ et $h'_1 h'_2$, et, dans la sphère donnée, un parallèle projeté verticalement en $k'_1 k'_2$ et horizontalement selon la circonférence $k_1 k_2$.

Le point m'_1 commun aux deux droites $g'_1 g'_2$ et $k'_1 k'_2$, est la projection verticale auxiliaire de deux points de l'intersection projetés horizontalement aux points d'intersection m et μ de la circonférence $k_1 k_2$ avec la perpendiculaire menée de m'_1 à L'T'.

En prenant, à partir de LT, sur les lignes de rappel des points m et μ, des longueurs égales à la distance de m'_1 à L'T', on obtient m' et μ'.

On construit, d'une manière analogue, les projections (n, n') et (ν, ν') des deux points de l'intersection projetés verticalement en n'_1 sur le plan auxiliaire L'T'.

La tangente en l'un de ces points s'obtiendrait comme au problème précédent.

4° *Points situés sur le contour apparent horizontal du cône.*

Pour obtenir les points de l'intersection situés sur les génératrices du cône projetées horizontalement en $s\beta$ et $s\beta_1$, il faut construire en premier lieu la projection verticale auxiliaire de ces génératrices sur le plan L'T'. Pour cela, il suffit (29-7°) de mener la perpendiculaire $\beta\beta_1$ à L'T' jusqu'à sa rencontre en β'_1 avec la parallèle à L'T' menée par ω'_1 et de joindre $s\beta'_1$.

En élevant une perpendiculaire à $e'_1 e'_2$ en son milieu, et en décrivant une circonférence ayant ε'_1 pour centre et $\varepsilon'_1 \dot{e}'_1$ pour rayon, on obtient r'_1 et t'_1 aux points de rencontre de $s\beta'_1$ avec $l'_1 l'_2$ et $q'_1 q'_2$ (se reporter au n° 29 pour plus de développements). On en déduit r et t sur $s\beta$, ρ et θ sur $s\beta_1$; puis, r' et ρ', t' et θ'. En r et t, la projection horizontale de l'intersection est tangente à $s\beta$; en ρ et θ, elle est tangente à $s\beta_1$.

5° *Points situés sur le contour apparent vertical du cône.*

On a déjà le point (a', a) qui appartient à la génératrice $(sa, s'a')$. Pour déterminer les points situés sur la génératrice du cône projetée verticalement en $s'\alpha'$, on construit la projection horizontale $s\alpha$ de cette génératrice, puis sa projection verticale sa'_1 sur le plan auxiliaire L'T'. On obtient, par une construction analogue à la précédente (4°) et que l'épure indique suffisamment, les points f'_1 et d'_1 sur sa'_1 ; on en déduit f et d sur sa, puis, f' et d' sur $s'a'$.

En f' et d', la projection verticale de l'intersection est tangente à $s'a'$. L'intersection étant symétrique par rapport au plan vertical sa, les points (f, f') et (d, d') fournissent immédiatement (φ, φ') et (δ, δ').

6° *Points pour lesquels la tangente est horizontale.*

Ce sont les points projetés verticalement en a, b'_1 et c'_1 sur le plan vertical auxiliaire L'T' ; de a, b'_1 et c'_1 on déduit (a, a'), (b, b') et (c, c').

7° *Points pour lesquels la tangente est dans un plan perpendiculaire à L'T'.*

Les développements précédents (29-8°) montrent qu'il suffit de considérer la sphère auxiliaire inscrite dans le cône et dont le centre est projeté, sur le plan L'T', au point d'intersection i'_1 de sw'_1 avec la parallèle à L'T' menée par le point o'_1. On obtient ainsi u'_1, et la projection horizontale du parallèle de la sphère dont la projection verticale passe par u'_1 fournit u et υ ; on en déduit u' et υ'. En u et υ, la projection horizontale de l'intersection est tangente à la droite $u\upsilon$.

8° *Points situés sur le contour apparent horizontal de la sphère.*

On prend pour sphère auxiliaire celle dont le centre est projeté, sur le plan L'T', en ω'_1 et dont le rayon est $\omega'_1 b'_1$. On obtient ainsi p'_1 sur $b'_1 b'_2$; on en déduit p et π sur la circonférence ob, puis, p' et π' sur $o'b'$. En p et π, la projection horizontale de l'intersection est tangente à la circonférence ob.

9° *Points appartenant au contour apparent vertical de la sphère.*

Les points de l'intersection déjà déterminés permettent d'en tracer la projection horizontale. Les lignes de rappel des points x et y où cette projection coupe la projection horizontale oz du méridien principal de la sphère fournissent x' et y' sur le contour apparent vertical. En x' et y', la projection verticale de l'intersection est tangente à la circonférence o'.

L'épure a été ponctuée en supposant que le cône existe seul et en supprimant la partie comprise dans la sphère.

fig. 37

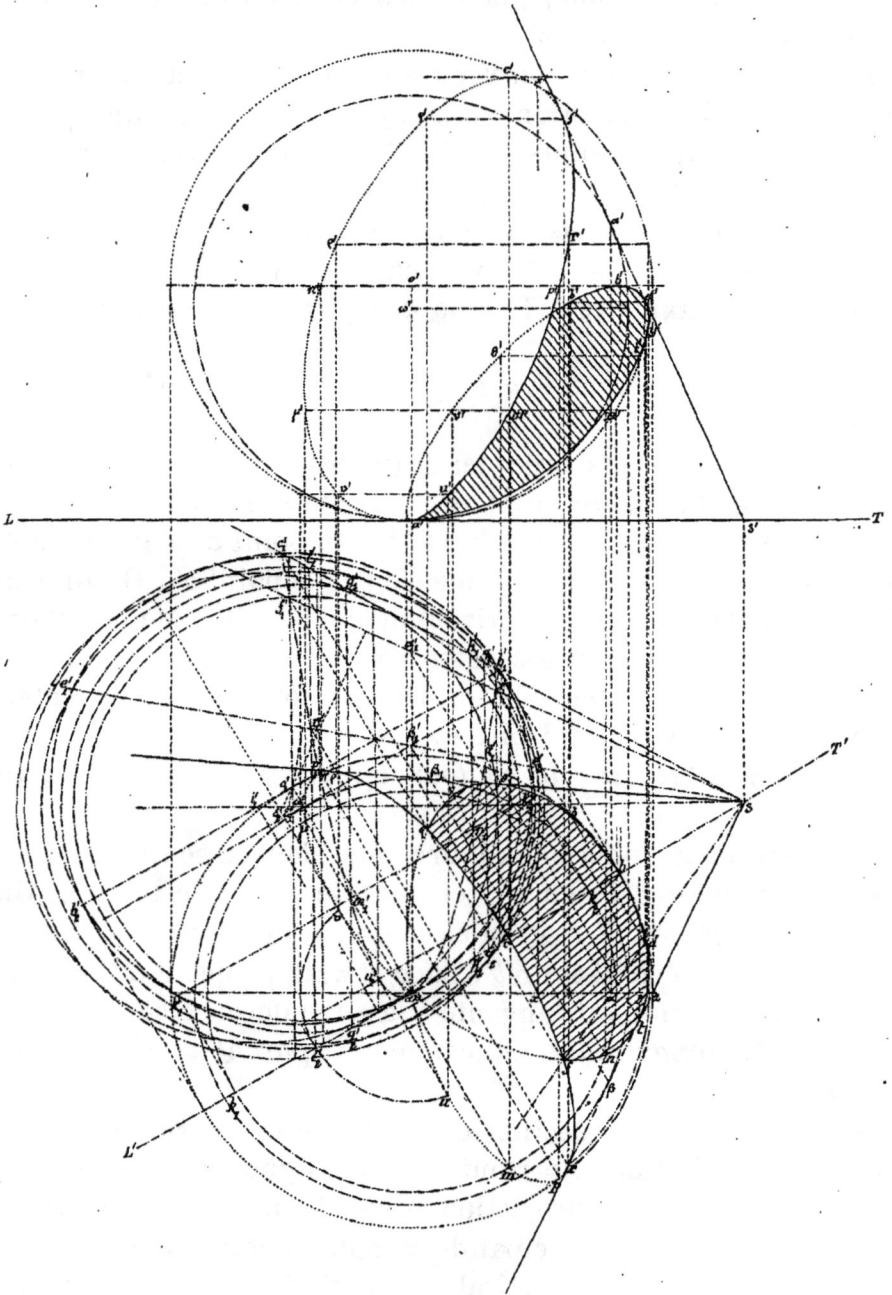

Remarque. — On aurait pu, comme au n° 30, prendre pour sphères auxiliaires des *sphères inscrites dans le cône.*

Données numériques.

Dans un cadre de 270^{mm} sur 430^{mm}, on placera la ligne de terre parallèlement aux petits côtés et à 180^{mm} du côté supérieur. On prendra la ligne de rappel *oo'* à 130^{mm} du côté de droite ; la cote du centre vaut 75^{mm} (rayon de la sphère) et son éloignement 150^{mm}. L'angle *saz* est égal à 30° et l'on a : *as* = 120^{mm}.

Titre extérieur : Intersection de surfaces.

Titre intérieur : Cône et sphère.

33. Problème. — *Une sphère dont le rayon est* 0^m,07 *est tangente aux deux plans de projection* (fig. 38).

Soient A *le point le plus haut de la sphère et* B *l'une des extrémités du diamètre parallèle à la ligne de terre.*

On demande de trouver l'intersection de cette sphère et du cône engendré par la verticale du point A *tournant autour de* AB. *On représentera la sphère en supposant enlevée la partie située dans l'intérieur du cône* (Concours d'admission à l'École centrale — 1872. 2° session).

1° *Contours apparents du cône.*

Le contour apparent du cône sur le plan vertical se compose de la droite *a'o'c'* et de la droite *a'd'* symétrique de *a'c'* par rapport à *a'b'* ; *a'd'* est tangente à la circonférence *o'* en *a'*.

Sur le plan horizontal, le contour apparent se réduit au point *a*.

2° *Surfaces auxiliaires.*

Nous couperons les deux surfaces par des *sphères ayant pour centre commun le sommet* A *du cône* (31).

Nous conseillons au lecteur de résoudre la question à l'aide de *sphères inscrites dans le cône*, en se reportant aux explications que nous avons données au n° 30.

3° *Détermination d'un point quelconque de l'intersection.*

Une sphère auxiliaire quelconque a pour contour apparent sur le plan vertical une circonférence *e'e'$_1$f'* décrite du point *a'* comme centre. Cette sphère détermine dans la sphère O et dans le cône les parallèles projetés verticalement suivant les droites *e'f'* et *e'$_1$f'$_1$*. Le point *m'*, commun à ces deux droites, est la projection verticale de deux points de l'intersection projetés horizontalement en *m* et *m$_1$* sur la circonférence *oe*.

La projection verticale de l'intersection est une *parabole* voir notre *Cours*, IIe vol., 2e fasc., n° 136).

4° *Tangente à l'intersection en* (*m*, '*m*).

La normale à la sphère en (*m*, *m'*) est (*om*, *o'm'*) et la normale au cône est (*m'i'*, *mi*). Le plan de l'équateur de la sphère coupe le plan normal OMI suivant la droite (*o'k'*, *ok*), donc la projection horizontale de la tangente en (*m*, *m'*) est la perpendiculaire *mt* à *ok* ; sa projection verticale est la perpendiculaire *m't'* à la droite *o'i'*, projection verticale de la ligne de front du plan normal située dans le plan du méridien principal de la sphère.

5° *Points situés sur les contours apparents verticaux de la sphère et du cône.*

Ce sont les points *a'* et *c'*. En (*a'*,*a*), la tangente à l'intersection est la génératrice du cône tangente à la sphère ; le point *a* est un point de rebroussement de la projection horizontale de l'intersection. En (*c'*,*c*), la tangente à l'intersection est la droite *c'o* ; la tangente en *c'* à la projection verticale de l'intersection s'obtiendrait par la construction connue (voir notre *Cours*, IIe vol., 2e fasc., n° 124).

6° *Points appartenant au contour apparent horizontal de la sphère.*

Ce sont les points (*n'*, *n*) et (*n'*,*n_i*) fournis par la sphère auxiliaire dont le rayon est égal à *a'b'*.

7° *Points pour lesquels la tangente est dans un plan de profil.*

Les développements donnés aux n°s 29-8° montrent qu'il faut prendre pour sphère auxiliaire la sphère inscrite dans le cône et ayant pour centre le point de l'axe projeté verticalement en *b'* ; elle fournit les points (*u'*, *u*) et (*u' u_i*).

8° *Sommet de la projection verticale.*

L'axe de la parabole *a'u'c'* est perpendiculaire à *a'b'* (29-10°) ; c'est donc la perpendiculaire à la corde *a'u'* en son milieu φ'. Cette perpendiculaire passe par le point *g'* ; or, les tangentes *g'a'* et *g'u'* sont rectangulaires, donc le point *g'* est le pied de la directrice sur l'axe de la parabole et, par suite, le sommet est le point milieu *y'* de *g'*φ'.

Données numériques.

Cadre : 270^{mm} sur 430^{mm}. Placer LT parallèlement aux petits côtés du cadre et à 225^{mm} du côté supérieur. Prendre la ligne de rappel *oo'* à 115^{mm} du côté de gauche.

fig. 38

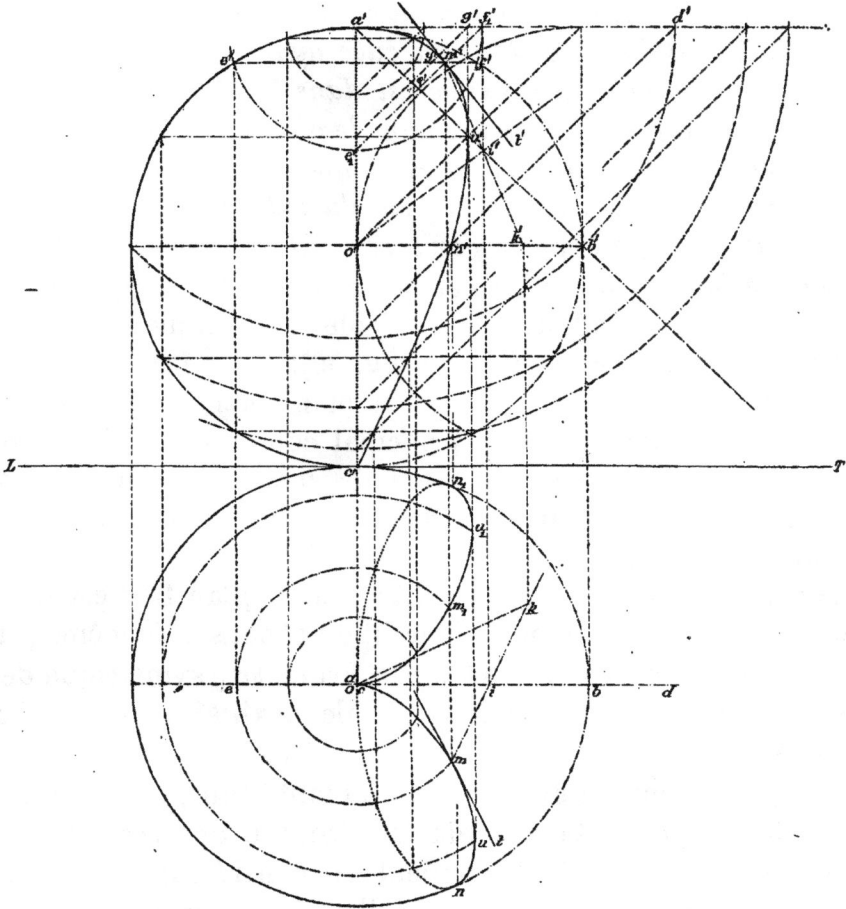

Titre intérieur : Intersection de surfaces.

Titre extérieur : Cône et sphère.

34. Problème. — *Représenter le solide commun à une sphère et à un cône définis de la manière suivante :*

La sphère est inscrite dans un cube ayant 15 centimètres de côté; la base inférieure du cube est dans le plan horizontal de projection et la face postérieure dans le plan vertical.

Le cône est de révolution; il est tangent au plan horizontal; son sommet est le centre de la face du cube située dans le plan horizontal, et son axe passe par le sommet appartenant à l'intersection de la face supérieure et de la face antérieure, et situé à droite (Concours d'admission à l'École polytechnique — 1869).

1° *Contours apparents du cône* (fig. 39).

Observons, en premier lieu, que le plan vertical qui passe par l'axe du cône étant un plan principal commun aux deux surfaces, il est avantageux, au point de vue de la simplicité des constructions, de prendre ce plan pour plan vertical de projection auxiliaire L'T'.

Le contour apparent de la sphère sur le plan L'T' est la circonférence $o'_1 o$. Le contour apparent du cône, sur ce même plan, se compose de la droite sa et de la droite sc'_1 symétrique de sa par rapport à la projection verticale auxiliaire sa'_1 de l'axe du cône.

L'angle au sommet du cône, asc'_1, étant obtus, le cône n'a pas de contour apparent sur le plan horizontal. Son contour apparent sur le plan vertical s'obtient en considérant une sphère auxiliaire inscrite dans le cône, celle qui a pour centre le point (α', α), par exemple. Le contour apparent vertical de cette sphère, qui est tangente au plan horizontal, est la circonférence de centre α' et de rayon $\alpha'\gamma'$; donc le contour apparent vertical du cône se compose des deux tangentes $s'\gamma'$ et $s'\delta'$ à la circonférence $\alpha'\gamma'$.

2° *Surfaces auxiliaires.*

Nous emploierons des *sphères ayant pour centre commun le sommet* (s, s') *du cône.*

3° *Détermination d'un point quelconque de l'intersection.*

Une sphère auxiliaire quelconque a pour contour apparent, sur le plan vertical L'T', une circonférence $d'_1 f'_1 e'_1 g'_1$ décrite du point s comme centre. Cette sphère coupe la sphère donnée suivant un parallèle projeté verticalement selon la droite $d'_1 e'_1$, et détermine dans le cône un parallèle projeté verticalement suivant $f'_1 g'_1$. Les points communs à ces deux parallèles appartiennent à l'intersection cherchée ; ils sont projetés sur le plan L'T' en p'_1, et horizontalement en p et q, sur la circonférence oe projection horizontale du parallèle de la sphère ; les projections verticales p' et q' sont à des distances de LT égales à $\pi p'_1$.

La sphère auxiliaire dont le rayon est oh fournit, d'une manière analogue, les points (m, m') et (n, n') : les distances de m' et n' à LT sont égales à $\mu m'_1$.

4° *Tangente à l'intersection en* (m, m').

La trace, sur le plan vertical L'T', du plan normal en (m, m') aux deux surfaces est $o'_1 h'_1$; donc la projection verticale auxiliaire de la tangente cherchée est la perpendiculaire $m'_1 t'_1$ à $o'_1 h'_1$. La trace horizontale de cette tangente appartient à la trace horizontale εP du plan tangent à la sphère en (m, m'), c'est donc le point θ et, par suite, les projections de la tangente sont θm et $\theta' m'$.

5° *Points situés sur le contour apparent horizontal de la sphère.*

On considère la sphère auxiliaire dont la projection verticale, sur le plan L'T', est la circonférence $k'l'a$. Elle fournit deux points projetés sur le plan L'T' en o'_1 (il est facile de le démontrer) ; ces points sont projetés horizontalement en r et u, extrémités du diamètre perpendiculaire à oa, et verticalement en r' et u'.

6° *Points appartenant au contour apparent vertical de la sphère.*

Ce sont les points communs au méridien principal de la sphère et aux génératrices du cône situées dans ce plan méridien. Pour construire ces génératrices, observons qu'elles sont tangentes à la circonférence déterminée dans la sphère inscrite $(\alpha \alpha'_1, \alpha' \gamma')$ par le plan du méridien principal sv. Cette circonférence est projetée verticalement suivant la circonférence $\alpha' v'$, donc les génératrices cherchées sont projetées verticalement suivant les tangentes $s'i'$ et $s'j'$ à la circonférence $\alpha' v'$; et les points s', x' et y', communs à la circonférence o' et aux droites $s'i'$ et $s'j'$, sont les projections verticales des points cherchés ; les lignes de rappel des points s', x' et y' fournissent s, x et y.

Observons que, l'intersection étant symétrique par rapport au méridien à 45° sa, on déduit aisément des points (x', x) et (y', y) les points de l'intersection (x_1, x'_1) et (y_1, y'_1) situés dans le méridien de profil.

7° *Points situés sur le contour apparent vertical du cône.*

On connaît le point (s', s). Pour obtenir le point situé sur $s'\delta'$, on commence par construire la projection horizontale de la génératrice qui se projette verticalement suivant $s'\delta'$; et, pour cela, il suffit de remarquer que cette génératrice touche la sphère inscrite $(\alpha'\gamma', \alpha\alpha'_1)$ en un point projeté verticalement en δ' et horizontalement en δ sur la parallèle $\alpha\delta$ à LT : $s\delta$ est la projection horizontale cherchée.

Cela fait, on construit directement le point d'intersection de la droite $(s'\delta', s\delta)$ avec la sphère. A cet effet, rabattons le plan $ss'\delta'$ sur le plan du méridien principal de la sphère ; le cercle déterminé dans la sphère par le plan $ss'\delta'$ se rabat en $s'z_1w'$, la génératrice $(s'\delta', s\delta)$ se rabat en $s'\Delta_1$ (on a pris : $\delta'\Delta'_1 = \delta_1\delta$), donc le point Z_1 est le rabattement du point cherché qui se projette par suite, verticalement, en z'.

8° *Points pour lesquels la tangente est horizontale.*

Ce sont : le point (s', s) et le point projeté en c'_1 sur le plan $L'T'$; ce dernier point se projette horizontalement en c, sur sa, et verticalement en c' à une distance de LT égale à cc'_1. La projection horizontale de la tangente en (c, c') est perpendiculaire à sa et sa projection verticale est parallèle à LT.

9° *Points pour lesquels la tangente à l'intersection est dans un plan perpendiculaire à* $L'T'$.

Nous avons vu (32-7°) qu'on les obtient en prenant pour sphère auxiliaire la sphère inscrite dont le centre est projeté verticalement, sur le plan $L'T'$, au point α'_1 situé sur la parallèle à $L'T'$, menée par o'_1 ; les points cherchés sont (φ, φ') et (ν, ν').

Le point s est un point de rebroussement de première espèce de la projection horizontale de l'intersection ; la tangente en ce point est l'axe de symétrie sa. Le point s' est un point de rebroussement de seconde espèce de la projection verticale; la tangente en ce point est $s'b'$.

Remarque. — Au lieu d'effectuer un changement de plan, on pourrait faire tourner les deux surfaces autour de la verticale $(o's', os)$ jusqu'à rendre l'axe du cône parallèle au plan vertical.

Données numériques.

Dans un cadre de 270^{mm} sur 430^{mm}, placer LT parallèlement aux petits côtés et à 180^{mm} du côté supérieur; prendre la ligne de rappel oo' à 140^{mm} du côté de gauche.

Titre extérieur : Intersection de surfaces.

Titre intérieur : Cône et sphère.

35. Problème. — *On donne une sphère de* 0^m,08 *de rayon et dont le centre* O *est situé dans le plan horizontal de projection à* 0^m,16 *en avant de la ligne de terre.*

Dans le grand cercle horizontal, on mène une corde CD *perpendiculaire à la ligne de terre et égale au côté du carré inscrit.*

Sur le diamètre COC', *on prend de part et d'autre du centre* O *deux longueurs* OA *et* OB *égales à* 0^m,05; *enfin, on projette les points* A *et* B *en* α *et* β *sur la corde* CD.

On demande de représenter la sphère en supprimant la partie de ce corps comprise dans le tronc de cône que le trapèze AαβB *engendre en tournant autour de* αβ (Concours d'admission à l'École centrale — 1873).

1° *Contours apparents du tronc de cône* (fig. 40).

Sur le plan horizontal, le contour apparent du tronc de cône se compose de la droite AB et de la droite A$_1$B$_1$ symétrique de AB par rapport à CD. Il résulte d'ailleurs des données que la génératrice CA$_1$ B$_1$ du cône auquel appartient le tronc de cône est tangente à la sphère en C.

Le tronc de cône n'a pas de contour apparent sur le plan vertical, puisque la perpendiculaire au plan vertical menée par le sommet est à l'intérieur du cône.

2° *Surfaces auxiliaires.*

Nous emploierons des *sphères inscrites dans le cône* BCB$_1$. Le lecteur pourra s'exercer à résoudre le problème en prenant des sphères auxiliaires ayant pour centre commun le sommet C du cône.

3° *Détermination d'un point quelconque de l'intersection.*

La sphère inscrite dans le cône et dont le centre est en h, par exemple, touche le cône suivant le parallèle projeté horizontalement selon la droite ef et détermine dans la sphère une circonférence projetée suivant la droite e_1f_1. Le point m, commun aux deux droites ef et e_1f_1, est la projection horizontale de deux points de l'intersection cherchée. De plus, *la droite* e_1f_1 *est la*

fig. 39

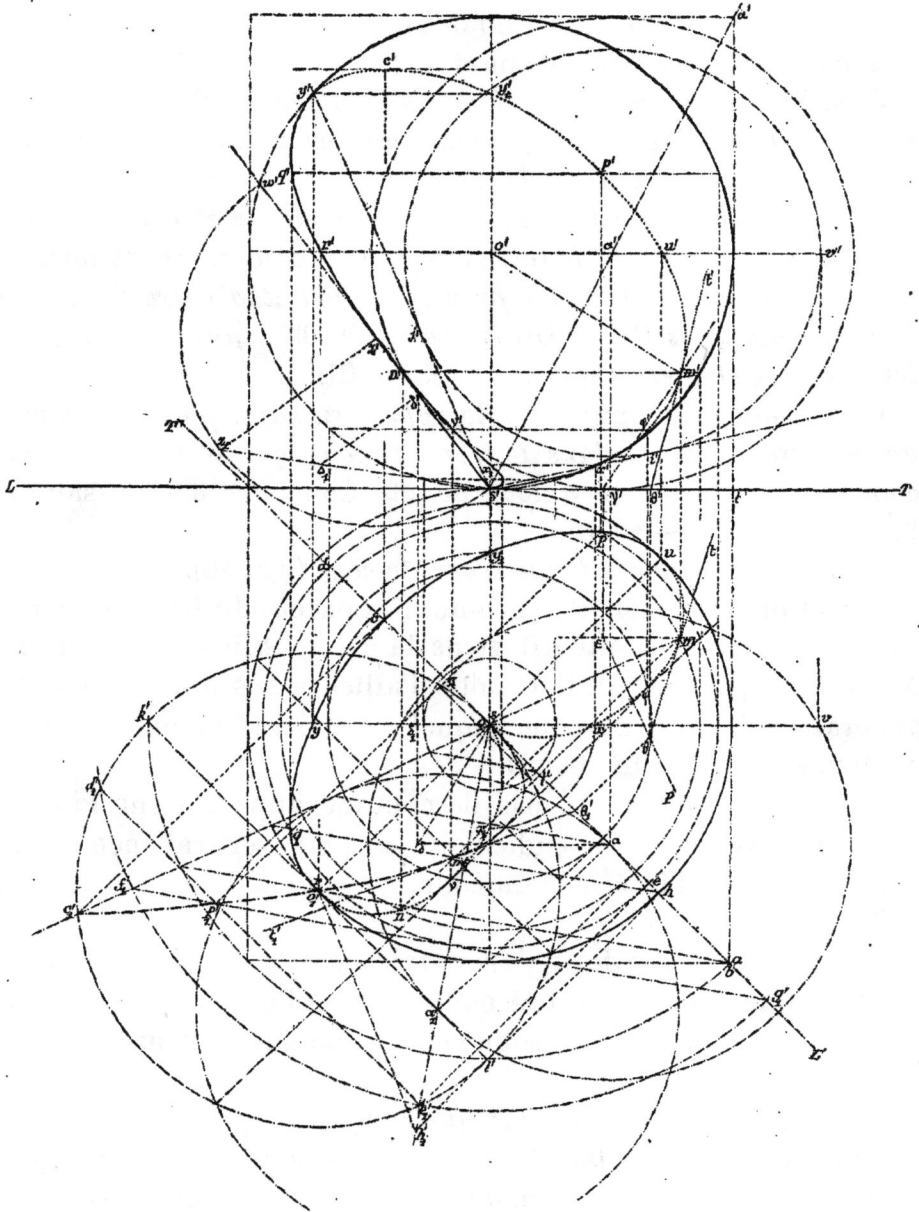

tangente en m *à la projection horizontale de cette intersection* (5°); cette projection est d'ailleurs un arc de *parabole*.

La ligne de rappel du point m fournit m' et m'_1 sur la circonférence $e'f'$ projection verticale du parallèle du cône.

4° *Tangente en* (m, m').

En (m, m'), la normale au cône est $(hm, h'm')$ et la normale à la sphère $(om, o'm')$. Le plan de front qui passe par le centre de la sphère coupe le plan normal en (m, m') aux deux surfaces suivant la droite $(oi, o'i')$, donc la projection verticale de la tangente est la perpendiculaire $m't'$ à $o'i'$.

5° *Points remarquables de l'intersection.*

Ce sont :

1° Les points (p, p'), (p, p'_1) et (q, q'), (q, q'_1) situés sur les parallèles limites AA_1 et BB_1, et déterminés, les deux premiers au moyen de la sphère inscrite qui touche le cône suivant le parallèle AA_1, les deux derniers à l'aide de la sphère inscrite au cône suivant le parallèle BB_1.

Nous avons construit la tangente à l'intersection en (q, q'); sa projection horizontale est la corde rr_1 commune à la circonférence o et à la circonférence de centre k et de rayon kB_1, et sa projection verticale est la perpendiculaire $q'r'$ à la projection verticale $o'l'$ de la ligne de front du plan normal OKQ située dans le plan du méridien principal de la sphère.

2° Les points (u, u') et (u, u'_1) pour lesquels la tangente est dans un plan de profil. On les obtient en prenant pour sphère auxiliaire la sphère inscrite dont le centre est le point n de l'axe *sa* situé sur la parallèle à LT menée par le centre o de la sphère (29-8°). Cette sphère inscrite détermine dans la sphère O une circonférence projetée horizontalement suivant la perpendiculaire vv_1 à LT et qui coupe le parallèle de contact $(xx_1, o'x')$ du cône et de la sphère auxiliaire aux points cherchés (u, u') et (u, u'_1).

3° Les points (n', n) et (n'_1, n) appartenant au méridien principal de la sphère et déterminés en prenant pour surface auxiliaire le plan du méridien principal.

4° Le *sommet* de la parabole projection horizontale de l'intersection. L'axe de cette parabole est perpendiculaire à CD (29-10°); or, la tangente vv_1 en u est parallèle à CD, donc le sommet de la parabole est le point u.

Données numériques.

Dans un cadre de 270^{mm} sur 430^{mm}, on placera la ligne de terre parallèlement aux petits côtés et à 135^{mm} du côté supérieur; on prendra la ligne de rappel $o'o$ à 100^{mm} du côté de gauche.

Titre extérieur : Intersection de surfaces.

Titre intérieur : Cône et sphère.

36. Problème. — *Déterminer l'intersection d'un cône de révolution et d'une sphère* (fig. 41).

Le centre de la sphère est projeté en (o,o'); *les points* o *et* o' *sont à* 100^{mm} *de la ligne de terre.*

Le rayon de la sphère a 90^{mm} *de longueur; la surface conique de l'entaille est engendrée par la droite* $(ab, a'b')$ *qui tourne autour de l'axe* $(cd, c'd')$.

Ces deux droites sont dans le plan mené par le centre de la sphère parallèlement au plan vertical de projection. Pour les déterminer, on donne les dimensions suivantes :

$$oa = 60^{mm}, \quad ob = 30^{mm}, \quad o'd' = 30^{mm}, \quad o'c' = 45^{mm}$$

(Concours d'admission à l'École polytechnique — 1866.)

1° *Contours apparents du cône.*

Le contour apparent du cône sur le plan vertical se compose de la droite $s'a'b'$ et de la droite $s'f'_1 h'_1$ symétrique de $s'a'b'$ par rapport à $c'd'$.

Pour obtenir le contour apparent sur le plan horizontal, il suffit d'inscrire dans le cône une sphère quelconque, celle qui a pour centre (d', d), par exemple, et de mener au contour apparent horizontal de cette sphère les tangentes $s\beta$ et $s\beta_1$.

2° *Surfaces auxiliaires.*

Nous prendrons des sphères ayant pour centre un point quelconque de l'axe $(s'd', sd)$ du cône.

3° *Détermination d'un point quelconque de l'intersection.*

Une sphère ayant son centre en (c', c) et de rayon $c'g'$ détermine dans la sphère donnée un parallèle projeté verticalement suivant la droite $g'g'_1$. Elle détermine dans le cône un parallèle projeté verticalement suivant la droite $k'k'_1$; le point m', commun aux deux droites $g'g'_1$ et $k'k'_1$, est la projection verticale

fig. 40

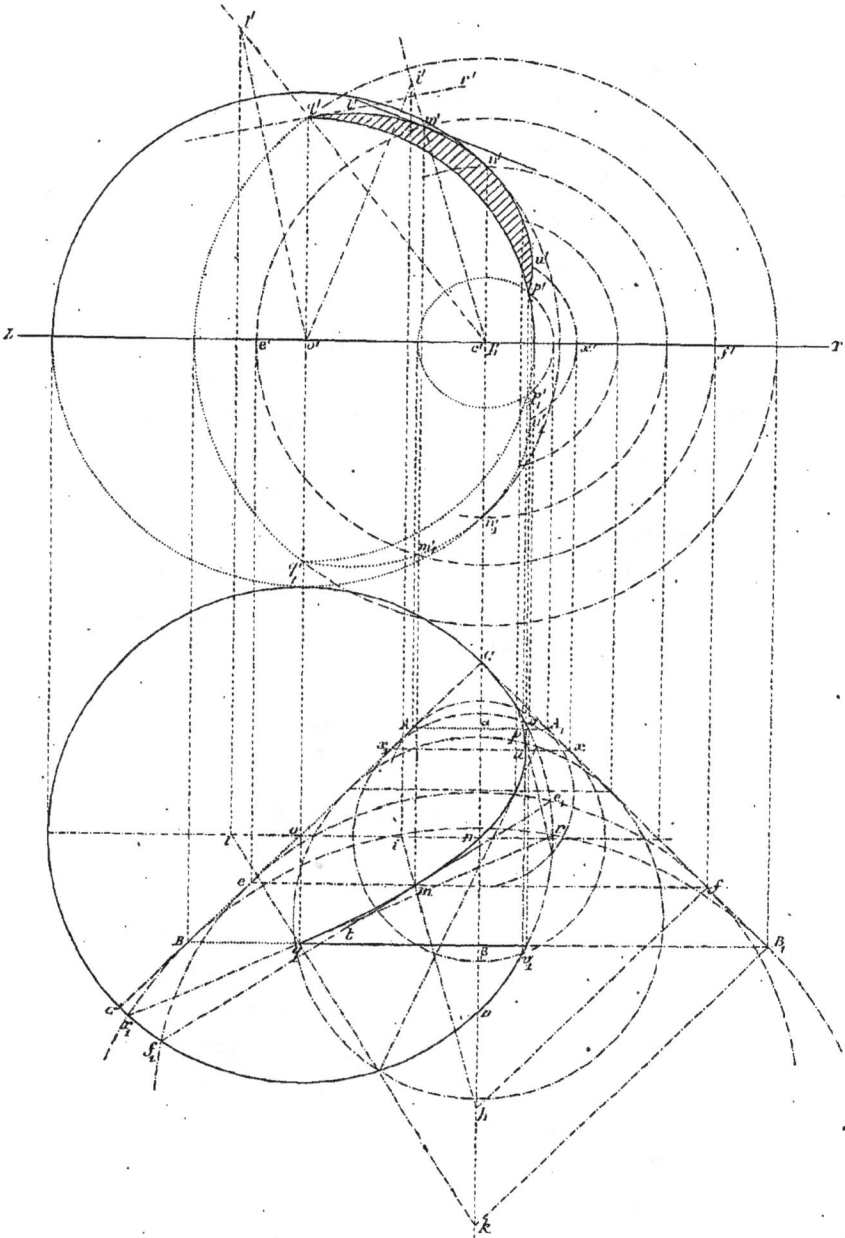

de deux points de l'intersection projetés horizontalement en m et m_1 sur la circonférence og_1.

4° *Tangente en (m, m').*

La normale à la sphère en (m, m') est $(om, o'm')$ et la normale au cône est $(m'l', ml)$. Le plan de l'équateur de la sphère coupe le plan normal OML suivant la droite $(o'j', oj)$; donc la projection horizontale de la tangente cherchée est la perpendiculaire mt à oj. Le plan du méridien principal de la sphère coupe le plan normal suivant $(o'l', ol)$: la projection verticale de la tangente à l'intersection en (m, m') est la perpendiculaire $m't'$ à $o'l'$.

5° *Points situés sur le contour apparent horizontal de la sphère.*

On prend pour sphère auxiliaire la sphère ayant son centre en (c', c) et pour rayon $c'i'$. On obtient ainsi les points (p', p) et (p', p_1). En p et p_1, la projection horizontale de l'intersection est tangente à la circonférence oi.

6° *Points appartenant aux contours apparents verticaux de la sphère et du cône.*

Ce sont les points (a, a') et (b, b'). En chacun des points (a, a') et (b', b), la tangente à l'intersection est perpendiculaire au plan vertical. Si l'on veut la tangente en b' à la *parabole* $a'm'b'$, projection verticale de l'intersection, on mène la perpendiculaire $b'b'_1$ à $s'b'$, puis, la perpendiculaire $b'\theta'$ à $o'b'_1$.

La tangente en a' est la perpendiculaire $a'\theta'_1$ à $o'a'_1$.

7° *Points situés sur le contour apparent horizontal du cône.*

Les génératrices du cône projetées horizontalement en $s\beta$ et $s\beta_1$ se projettent verticalement suivant $s'\beta'$.

La sphère auxiliaire ayant son centre en ε', sur la perpendiculaire élevée à $e'e'_1$ en son milieu, et pour rayon $\varepsilon'e'$, fournit les points cherchés (q', q) et (q', q_1), (r', r) et (r', r_1).

8° *Points pour lesquels la tangente est horizontale.*

Le principe déjà appliqué au n° 34 (8°) montre qu'il faut prendre pour sphère auxiliaire la sphère inscrite dans le cône et ayant son centre au point projeté verticalement en c' sur la perpendiculaire à LT menée par le point o'.

Les points cherchés sont (v', v) et (v', v_1). En ces points, l'intersection est tangente au parallèle VV_1 déterminé par la sphère O dans la sphère $c'u'$ inscrite dans le cône.

9° *Points pour lesquels la tangente est de profil.*

Le même principe indique qu'il faut considérer la sphère inscrite dans le cône et dont le centre est projeté verticalement en d'. Elle fournit les points cherchés (x', x) et (x', x_1).

10° *Points situés sur les génératrices du cône tangentes à la sphère.*

Considérons le cône circonscrit à la sphère et ayant même sommet (s', s) que le cône donné. Le contour apparent vertical du cône circonscrit se compose des tangentes $s'\gamma'$ et $s'\gamma'_1$ à la circonférence de contour apparent vertical $o'i'$ de la sphère. $s'\gamma'$ étant à l'extérieur de l'angle $b's'h'_1$ (formé par les génératrices de contour apparent vertical du cône donné) et $s'\gamma'_1$ à l'intérieur de cet angle, on reconnaît immédiatement que les deux cônes se coupent et que, par suite, le cône donné a des génératrices tangentes à la sphère.

Pour les déterminer, coupons les deux cônes par la sphère auxiliaire de centre $(s's)$ et de rayon $s'\gamma'$. Cette sphère détermine dans le cône circonscrit un parallèle projeté verticalement suivant la droite $\gamma'\gamma_1'$, et, dans le cône donné, un parallèle projeté verticalement selon $\delta'\delta_1'$. Les points communs à ces deux parallèles, (y', y) et (y', y_1), sont les points de contact des génératrices du cône donné tangentes à la sphère.

Les génératrices limites, c'est-à-dire tangentes à la sphère, *sont tangentes à l'intersection des deux surfaces.*

En effet, les plans tangents, en (y, y'), au cône et à la sphère se coupent suivant la génératrice $(sy, s'y')$.

Ainsi en y', la projection verticale de l'intersection est tangente à $s'y'$, et en y et y_1 la projection horizontale de l'intersection est tangente aux deux droites sy et sy_1.

11° *Points doubles de la projection horizontale.*

Les plans diamétraux conjugués des cordes verticales dans la sphère et dans le cône sont les plans perpendiculaires au plan vertical menés par $o'i'$ et $s'\beta'$. Il résulte de là que les points doubles de la projection horizontale de l'intersection appartiennent à la ligne de rappel du point β' (1-6°).

Données numériques.

Dans un cadre de 300^{mm} sur 480^{mm}, placer LT parallèlement aux petits côtés du cadre et à 200^{mm} du côté inférieur; prendre la ligne de rappel oo' à 135^{mm} du côté de gauche.

Titre extérieur : Intersection de surfaces.

fig 41

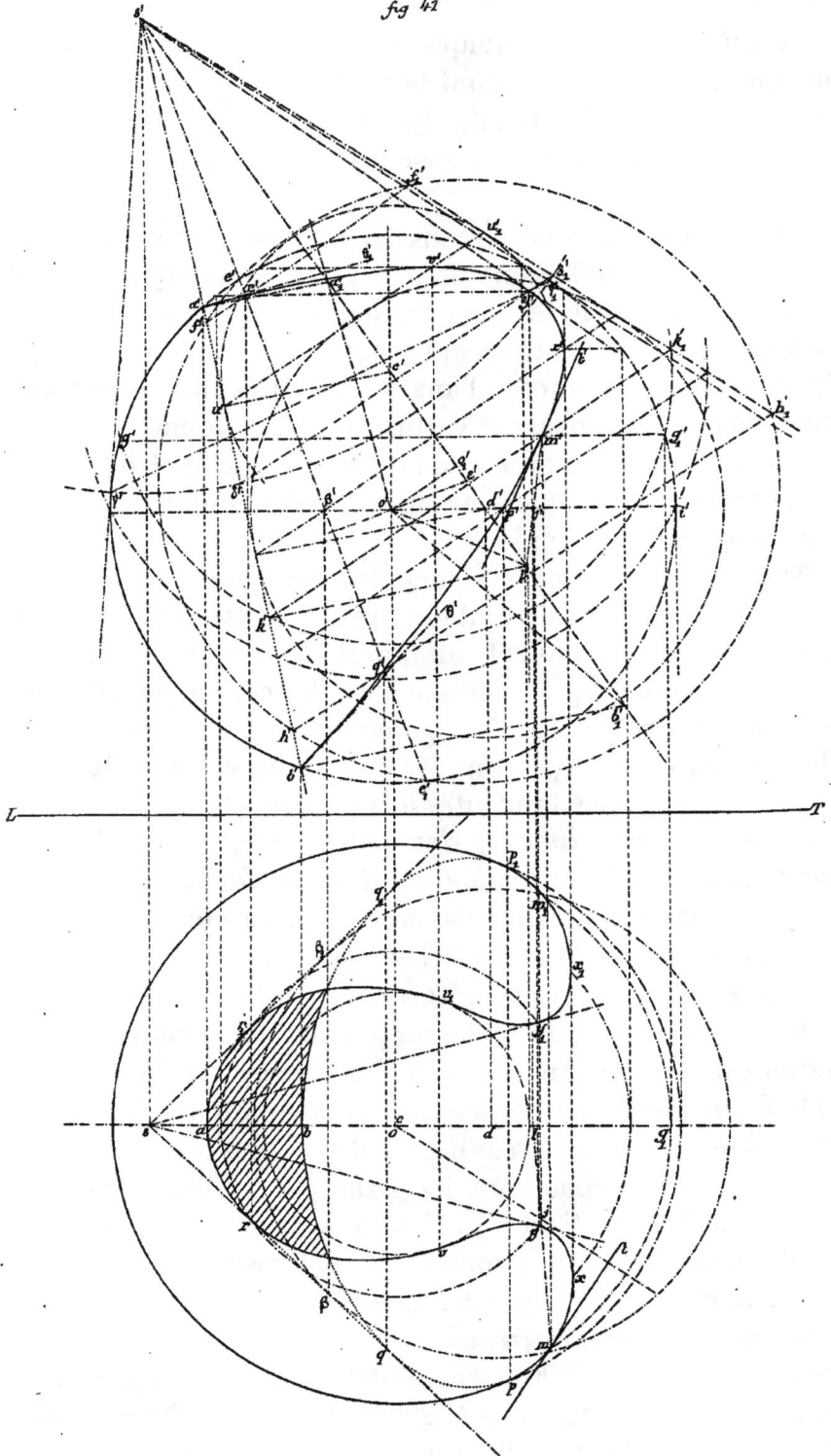

Titre intérieur : Sphère entaillée par un cône.

37. Seconde méthode.

On peut employer comme surfaces auxiliaires des *sphères inscrites dans le cône.* La figure 42 est facile à lire en se reportant aux développements que nous avons donnés au n° 30.

En particulier, si l'on veut déterminer le sommet de la projection verticale, on considérera la sphère inscrite dont le centre est projeté verticalement au pied o'_1 de la perpendiculaire menée du point o' à $s'd'$. On obtient ainsi le point g' ; la *tangente au sommet* g' est la corde $e'e'_1$ commune aux deux circonférences o' et o'_1 ; l'*axe* de la parabole est $\beta'\beta'_1$. Les tangentes en v' et x' étant rectangulaires, la corde $v'x'$ passe par le *foyer* qui est, par suite, le point commun à la corde $v'x'$ et à l'axe $\beta'\beta'_1$.

Observons encore que, pour obtenir la tangente en a', il suffit de considérer la sphère inscrite dont le centre est projeté verticalement en a'_1 : $a' a'_1$ étant perpendiculaire à $s'a'$; la corde $a'l'_1$, commune aux deux circonférences $a'_1 a'$ et o', est la tangente en a' à la parabole $a'v'x'b'$. La tangente en b' se construit d'une manière analogue ; c'est la droite $b'k'$.

Nous avons représenté le cône supposé plein et existant seul en supprimant la partie comprise dans la sphère.

38. Problème. — *Une sphère donnée dont le rayon est égal à* $0^m,09$ *touche les deux plans de projection. Dans le plan du petit cercle de front distant de* $0^m,12$ *du plan vertical de projection* (fig. 43) *à la droite du centre de ce cercle et à une distance de ce centre égale à la moitié du rayon du même petit cercle* (cg = cb), *on mène une verticale ; sur la partie de cette verticale comprise entre son point supérieur de rencontre avec la sphère et le plan horizontal de projection, on construit un triangle équilatéral ; ce triangle, en tournant autour de cette verticale, engendre un double cône.*

On demande de représenter la sphère donnée, supposée pleine et opaque, en supprimant la partie de ce corps comprise dans le double cône.

On indiquera, à l'encre rouge, les constructions employées pour déterminer un point quelconque de la ligne commune à la sphère et à l'un des cônes, et la tangente en ce point (Concours d'admission à l'École centrale — 1880, 1ᵉ session).

Le plan vertical co est un plan principal commun aux deux

surfaces. Nous prendrons ce plan pour *plan vertical de projection auxiliaire* L'T'.

Sur le plan L'T', le contour apparent de la sphère est la circonférence de centre o'_1 et de rayon $o'_1 o = 0^m,09$; le contour apparent du double cône s'obtient en construisant sur cc'_1, comme côté, les triangles équilatéraux $cc'_1 x'_1$ et $cc'_1 k'_1$.

Surfaces auxiliaires.

Nous couperons la sphère et le double cône par des *plans horizontaux.*

Détermination d'un point quelconque de l'intersection.

Soit P' la trace verticale, sur le plan L'T', d'un plan auxiliaire quelconque. Ce plan détermine dans la sphère un parallèle projeté horizontalement suivant la circonférence $o\mu$ et, dans le cône supérieur, un parallèle projeté horizontalement selon la circonférence $o\mu_1$. Les points m et n, communs à ces deux circonférences, sont les projections horizontales de deux points de l'intersection cherchée; les projections verticales m' et n' de ces points sont à des distances de LT égales à la cote du plan horizontal P'. Sur le plan vertical L'T', les points (m, m') et (n, n') sont projetés en m'' sur la trace verticale P' du plan auxiliaire.

Le plan horizontal Q' fournit deux points, (m_1, m'_1) et (n_1, n'_1), de l'intersection de la sphère avec le cône inférieur; ils sont projetés en m'_1 sur le plan vertical L'T'.

Tangente à l'intersection en (m, m').

Appliquons la méthode du *plan normal.*

La normale à la sphère en (m, m') est $(mo, m'o')$ et la normale au cône est $(m'h', mh)$, h' étant le point de rencontre de $c'd'$ avec la perpendiculaire $e'h'$ à $c'e'$.

Le plan du méridien principal du cône coupe le plan normal suivant la droite $(hl, h'l')$, ligne de front du plan normal, donc la projection verticale de la tangente est la perpendiculaire $m't'$ à $h'l'$.

Le plan de l'équateur de la sphère coupe le plan normal suivant l'horizontale $(o'i', oi)$, par suite la projection horizontale de la tangente en (m, m') est la perpendiculaire mt à oi.

Points appartenant au contour apparent horizontal de la sphère.

On les obtient en prenant pour plan auxiliaire le plan de l'équateur; ce sont les points (p, p') et (q, q'). En p et q, la pro-

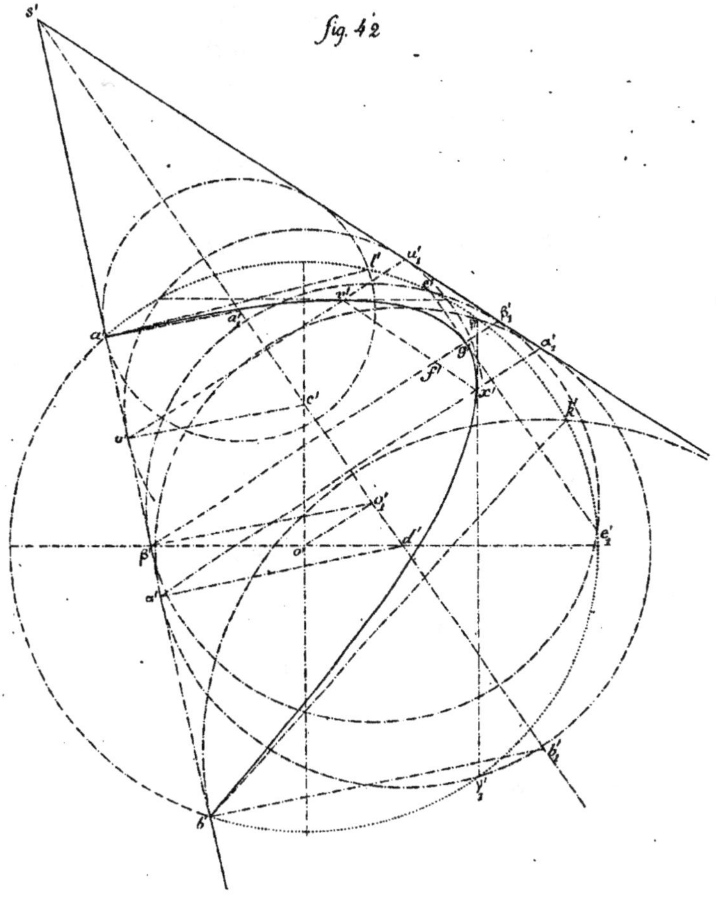

fig. 42

-jection horizontale de l'intersection est tangente au contour apparent horizontal de la sphère.

Points situés sur le contour apparent vertical du double cône.

On les détermine en prenant pour plan auxiliaire le plan de front bc. On obtient ainsi les points (c', c) et (r', r) pour le cône supérieur, et les points (s', s) et (v', v) pour le cône inférieur.

Points pour lesquels la tangente est dans un plan perpendiculaire à L'T'.

Au lieu de plans horizontaux, on pourrait employer, comme surfaces auxiliaires, des sphères inscrites dans le cône (30).

Nous avons montré (32-7°) que, pour obtenir les points de l'intersection de la sphère et du cône (c'_1, c) pour lesquels la tangente est perpendiculaire à L'T', il suffit de considérer la sphère inscrite dans le cône (c'_1, c) et dont le centre est projeté sur le plan L'T', au point de rencontre ω' de $c'_1 c$ avec la parallèle à L'T' menée par o'_1.

Le parallèle de contact de cette sphère auxiliaire avec le cône (c'_1, c) et la circonférence d'intersection des deux sphères (o'_1, o) et ω' se coupent en deux points qui sont les points cherchés; ces points sont projetés verticalement en u'', sur le plan L'T' et horizontalement en u et u_1.

En u et u_1, la projection horizontale de l'intersection de la sphère O et du cône C est tangente à la perpendiculaire uu_1 à L'T'.

En considérant la sphère inscrite dans le cône D et dont le centre est projeté en ω', on obtient les points (j, j'') et (j_1, j''). En j et j_1, la projection horizontale de l'intersection de la sphère O et du cône D est tangente à la perpendiculaire jj_1 à L'T'.

Points pour lesquels la tangente est horizontale.

Ce sont les points projetés verticalement en x'_1 et en β'_1 sur le plan auxiliaire L'T'; x'_1 et β'_1 fournissent x et β sur L'T', puis, x' et β'. En (x, x') et en (β, β'), la tangente est perpendiculaire au plan vertical L'T'; sa projection horizontale est donc perpendiculaire à L'T' et sa projection verticale est parallèle à LT.

Points situés sur les génératrices limites, c'est-à-dire tangentes à la sphère.

Considérons en premier lieu le cône D.

Pour déterminer les génératrices de ce cône qui sont tangentes à la sphère (o', o), nous suivrons la méthode déjà appliquée au n° 36 (10°).

Le cône circonscrit à la sphère et ayant même sommet (d, d') que le cône donné a pour contour apparent, sur le plan vertical $L'T'$, les tangentes do et do_1 au contour apparent vertical o'_1 de la sphère.

La sphère de centre d et de rayon do détermine dans le cône circonscrit et dans le cône donné des parallèles projetés respectivement, sur le plan $L'T'$, suivant les droites oo_1 et $\omega\omega_1$; ces parallèles se coupent en deux points projetés verticalement au point ε'' commun aux deux droites oo_1 et $\omega\omega_1$. Les génératrices cherchées sont donc projetées sur le plan $L'T'$ suivant la droite $d\varepsilon''$; cette droite est tangente en ε'' à la parabole $x'_1 m''$ projection verticale auxiliaire de l'intersection; les génératrices limites sont projetées horizontalement suivant $d\varepsilon$, et verticalement, suivant $d'\varepsilon'$, $d'\varepsilon'_1$. En ε et ε_1, la projection horizontale de l'intersection de la sphère et du cône D est tangente aux droites $d\varepsilon$ et $d\varepsilon_1$; en ε' et ε'_1, la projection verticale de cette intersection est tangente à $d'\varepsilon'$ et $d'\varepsilon'_1$.

Considérons maintenant le cône C.

Le cône circonscrit à la sphère et ayant son sommet en C se réduit au plan tangent à la sphère en ce point.

Les génératrices limites sont alors les génératrices d'intersection du cône C et du plan tangent à la sphère en C.

Or, il résulte immédiatement des données que la génératrice ($c'e'$, ce) est tangente à la circonférence ($c'b'$, cb); elle est donc dans le plan tangent en C à la sphère; la seconde génératrice contenue dans ce plan est (ce_1, $c'e'_1$) symétrique de (ce, $c'e'$) par rapport au plan principal commun $L'T'$. Les tangentes à l'intersection en (c, c') sont donc ($c'e'$, ce) et ($c'e'_1$, ce_1).

Points situés sur le contour apparent vertical de la sphère.

On les obtient avec une exactitude suffisante en relevant les points α, ν, γ et δ où la projection horizontale de l'intersection, tracée à l'aide des points déterminés, rencontre la projection horizontale du méridien principal de la sphère.

Données numériques.

Dans un cadre de 320^{mm} sur 510^{mm}, on placera la ligne de terre, parallèlement aux petits côtés du cadre et à 230^{mm} du côté

fig. 43

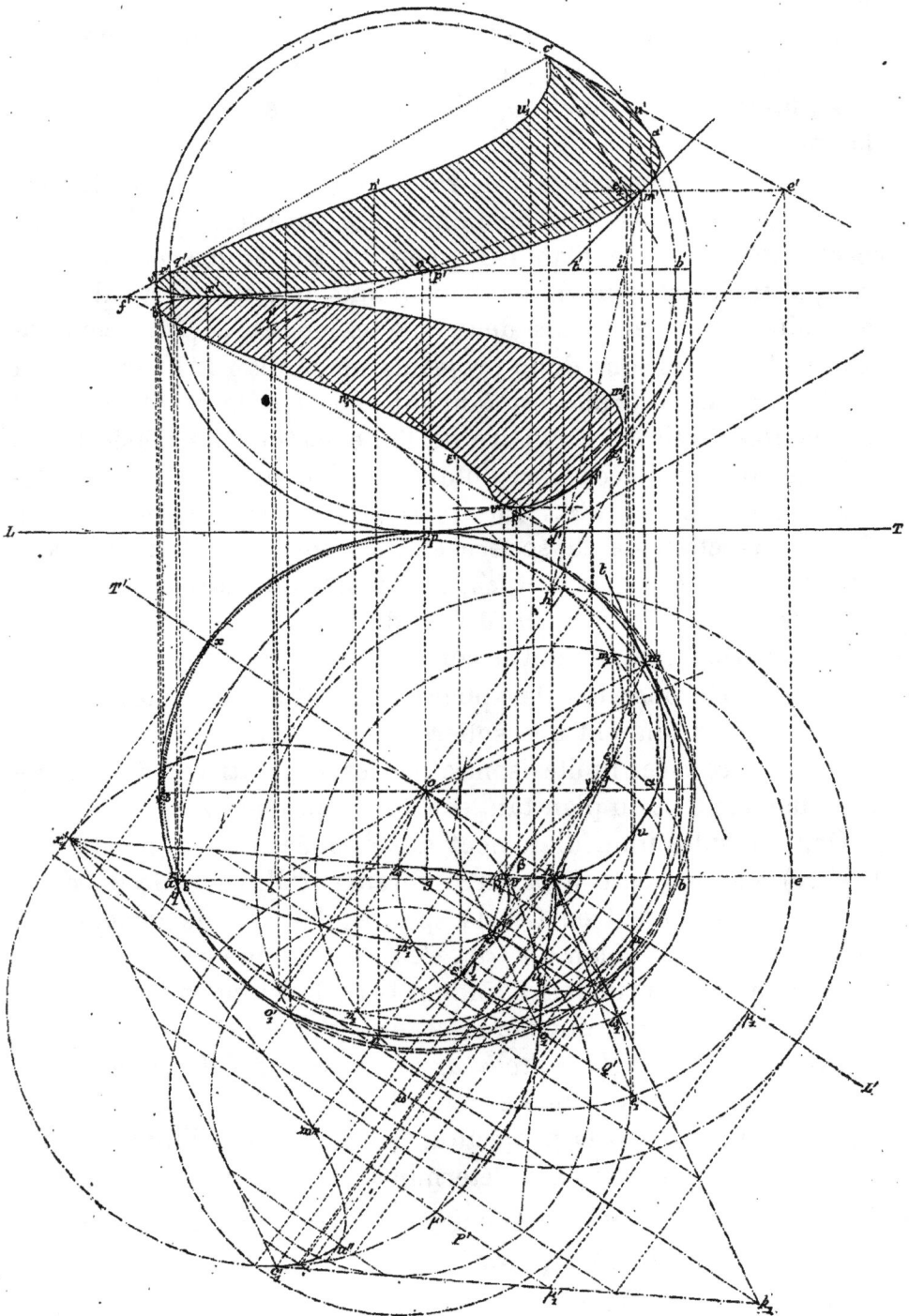

supérieur. On prendra la ligne de rappel oo' à égale distance de grands côtés.

Titre extérieur : Intersection de surfaces.

Titre intérieur : Double cône et sphère.

39. Problème. — *On donne une sphère* (o, o') (fig. 44) *et un cône ayant son sommet au centre de la sphère. La directrice du cône est une ellipse située dans le plan horizontal et dont le grand axe* cd *passe par la projection horizontale* o *du centre de la sphère.*

On demande de construire l'intersection des deux surfaces (Concours d'admission à l'École polytechnique — 1881. *Examen oral*).

1° *Méthodes.*

On peut employer des *plans auxiliaires horizontaux* et projeter coniquement, sur le plan horizontal, les sections déterminées par ces plans auxiliaires dans les deux surfaces, en prenant pour centre de projection le sommet (o, o') du cône. Nous avons exposé cette méthode dans notre *Cours* (II° vol., 2ᵉ fasc., n° 127).

On peut aussi couper les deux surfaces par des *plans verticaux passant par le sommet* (o, o') du cône. Nous allons appliquer cette seconde méthode.

2° *Détermination d'un point quelconque de l'intersection.*

Soit oP la trace horizontale d'un plan vertical auxiliaire. Ce plan détermine dans le cône deux génératrices $(oh, o'h')$ et $(oi, o'i')$, et il coupe la sphère suivant un grand cercle projeté horizontalement selon la droite kl; les points communs à ce grand cercle et aux génératrices OH et OI appartiennent à l'intersection cherchée.

Pour les déterminer, faisons tourner le plan vertical oP autour de la verticale du centre O jusqu'à le rendre parallèle au plan vertical de projection. Le cercle KL vient se confondre avec le méridien principal de la sphère, les génératrices OH et OI viennent respectivement en $(oh_1, o'h'_1)$ et $(oi_1, o'i'_1)$ et, par suite, les points cherchés sont projetés verticalement, après la rotation, aux points m'_1 et n'_1 communs à la circonférence $\alpha'\beta'$ et aux droites $o'h'_1$ et $o'i'_1$; on en déduit aisément (m', m) et (n', n) en ramenant le plan auxiliaire dans sa première position oP.

La tangente à l'intersection en (m, m'), par exemple, s'obtiendrait facilement par la méthode des plans tangents.

3° *Points appartenant au contour apparent vertical du cône.*

On les détermine en prenant pour plans auxiliaires : 1° le plan vertical *oa ;* 2° le plan vertical *ob.*

4° *Points situés sur le contour apparent vertical de la sphère.*

On les obtient immédiatement en prenant pour plan auxiliaire le plan du méridien principal de la sphère.

5° *Points pour lesquels la tangente est horizontale.*

La tangente en un point de l'intersection est l'intersection des plans tangents en ce point aux deux surfaces. Il résulte de là que, pour les points cherchés, les plans tangents à la sphère et au cône se coupent suivant une horizontale et, par suite, leurs traces horizontales sont parallèles.

Or, la trace horizontale du plan tangent à la sphère en un point est perpendiculaire à la projection horizontale du rayon mené au point de contact, donc, pour le point (q', q) où la tangente est horizontale, la trace horizontale de plan tangent au cône, c'est-à-dire la tangente ro_1 en r, à l'ellipse cd, est perpendiculaire à oq ; et l'on est conduit à résoudre le problème suivant : mener par le point o une normale à l'ellipse base du cône.

Supposons le problème résolu, soit or la normale cherchée.

Joignons fr et f_1r, f et f_1 étant les foyers de l'ellipse cd.

La normale or est bissectrice de l'angle frf_1 du triangle ff_1r ; la tangente o_1r est bissectrice de l'angle extérieur frf_2, donc o et o_1 sont conjugués harmoniques par rapport aux deux points f et f_1.

De là cette construction : On détermine le conjugué o_1 de o par rapport aux foyers f et f_1 de l'ellipse ; il suffit, pour cela, de mener par f et f_1 deux droites parallèles quelconques et, par o, une sécante quelconque gg_1, de prendre $fg_2 = fg$ et de joindre g_1g_2 qui coupe ff_1 au point cherché o_1. On décrit ensuite sur oo_1 comme diamètre une circonférence qui coupe l'ellipse en r et ρ, pieds des normales cherchées.

Les plans verticaux or et $o\rho$, ramenés de front en or_1, fournissent comme précédemment (2°) les points (q', q) et (s', s).

En q' et s', la projection verticale de l'intersection est tangente à la parallèle $q's'$ à LT ; en q et s, la projection horizontale de l'intersection est normale aux droites oq et os.

Le point o appartenant au grand axe de l'ellipse, les deux autres normales issues du point *o* sont *oc* et *od;* le plan vertical *cd* fournit alors deux autres points (u', u) et (v', v) pour lesquels la tangente est horizontale.

Le nombre des tangentes horizontales est égal au nombre des normales que l'on peut mener du point *o* à l'ellipse.

6° *Point double de la projection verticale.*

La projection verticale de l'intersection du cône et de la sphère présente un point double x' que l'on peut obtenir directement.

Les plans diamétraux conjugués des cordes perpendiculaires au plan vertical dans la sphère et dans le cône sont, respectivement, le plan de front $\alpha\beta$ et le plan *abO*. Ces deux plans se coupent suivant la droite (δo, $\delta'o'$), donc le point double x' appartient à $\delta'o'$.

Pour le déterminer, rabattons le plan $o'\delta'\delta$ sur le plan vertical. Les génératrices du cône ($o\varepsilon$, $o'\delta'$)· et ($o\theta$, $o'\delta'$), situées dans le plan $o'\delta'\delta$, se rabattent en $O_1\varepsilon_1$ et $O_1\theta_1$. Le grand cercle de la sphère déterminé par le plan $o'\delta'\delta$ se rabat suivant la circonférence décrite du point O_1 comme centre avec $o'\alpha'$ pour rayon.

Les points X_1 et Y_1, communs à cette circonférence et aux droites $O_1\varepsilon_1$ et $O_1\theta_1$, sont les rabattements des points de l'intersection qui se projettent au point double de la projection verticale. La droite Y_1X_1, perpendiculaire à $o'\delta'$, fournit alors x' sur $o'\delta'$.

Données numériques.

Dans un cadre de $0^m,27$ sur $0^m,43$, placer LT parallèlement aux petits côtés et à $0^m,27$ du côté inférieur. Prendre la ligne de rappel *oo'* à $0^m,12$ du grand côté de gauche.

Cote du point O : $0^m,10$. Éloignement du point O : $0^m,115$. Rayon de la sphère : $0^m,09$.

L'angle $\alpha oc = 30°$. Prendre $oc = 0^m,06$ et $cd = 0^m,18$. Le petit axe de l'ellipse base du cône est égal à $0^m,12$.

Titre extérieur : Intersection de surfaces.

Titre intérieur : Cône elliptique et sphère.

40. Problème. — *On donne un ellipsoïde de révolution et un cône de révolution dont l'axe passe par le centre de l'ellipsoïde. Déterminer la projection de l'intersection des deux surfaces sur le plan des axes* (fig. 45) (École polytechnique — 1881, *examen oral*).

Pour construire *un point* quelconque de l'intersection, coupons les deux surfaces par une sphère auxiliaire ayant son centre en O. La sphère de rayon OA coupe le cône suivant les parallèles projetés horizontalement en *ab.* et a_1b_1. Elle coupe l'ellipsoïde selon les parallèles projetés en *cd* et c_1d_1. Les points *m*, *n*, *p* et *q* sont les projections de huit points de l'intersection symétriques deux à deux par rapport au plan des axes.

La *tangente en* M est projetée horizontalement suivant la perpendiculaire *mt* à αβ ; a_1α est la normale en a_1 à sa_1, et d_1β la normale en d_1 à l'ellipse.

La sphère auxiliaire *limite* est la sphère inscrite dans le cône. Elle touche le cône suivant le parallèle projeté en *cf* et coupe l'ellipsoïde selon les parallèles projetés en *gh* et g_1h_1. On obtient ainsi les points *r* et *u*. En ces points, les tangentes à la projection horizontale de l'intersection sont *gh* et g_1h_1.

La courbe εprηγqδ est du second degré (voir notre *Cours*, IIe vol., 2e fasc., n° 134) ; nous savons, de plus, que c'est une *hyperbole* (136). On peut arriver à ce dernier résultat par les considérations suivantes.

Inscrivons une sphère dans l'ellipsoïde (la sphère *ikjl*) et circonscrivons à cette sphère un cône S$_1$ homothétique du cône S. Le contour apparent horizontal du cône S$_1$ se compose des tangentes is_1 et js_1 à la circonférence *ikjl*, parallèles à *es* et *fs*.

L'ellipsoïde et le cône S$_1$ étant circonscrits à une même sphère se coupent suivant deux courbes planes. Ces courbes sont projetées horizontalement selon les droites vv_1 et xx_1, qui sont deux directions asymptotiques de la projection horizontale de l'intersection du cône S et de l'ellipsoïde.

D'ailleurs, *ru* est un diamètre de cette projection (puisque les tangentes *gh* et g_1h_1 en *r* et *u* sont parallèles), donc le point ω, milieu de *ru*, en est le centre et les asymptotes sont les parallèles à vv_1 et xx_1 menées par le point ω. La projection de l'intersection du cône S et de l'ellipsoïde sur le plan des axes est donc une hyperbole.

Nous avons ponctué l'épure en supposant que le cône existe seul, qu'il est plein et qu'on a enlevé la portion de ce corps comprise dans l'ellipsoïde.

41. Problème. — *Déterminer l'intersection d'une droite et d'un ellipsoïde* (fig. 46).

Soient (*o*, *o'*) l'ellipsoïde et (*ef*, *e'f'*) la droite donnés.

fig. 44

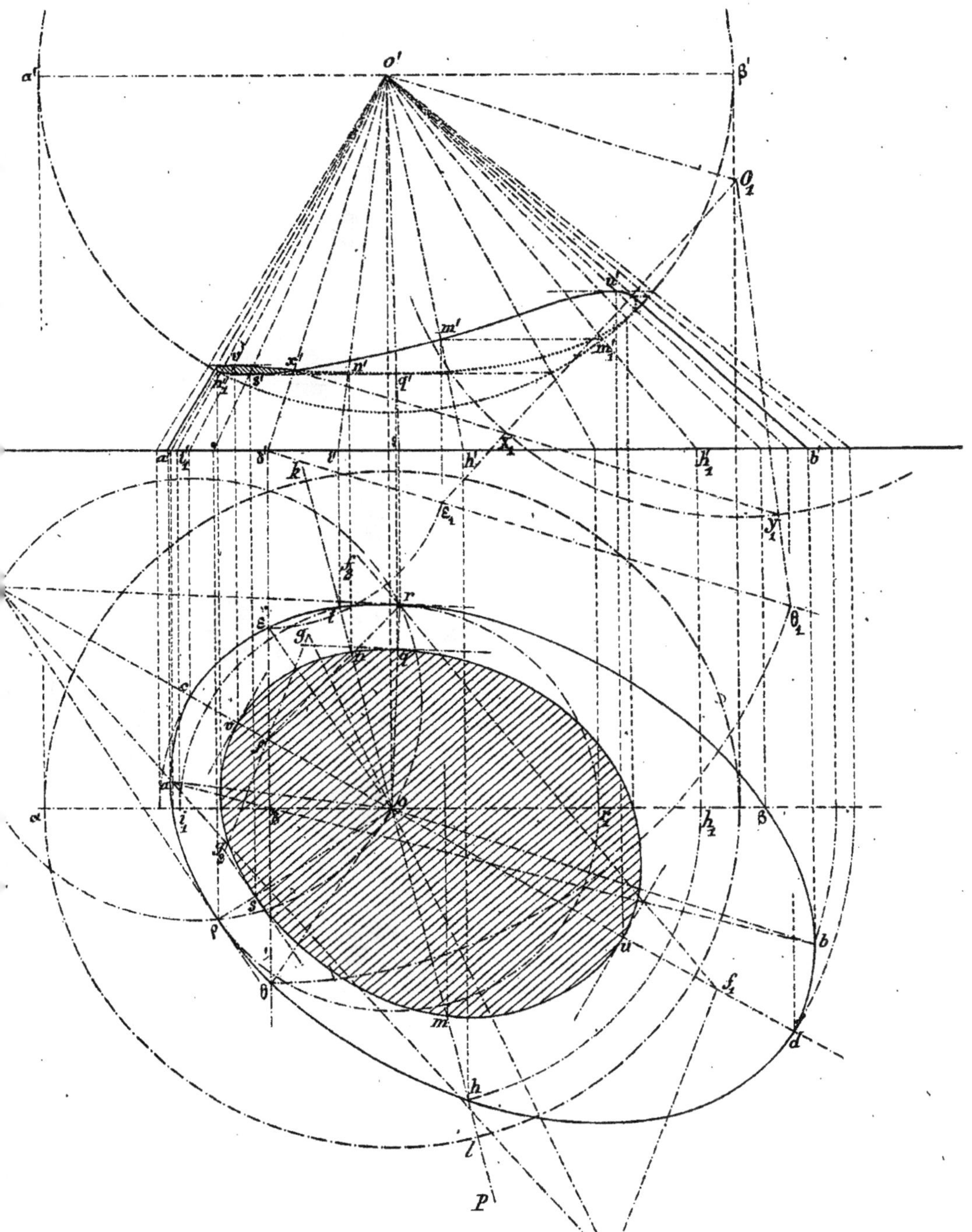

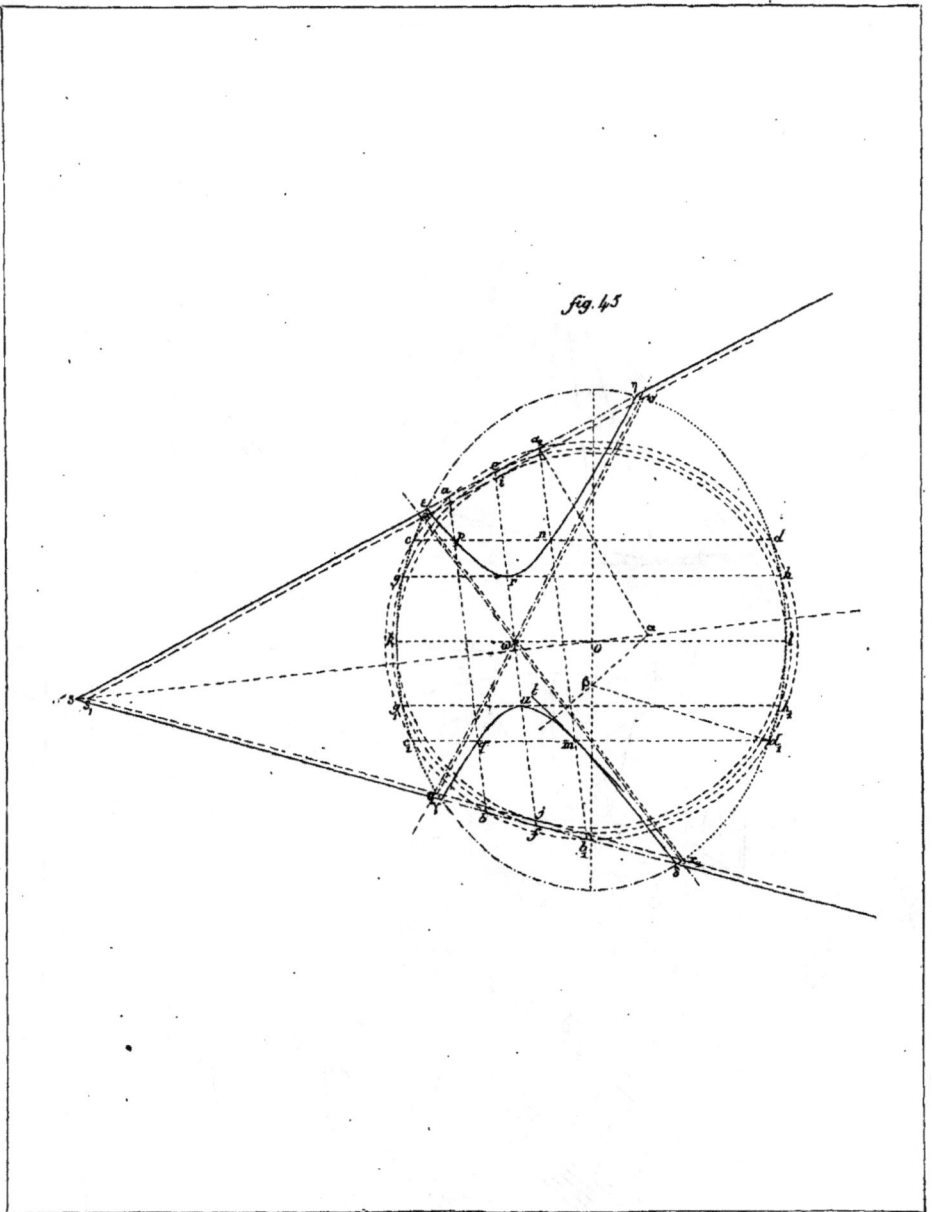

fig. 45

Joignons *ag*, *bh* et déterminons la projection verticale *s'* du point du plan horizontal *a'b'* qui se projette horizontalement en *s*.

Cela posé, considérons le cône ayant pour sommet le point (*s*, *s'*) et pour directrice le contour apparent (*a'c'b'd'*, *acb*) de l'ellipsoïde par rapport au plan vertical.

Le cône S et l'ellipsoïde, ayant une courbe plane commune, se coupent suivant une seconde courbe plane. Mais le plan horizontal *a'b'* est un plan principal commun aux deux surfaces, donc les deux courbes planes dont se compose leur intersection se projettent horizontalement suivant des lignes droites. L'une de ces droites est *acb*, projection horizontale du contour apparent de l'ellipsoïde par rapport au plan vertical. L'autre est *gh*, car les génératrices SA et SB du cône coupent l'équateur de l'ellipsoïde aux points projetés horizontalement en *g* et *h*.

Les points d'intersection de la droite (*ef*, *e'f'*) et de l'ellipsoïde sont alors les points communs à la droite et à la courbe plane commune projetée horizontalement en *gh*.

La question est ainsi ramenée à construire l'intersection de la droite EF et du cône SACBD.

Considérons le plan déterminé par le sommet S et la droite EF (ou le plan des deux droites EF et SI). Ce plan coupe le plan de front *ab* pris pour plan de base du cône suivant (*kl*, *k'l'*). Il coupe, par suite, le cône suivant les génératrices projetées verticalement selon les droites *s'α'* et *s'β'*.

Les points d'intersection *m'* et *n'* de ces droites avec *e'f'* sont les projections verticales des points cherchés qui sont, dès lors, projetés horizontalement en *m* et *n*.

Remarque. — Cette solution est applicable au cas où l'ellipsoïde a ses trois axes inégaux.

IV. TORE ET SPHÈRE.

42. Problème. — *On donne dans le plan horizontal de projection un rectangle ABCD dont les côtés AB et BC sont égaux respectivement à* 0^m,10 *et* 0^m,06. *Le point I étant le centre de ce rectangle, on demande :*

1° *De trouver la projection horizontale de l'intersection de la sphère décrite sur la diagonale* AC *comme diamètre et du tore qu'engendre le cercle circonscrit au triangle* BCI *en tournant autour de* AD ;

2° *De représenter en projection horizontale la sphère supposée pleine et existant seule, en supprimant la partie de ce corps comprise dans le tore.* (Concours d'admission à l'École centrale — 1874, 2ᵉ session.)

Première méthode. — Nous supposerons en premier lieu qu'on demande les deux projections de l'intersection.

1° *Contours apparents* (fig. 47).

Le contour apparent vertical du tore se compose des deux circonférences décrites du point a' comme centre avec $a'i'$ et $a'i'_1$ pour rayons. Son contour apparent horizontal se compose de la circonférence BCI, de la circonférence symétrique de BCI par rapport à AB (il est d'ailleurs inutile de considérer ici cette dernière circonférence) et des tangentes à la circonférence BCI parallèles à la ligne de terre.

Les contours apparents de la sphère sont les circonférences décrites des points I et i' comme centres avec un rayon égal à IA.

2° *Surfaces auxiliaires.*

On peut prendre pour axe de la sphère un diamètre quelconque, le diamètre Ii' par exemple. Le tore et la sphère ayant alors leurs axes parallèles et perpendiculaires au plan vertical, on emploiera, comme surfaces auxiliaires, des *plans de front.*

3° *Détermination d'un point quelconque et des points remarquables de l'intersection.*

Le plan de front dont la trace horizontale est P coupe le tore suivant les deux parallèles $(\alpha r \beta, \alpha' r' \beta')$ et $(\alpha_1 m \beta, \alpha'_1 m' \beta'_1)$. Il coupe la sphère suivant le parallèle $(\gamma \gamma_1, \gamma' m' \gamma'_1)$: les points (r', r), $(r'_1 r)$, (m', m) et (m'_1, m), communs au parallèle de la sphère et aux parallèles du tore, sont quatre points de l'intersection cherchée.

Les *plans auxiliaires limites* sont les plans de front tangents au tore. Ils fournissent les points (p', p) et (p'_1, p), (p', π) et (p'_1, π).

En p' et p'_1, la projection verticale de l'intersection est tangente à la circonférence $\delta' p' p'_1$ (5).

Les points situés sur les contours apparents verticaux du tore et de la sphère s'obtiennent en prenant pour plan auxiliaire le

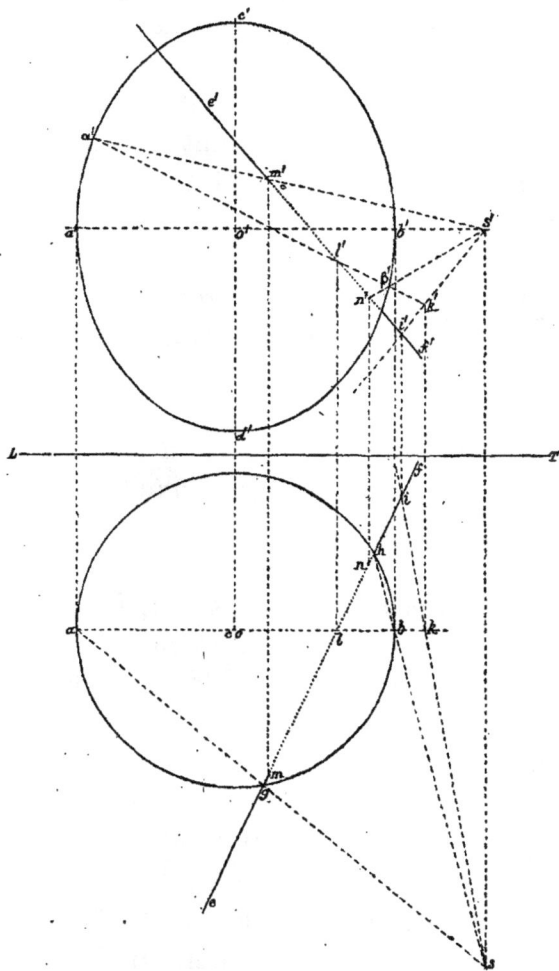

fig. 46

plan de front dont la trace horizontale est II$_1$; ce sont les points (c', e) et (e'_1, e). D'ailleurs, le plan de front II$_1$ est un plan principal commun aux deux surfaces, donc la projection horizontale de l'intersection est symétrique par rapport à II$_1$.

Le plan horizontal de projection contient les points de l'intersection (B, b') et (C, b'), appartenant aux contours apparents horizontaux. Le plan horizontal étant un plan principal commun aux deux surfaces, la projection verticale est symétrique par rapport à LT.

Un plan auxiliaire dont la trace horizontale Q est comprise entre AB et CD ne fournit que deux points de l'intersection (n', n) et (n'_1, n).

4° *Tangente en un point (n, n') de l'intersection.*

Appliquons la *méthode du plan normal.*

La normale au tore en (n', n) coupe l'axe au même point (g, g') que la normale $(\omega f, \omega' f')$ en (f, f'), donc la normale en (n', n) est $(gn, g'n')$.

La normale à la sphère en (n', n) est $(In, i'n')$.

Le plan de front II$_1$ coupe le plan normal ING suivant la droite $(Ih, i'h')$; la projection verticale de la tangente cherchée est alors la perpendiculaire $n't'$ à $i'h'$.

Ig est la trace horizontale du plan normal, donc la projection horizontale de la tangente est la perpendiculaire nt à Ig.

En B, la tangente à l'intersection étant perpendiculaire au plan horizontal, sa projection horizontale se réduit au point B. Si l'on veut la tangente en B à la courbe B$rpmn$ (voir notre *Cours,* II° vol., 2° fasc., n° 124), on mène Bωk, on joint le point k au point I et on trace la perpendiculaire Bθ à kI : Bθ est la tangente cherchée.

5° *Nature de la projection horizontale de l'intersection.*

Prenons pour origine des coordonnées le point ε, pour axe des x la droite εI$_1$, pour axe des y la droite εD et pour axe des z la perpendiculaire en ε au plan horizontal.

Désignons la distance εI par l et le rayon du cercle ω par r ; le rayon de la sphère est alors $\sqrt{2lr}$.

L'équation du tore est

$$\left[\sqrt{x^2 + z^2} - (l + r)\right]^2 + y^2 = r^2 \qquad (1)$$

et l'équation de la sphère

$$(x - l)^2 + y^2 + z^2 = 2lr \qquad (2)$$

L'équation de la projection horizontale de l'intersection des deux surfaces s'obtient en éliminant z entre les équations (1) et (2); il vient :

$$(l + r)^2 y^2 + l^2 x^2 - 2l(l^2 + r^2)x + l(l^3 - 2r^3 + lr^2) = 0$$

Cette équation représente une *ellipse*.

En rapportant la courbe à son centre et à ses axes, on trouve

$$(l + r)^2 y^2 + l^2 x^2 = r^2 (l + r)^2 \qquad (3)$$

Le demi petit axe $u\pi$ est égal à r et le demi-grand axe ue est égal à $\dfrac{r(l+r)}{l}$.

6° *Nature de la projection verticale.*

L'équation de la projection verticale s'obtient en éliminant y entre les équations (1) et (2).

On trouve

$$(l + r)^2 z^2 + (2l + r)rx^2 - 4l^2 rx - 4l^2 r^2 = 0$$

C'est l'équation d'une *ellipse*.

43. Deuxième méthode.

On peut considérer la sphère comme une surface de révolution ayant pour axe le diamètre (Io, $i'o'$) parallèle à la ligne de terre (fig. 48).

Les axes des deux surfaces se coupant en (o, o'), on peut employer, comme surfaces auxiliaires, des sphères *ayant pour centre commun le point* (o, o').

Du point o, comme centre, avec un rayon quelconque, décrivons une circonférence qui coupe la circonférence ω en e et e_1.

La circonférence oe peut être considérée comme le contour apparent horizontal d'une sphère auxiliaire qui détermine dans

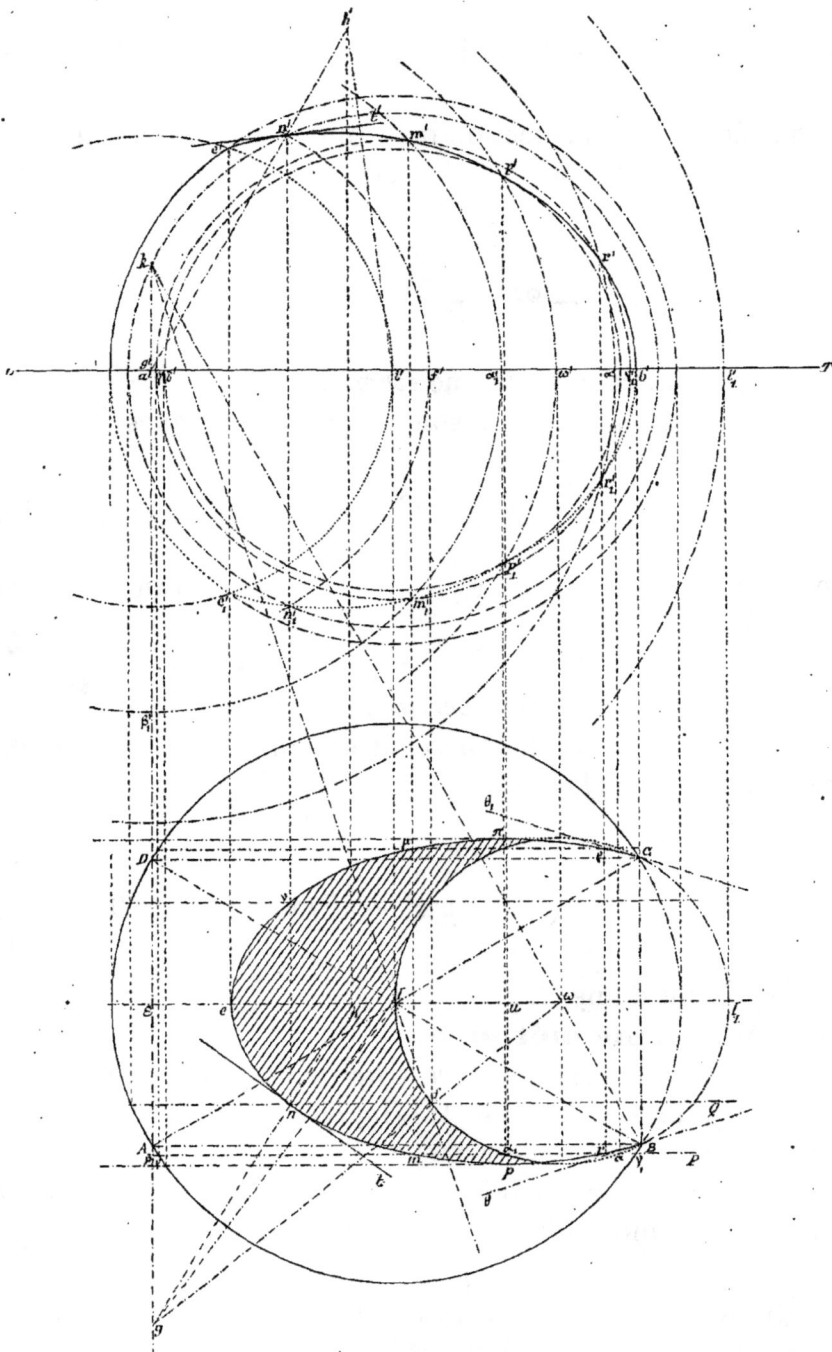

fig. 47

le tore les deux parallèles $(ef, e'f')$ et $(e_1f_1, c'f')$, et dans la sphère donnée le parallèle $(gkg_1, g'k'k'_1)$.

Les points (m, m'), (m, m'_1), (n, m') et (n, m'_1) communs aux parallèles du tore et au parallèle de la sphère, sont quatre points de l'intersection cherchée.

La sphère auxiliaire de rayon $o\mathrm{I}$ fournit les points appartenant au contour apparent vertical du tore : (p, p') et (p, p'_1).

D'ailleurs, cette sphère est une sphère *limite* tangente au tore, donc le parallèle qu'elle détermine dans la sphère donnée est la tangente à l'intersection des deux surfaces (5); et, par suite, la tangente en p à la projection horizontale de l'intersection est $\alpha\beta$.

Les points de l'intersection situés sur le contour apparent horizontal du tore sont (B, b'), (C, b'), et (q, q'), (q, q'_1), (r, q'), (r, q'_i); ces quatre derniers points s'obtiennent en considérant la sphère auxiliaire de rayon $o\mathrm{l}$.

Nous avons représenté le *solide commun* aux deux corps.

44. Troisième méthode.

La méthode la plus avantageuse pour déterminer la projection horizontale de l'intersection des deux surfaces consiste à employer, comme surfaces auxiliaires, des *sphères inscrites dans le tore* (fig. 49).

D'un point quelconque F de l'axe du tore, décrivons une circonférence gkh tangente au cercle ω. Cette circonférence peut être considérée comme le contour apparent d'une sphère inscrite dans le tore suivant le parallèle projeté horizontalement en kml. Cette sphère coupe la sphère donnée I suivant le cercle projeté horizontalement en gmh; le point m, commun aux deux droites kl et gh, est la projection horizontale de deux points de l'intersection cherchée. De plus, la droite gh est la tangente en m à la projection de cette intersection (5).

Si l'on observe que gh est perpendiculaire à IF, il est aisé de déterminer le point de la projection horizontale pour lequel la tangente est parallèle à une direction donnée EE_1.

On mène du point I une perpendiculaire IF_1 à EE_1 et on prend le point F_1 pour centre de la sphère auxiliaire gk_1h_1 inscrite dans le tore ; le point cherché est le point n commun aux droites g_1h_1 et k_1l_1.

La sphère inscrite ayant son centre en F_2 fournit le point p pour lequel la tangente $g_2 h_2$ est perpendiculaire à ωI.

Si le point F s'éloigne à l'infini sur l'axe du tore, la sphère inscrite se transforme en un plan tangent au tore suivant le parallèle projeté horizontalement en $k_3 r l_3$.

Rabattons ce plan sur le plan horizontal et construisons le rabattement $k_3 R_1$ du parallèle de contact et le rabattement $u R_1 v$ de la circonférence déterminée dans la sphère ; le point R_1 est le rabattement d'un point de l'intersection projeté horizontalement en r sur $k_3 l_3$.

Données numériques.

Dans un cadre de 270^{mm} sur 430^{mm} (fig. 47 et 48) on prendra LT parallèlement aux petits côtés du cadre et à 170^{mm} du côté supérieur.

On placera Ii' à égale distance des grands côtés et le point I à 170^{mm} de la ligne de terre.

Titre extérieur : Intersection de surfaces.

Titre intérieur : Tore et sphère.

45. Problème. — *On donne dans le plan horizontal de projection un triangle rectangle ABC (fig. 50) :*

$$A = 90° \qquad AB = 0^m,08 \qquad AC = 0^m,06$$

Le cercle horizontal ayant A pour centre et AC pour rayon engendre un tore en tournant autour de la parallèle menée par le point B à la droite AC.

On demande de construire l'intersection de ce tore avec la sphère qui, ayant un rayon égal à $0^m,09$, touche le plan horizontal de projection au point I milieu de BC.

On disposera le triangle ABC de manière que AB et LT soient parallèles et à la même distance du point C.

Dans la mise à l'encre, on représentera le tore supposé plein et existant seul, en supprimant la portion de ce corps comprise dans la sphère (Concours d'admission à l'École polytechnique — 1876, 2e composition).

La détermination des *contours apparents* des deux surfaces ne présente aucune difficulté. Il résulte des données que la sphère est tangente aux deux plans de projection et que les deux sur-

fig. 48

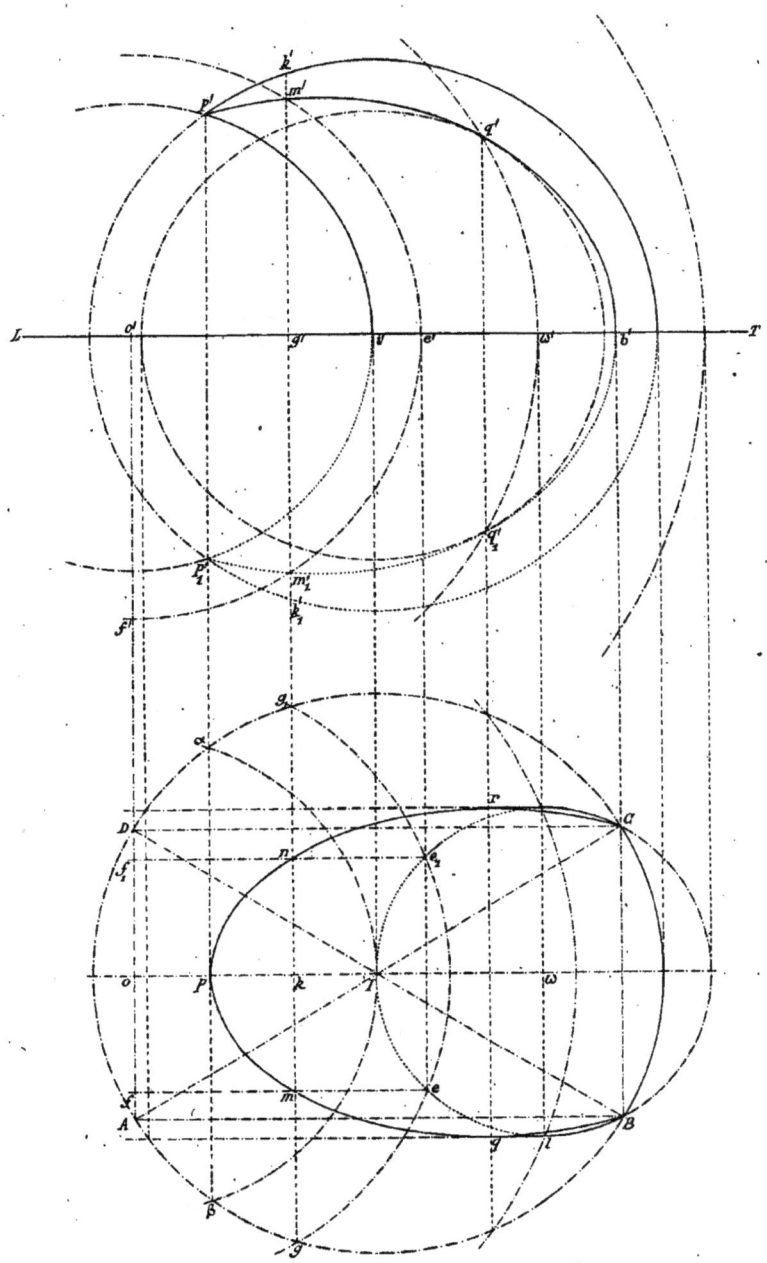

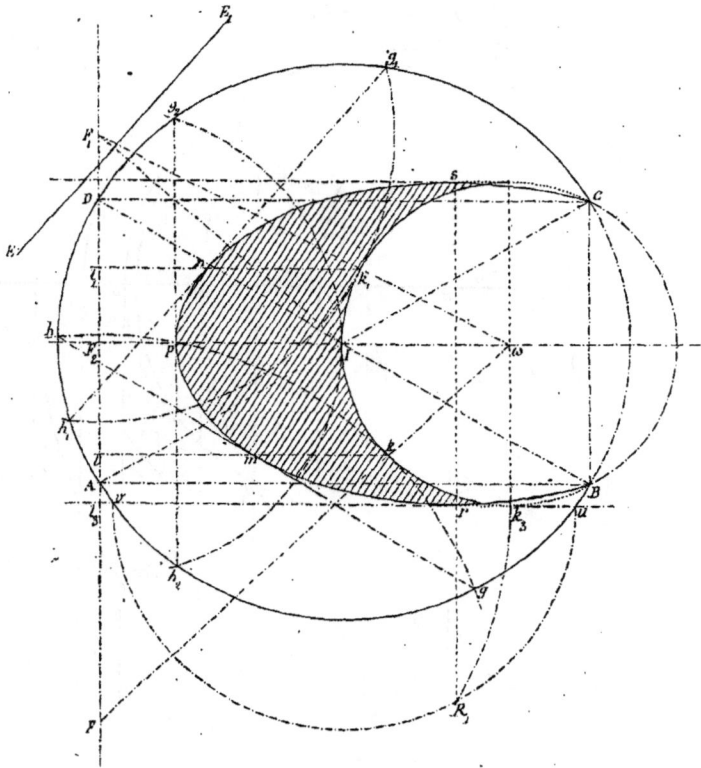

fig. 49

faces ont un plan tangent commun parallèle au plan vertical.

Nous couperons le tore et la sphère par des *plans de front.*

Le plan auxiliaire dont la trace horizontale est P coupe le tore suivant les deux parallèles décrits par les points d et e. Il coupe la sphère suivant le parallèle. $(fg, f'm'g')$: les points (m',m) et (q',q), communs au parallèle de la sphère et aux parallèles du tore, appartiennent à l'intersection cherchée.

La tangente en (m, m') s'obtient, comme au problème précédent, par la méthode du plan normal ; c'est la droite $(m't', mt)$: $m't'$ est perpendiculaire à $o'\alpha'$ et mt est perpendiculaire à $o\beta$.

Le plan $o'b'B$ est un plan de symétrie commun aux deux surfaces, donc l'intersection est symétrique par rapport à ce plan.

Pour construire les points situés dans le *plan de symétrie* $o'b'B$, rabattons ce plan sur le plan horizontal.

La section déterminée dans le tore par le plan $o'b'B$ se rabat suivant les deux cercles A et A_1 et la section déterminée dans la sphère se rabat suivant le cercle ayant pour centre O_1 et pour rayon le rayon de la sphère. Les points h_1 et k_1, communs aux deux circonférences A et O_1, sont les rabattements des points cherchés ; ces points sont, par suite, (h',h) et (k',k).

En chacun de ces points, la tangente à l'intersection est parallèle au plan vertical.

Les plans auxiliaires, *limites* sont ceux qui ont pour traces horizontales $h_1 h$ et lp. Ce dernier fournit les points (l',l) et (p',p), et la circonférence qu'il détermine dans la sphère est tangente à l'intersection (5).

Tout plan auxiliaire dont la trace horizontale est comprise entre lp et $k_1 k$ donne quatre points de l'intersection, et tout plan auxiliaire dont la trace horizontale est comprise entre $h_1 h$ et $k_1 k$ n'en fournit que deux.

Le plan auxiliaire dont la trace horizontale est AB donne les points (r', r), (s', s), (u', u) et $v', v)$ situés sur le contour apparent vertical du tore.

Les points (l', l) et (p', p), déjà déterminés, appartiennent au contour apparent horizontal du tore.

Le plan auxiliaire dont la trace horizontale passe par le point I fournit les points (x',x) et (x_1', x_1), appartenant au contour apparent vertical de la sphère.

Les points (y',y) et $z',z)$, situés sur le contour apparent horizontal de la sphère, s'obtiennent avec une approximation suffisante en traçant la projection verticale de l'intersection à l'aide des points connus, et en menant les lignes de rappel des points y' et z' où cette projection rencontre $o'g'$.

Données numériques.

Dans un cadre de 270^{mm} sur 430^{mm}, on tracera la ligne de terre parallèlement aux petits côtés du cadre et à égale distance de chacun d'eux. On placera AC à 75^{mm} du côté de gauche.

Titre extérieur : Intersection de surfaces.

Titre intérieur : Tore et sphère.

46. Problème. — *Déterminer l'intersection d'un tore et d'une sphère bi-tangents* (fig. 51).

Le tore est tangent aux deux plans de projection; son axe est vertical.

Le centre (o, o') *de la sphère est situé dans le plan du méridien principal du tore, sur la verticale qui passe par le centre du cercle générateur, et il est déterminé de manière que les deux surfaces soient bi-tangentes.*

Représenter le tore supposé plein et existant seul, en supprimant la portion de ce corps comprise dans la sphère.

Première méthode.

On coupe les deux surfaces par des *plans horizontaux*.

Le plan horizontal P′ détermine dans le tore les parallèles $(a'n'b', anbn_1)$ et $(c'm'd', cmdm_1)$, et dans la sphère le parallèle $(e'm'n'f', emnf)$.

Les points (n, n'), (n_1, n'), (m, m') et (m_1, m'), communs au parallèle de la sphère et aux parallèles du tore, sont quatre points de l'intersection cherchée.

La tangente en (m, m') s'obtient par la méthode du plan normal. La normale au tore en (m', m) est $(i'm', im)$ et la normale à la sphère, $(o'm', om)$. La trace horizontale du plan normal est kl, donc la projection horizontale de la tangente cherchée est la perpendiculaire mt à kl; $i'o'$ est la projection verticale d'une ligne de front du plan normal, donc la projection verticale de la tangente en (m', m) est la perpendiculaire $m't'$ à $i'o'$.

En prenant pour plan auxiliaire le plan de l'équateur du tore, on obtient les points (p, p'), (p_1, p'), (q, q') et (q_1, q') appartenant au contour apparent horizontal du tore.

fig. 50

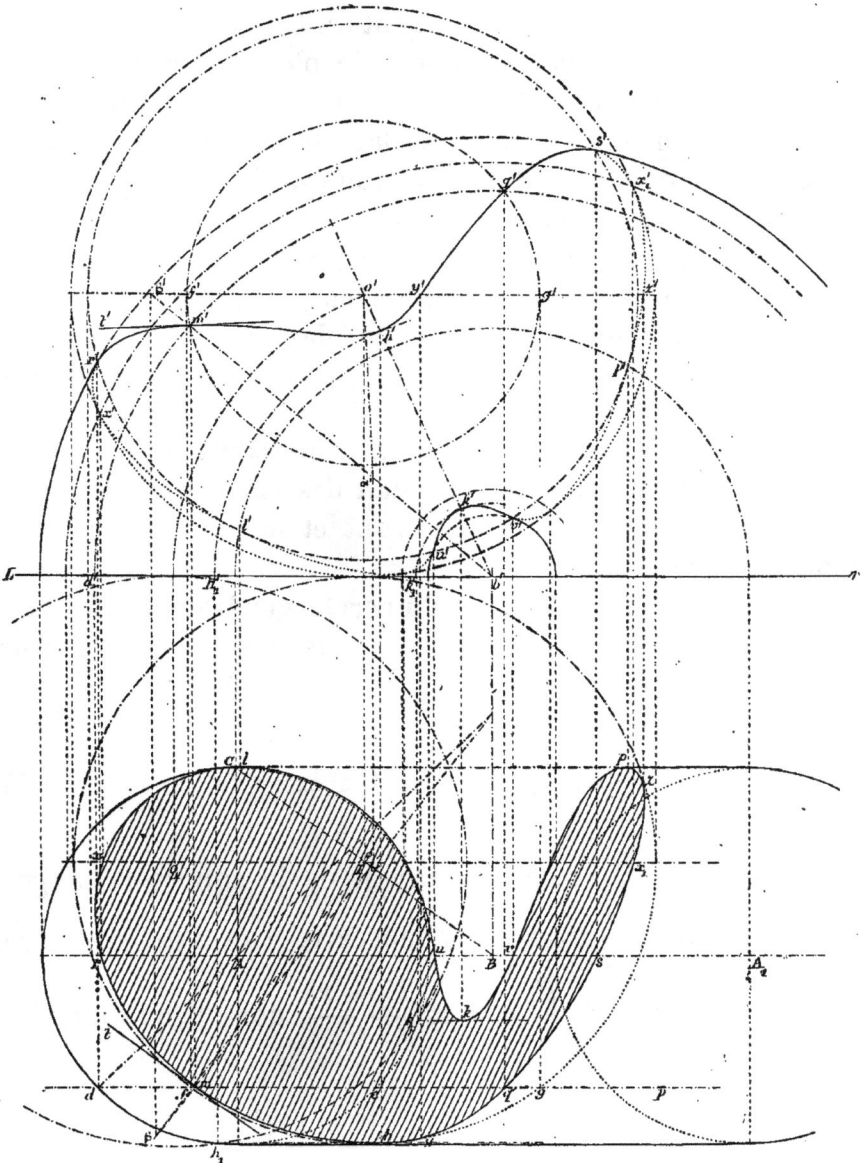

Les plans horizontaux *limites*, tangents au tore, fournissent les points (r', r) et (s, s'), (s_1, s') situés sur le contour apparent vertical, et auxquels il faut joindre le point (u', u) commun aux cercles méridiens des deux surfaces. En (s, s') et en (s_1, s'), l'intersection est tangente à la circonférence déterminée dans la sphère par le plan auxiliaire tangent au tore (5).

En prenant pour plan auxiliaire le plan de profil qui passe par l'axe du tore et en rabattant, sur le plan du méridien principal, les sections qu'il détermine dans le tore et dans la sphère, on obtient les points de l'intersection (v, v'), (v_1, v'), (x, x') et (x_1, x') situés dans ce plan de profil.

Enfin, on peut encore obtenir aisément, comme nous l'expliquons plus loin (*seconde méthode*), les points de l'intersection pour lesquels la tangente est dans un plan de profil, c'est-à-dire les points le plus à droite (y, y') et (y_1, y'), et les points le plus à gauche (z, z') et (z_1, z').

Nature de la projection verticale de l'intersection.

Prenons respectivement pour plan des xy, des yz et des xz, le plan horizontal, le plan de front et le plan de profil qui passent par le centre du tore.

En désignant par r le rayon du cercle générateur du tore et par l la distance du centre de ce cercle à l'axe de la surface, l'équation du tore est

$$\left(\sqrt{x^2 + y^2} - l\right)^2 + z^2 = r^2 \qquad (1)$$

En fonction de l et de r, le rayon de la sphère bi-tangente a pour expression $\dfrac{l^2}{r}$; les coordonnées x, y et z du centre sont respectivement o, l et $\dfrac{l^2}{r} - r = \dfrac{l^2 - r^2}{r}$, donc l'équation de la sphère est

$$x^2 + (y - l)^2 + \left(z - \frac{l^2 - r^2}{r}\right)^2 = \frac{l^4}{r^2} \qquad (2)$$

La projection verticale de l'intersection des deux surfaces est identique à la projection de cette intersection sur le plan de front yz, donc, pour déterminer la nature de la projection verticale de l'intersection, il suffit d'éliminer x entre les équations (1) et (2).

On trouve aisément l'équation

$$(l^4 - l^2r^2 + r^4)z^2 + 2lr(l^2 - r^2)yz + l^2r^2y^2 - 2(l^2 - r^2)r^3z$$
$$- 2lr^4y + r^4(r^2 - l^2) = 0 \qquad (3)$$

Le $B'^2 - AC$ de cette équation se réduisant à la quantité négative $- l'r^4$, *la projection verticale de l'intersection est une ellipse.*

47. Seconde méthode (fig. 52).

Si l'on se proposait seulement de déterminer la projection verticale de l'intersection des deux surfaces, il serait préférable de prendre pour surfaces auxiliaires des *sphères inscrites dans le tore*, comme nous l'avons déjà fait au n° 44.

La sphère ayant pour centre le point de l'axe du tore projeté verticalement en a', et tangente au tore suivant le parallèle projeté en $b'c'$, coupe la sphère donnée suivant une circonférence projetée verticalement en $d'e'$. Le point m', commun aux deux droites $b'c'$ et $d'e'$, appartient à la projection verticale de l'intersection des deux surfaces et, en outre, la droite $d'e'$ est la tangente à cette projection en m'.

Remarquant que $d'e'$ est perpendiculaire à $a'o'$, on voit que, pour déterminer le point de la projection verticale où la tangente est parallèle à une direction donnée FF_1, il suffit de considérer la sphère inscrite dont le centre est projeté en g' sur la perpendiculaire $o'g'$ à FF_1. La sphère inscrite suivant le parallèle projeté en $h'i'$ fournit le point n'. La sphère circonscrite qui touche le tore suivant le parallèle $k'l'$ donne p'; en n' et p', la projection verticale de la tangente ($\alpha'\beta'$ et $\gamma'\delta'$) est parallèle à FF_1.

Les points z' et y', pour lesquels la tangente est de profil, s'obtiennent en prenant pour sphères auxiliaires (inscrite et circonscrite) celles dont le centre est projeté verticalement en j', $o'j'$ étant parallèle à la ligne de terre.

Les sphères, inscrite et circonscrite, ayant pour centre le centre du tore fournissent les projections verticales, v' et x',

fig. 51

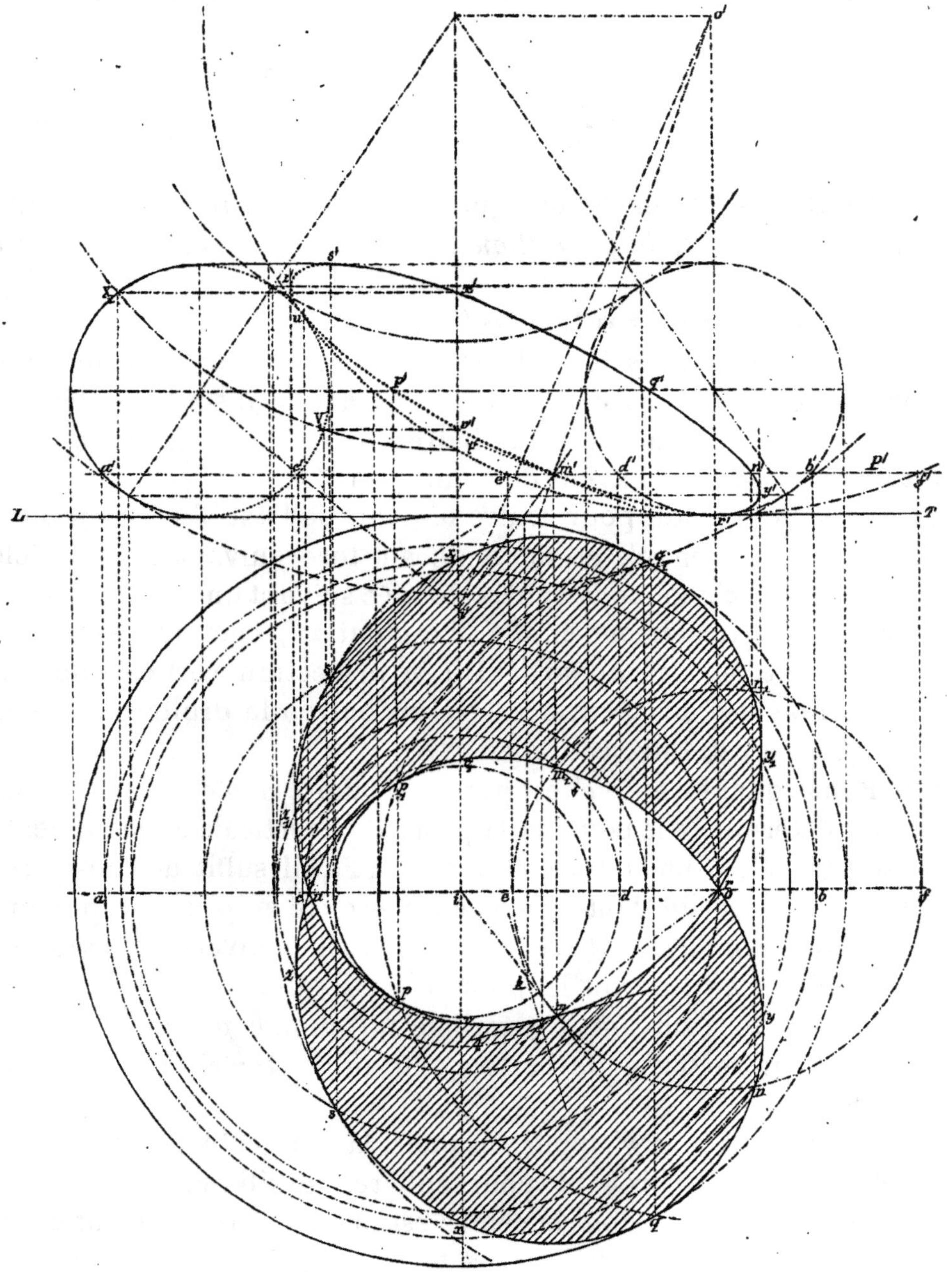

des points de l'intersection situés sur le cercle de gorge et sur l'équateur du toré.

Données numériques.

Dimensions du cadre : 270^{mm} et 430^{mm}.

Le rayon du cercle générateur du tore, égal au rayon du cercle de gorge, vaut 40^{mm} (fig. 51).

On placera la ligne de terre parallèlement aux petits côtés du cadre et à 245^{mm} du côté inférieur. On prendra le point i à égale distance des grands côtés.

Titre extérieur : Intersection de surfaces.

Titre intérieur : Tore et sphère.

48. Problème. — *Déterminer l'intersection d'un tore et d'une sphère définis de la manière suivante* (fig. 53) :

L'axe (y, y') *du tore est vertical et à* 125^{mm} *du plan vertical; la cote du centre de la surface est égale à* 50^{mm}. *Le rayon du cercle de gorge est* 35^{mm} *et celui du cercle méridien vaut* 40^{mm}.

Le centre (o, o') *de la sphère est dans le plan mené par l'axe du tore et faisant avec le plan vertical un angle de* 60° ; *sa distance à l'axe est de* 60^{mm} *et sa cote vaut* 110^{mm}. *La sphère est d'ailleurs tangente au tore.*

Représenter le tore supposé plein et existant seul, en supprimant la portion de ce corps comprise dans la sphère.

On obtient aisément les contours apparents du tore.

Pour construire les contours apparents de la sphère, il faut en déterminer le rayon.

A cet effet, faisons tourner le plan vertical OXY autour de XY jusqu'à ce qu'il vienne coïncider avec le plan du méridien principal du tore.

La section déterminée dans la sphère par le plan OXY est projetée verticalement, après la rotation, suivant une circonférence tangente au cercle ω' et ayant pour centre le point o'_1 ; le rayon de la sphère est donc $o'_1 a'_1$ et, par suite, les contours apparents de la sphère sont les deux circonférences décrites des points o et o' comme centres avec un rayon égal à $o'_1 a'_1$.

En ramenant le point (a'_1, a_1) dans le plan OXY, on obtient le point de contact (a', a) de la sphère et du tore.

Pour déterminer l'intersection des deux surfaces, nous emploierons des plans horizontaux.

Le plan horizontal P' fournit, comme au problème précédent, les quatre points (i, i'), (i_1, i'_1), (n, n') et (n_1, n'_1).

La tangente en (i_1, i_1'), obtenue par la méthode du plan normal, est $(i_1 t, i_1 t')$; $i_1 t$ et $i'_1 t'$ sont perpendiculairement aux droites $o\alpha$ et $\beta\varepsilon'$.

Les plans horizontaux *limites* sont tangents au tore; les circonférences qu'ils déterminent dans la sphère sont tangentes à l'intersection des deux surfaces aux points (f, f'), (f_1, f'_1) et (l, l'), (l_1, l'_1).

Le plan horizontal qui passe par le centre du tore fournit les points (b, b') et (b_1, b'_1) appartenant au cercle de gorge, et les points (h, h') et (h_1, h'_1) situés sur l'équateur. La projection horizontale de l'intersection est tangente en b et b_1 à la projection horizontale du cercle de gorge, et en h et h_1, elle est tangente à la projection horizontale de l'équateur.

Les points de l'intersection qui appartiennent au contour apparent vertical du tore s'obtiennent en prenant pour plan auxiliaire le plan méridien principal du tore; les points cherchés sont (m', m), $(c' c)$, (γ', γ) et (μ', μ).

On peut encore déterminer facilement les points pour lesquels la projection horizontale de la tangente à l'intersection est perpendiculaire à la trace horizontale ox du plan principal commun aux deux surfaces.

Les développements donnés au n° précédent (*seconde méthode*) montrent qu'il suffit de prendre, pour surfaces auxiliaires, les sphères inscrite et circonscrite au tore, et dont le centre est projeté verticalement en y', $o'y'$ étant parallèle à LT.

La sphère inscrite touche le tore suivant le parallèle $(\delta p'_1 p' \delta'_1, \delta p_1 p \delta_1)$ et coupe la sphère donnée suivant une circonférence projetée horizontalement selon la droite $\pi_1 \pi$ (on a : $y\pi = y'\delta'$). Les points p et p_1, communs à la circonférence $\delta p_1 p \delta_1$ et à la droite $\pi_1 \pi$, sont les projections horizontales des points cherchés; pp_1 est tangente en p et p_1 à la projection horizontale de l'intersection.

La sphère circonscrite au tore fournit, d'une manière analogue, les points (g, g') et (g_1, g'_1). En g et g_1, la projection horizontale de l'intersection est tangente à la droite gg_1.

Les points situés sur le contour apparent vertical de la sphère s'obtiennent, avec une approximation suffisante, en rele-

fig.52

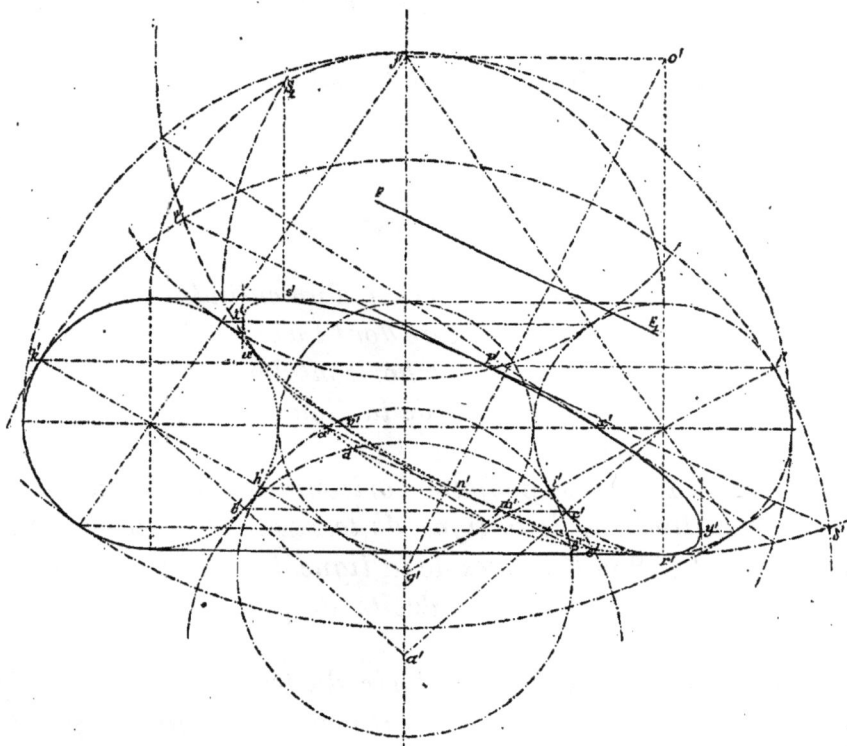

·vant les points k et e où la projection horizontale de l'intersection coupe la parallèle à LT menée par le point o:

Données numériques.

Dans un cadre de 290^{mm} sur 440^{mm}, on prendra LT parallèlement aux petits côtés et à 160^{mm} du côté supérieur. On placera
la ligne de rappel yy' à égale distance des grands côtés du
cadre.

Titre extérieur : Intersection de surfaces.

Titre intérieur : Tore et sphère.

V. TORE ET CYLINDRE.

49. Problème. — *Intersection d'un cylindre de révolution
dont l'axe est vertical et d'un tore dont l'axe est horizontal.*

L'axe du cylindre se projette horizontalement en un point c,
*situé à 65 millimètres en avant de la ligne de terre ; le rayon du
cercle de base est 38 millimètres.*

Le centre du tore se projette horizontalement en un point o
*situé à 58 millimètres de la ligne de terre et verticalement en un
point* o′ *situé à 78 millimètres de la ligne de terre* (fig. 54).

La ligne de rappel oo′ *est à droite du point* c *à une distance
de 54 millimètres.*

*La projection horizontale de l'axe du tore rencontre la ligne
de terre en un point situé à 54 millimètres à droite du point de
rencontre de la ligne de terre avec* oo′.

*Le rayon du cercle générateur du tore est de 22 millimètres et
la distance de son centre à l'axe de 51 millimètres.*

On demande :

*De représenter ce qui reste du tore entaillé par le cylindre ;
de tracer les parties vues et les parties cachées des contours
apparents.*

*De développer sur la droite de l'épure la portion de surface
cylindrique qui limite le corps.*

*D'indiquer les constructions nécessaires pour déterminer un
point de l'intersection et la tangente en ce point; un point du
développement de la courbe d'intersection tracée sur la surface
du cylindre et la tangente en ce point ; un point du contour apparent vertical du tore et la tangente en ce point.*

*On prendra la ligne de terre parallèle aux grands côtés de la
feuille, à* 130 *millimètres du bord inférieur* (Concours d'admission à l'École polytechnique 1882).

Les données fournissent immédiatement les contours apparents du cylindre et le contour apparent horizontal du tore.
Pour construire ce dernier contour, on mène en o une perpendiculaire ab à la projection horizontale de de l'axe du tore, on
prend $oa = ob = 51^{mm}$, on décrit des points a et b, comme
centres, des circonférences de 22^{mm} de rayon et on mène les tangentes communes fg et f_1g_1.

Choix des surfaces auxiliaires.

Pour déterminer l'intersection du cylindre et du tore, nous
couperons les deux surfaces par des *plans perpendiculaires à
l'axe du tore.*

Cet axe étant horizontal, les plans auxiliaires sont verticaux
et coupent, par suite, le cylindre suivant des génératrices. Ils
déterminent d'ailleurs, dans le tore, des parallèles et les points
communs aux génératrices du cylindre et aux parallèles du
tore sont des points de l'intersection cherchée.

Détermination d'un point quelconque de l'intersection.

Soit $\alpha_1\beta_1$ la trace horizontale d'un plan auxiliaire. Ce plan
détermine dans le tore deux parallèles projetés horizontalement
suivant les droites $\alpha\beta$ et $\alpha_1\beta_1$, et il coupe le cylindre selon les
génératrices dont les traces horizontales sont γ et γ_1.

Les points communs aux génératrices du cylindre et aux
parallèles du tore sont projetés horizontalement en γ et en γ_1.
Pour déterminer les projections verticales de ces points, rabattons le plan vertical $\alpha_1\beta_1$ sur le plan horizontal $d'e'$. Les nouvelles projections horizontales des génératrices du cylindre sont
les perpendiculaires $\gamma\delta$ et $\gamma_1\delta_1$ à $\alpha_1\beta_1$ et les nouvelles projections
horizontales des parallèles du tore sont les circonférences
décrites sur $\alpha\beta$ et $\alpha_1\beta_1$ comme diamètres.

Il suffit d'ailleurs de considérer les demi-circonférences, car,
le plan horizontal $d'e'$ étant un plan principal commun au
cylindre et au tore, l'intersection est symétrique par rapport à
ce plan.

Les nouvelles projections horizontales des points cherchés
sont μ, ν et π, et les distances $\mu\gamma_1$, $\nu\gamma$ et $\pi\gamma$ sont les cotes de ces
points par rapport au plan horizontal $d'e'$.

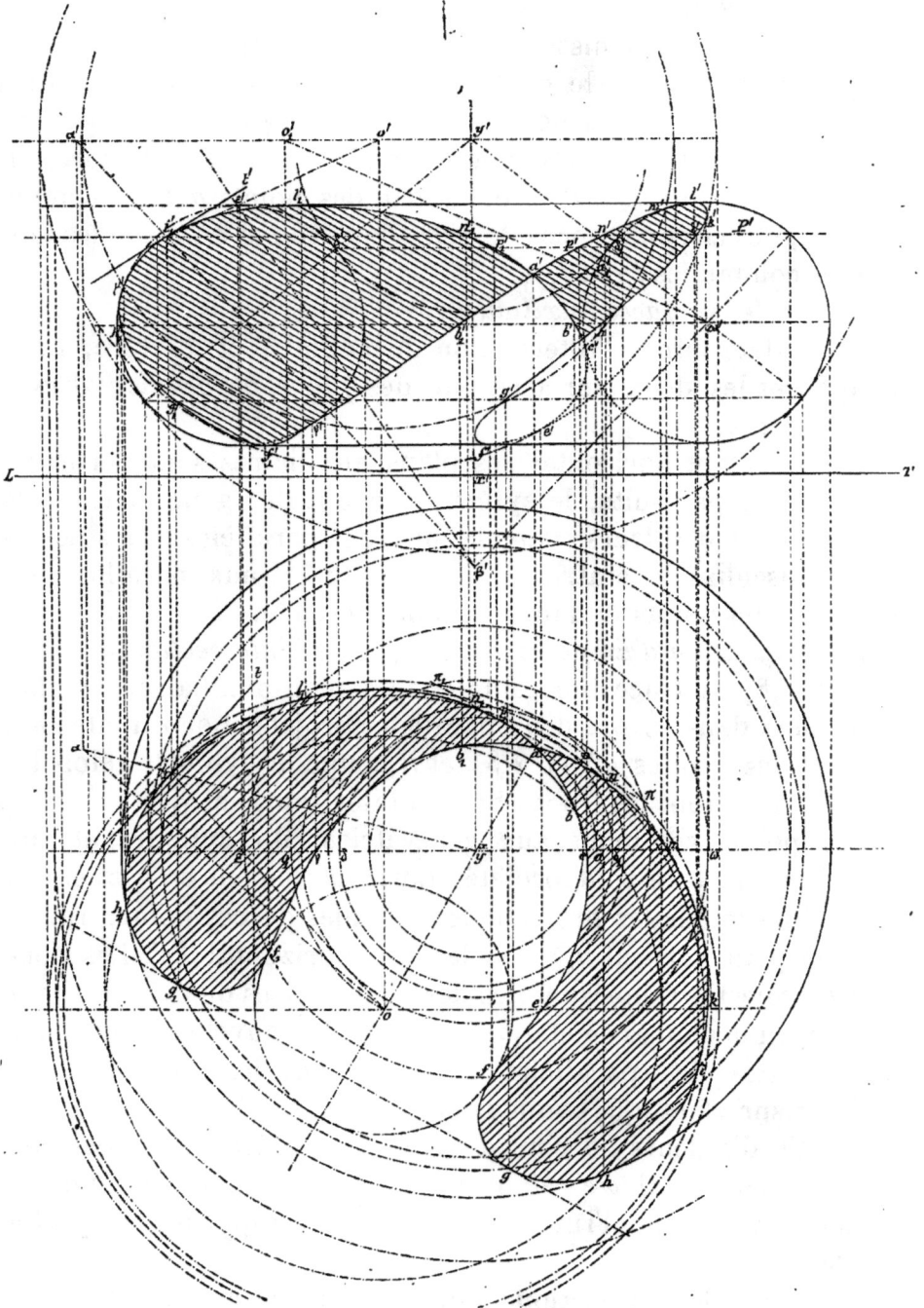

fig. 53

On prend alors, de part et d'autre. de $d'e'$, sur les lignes de rappel des points γ et γ_1 des longueurs respectivement égales à $\mu\gamma_1$, $\nu\gamma$ et $\pi\gamma$, et on obtient m', m'_1, n', n'_1, p' et p'_1.

Les points (m', γ_1), (m'_1, γ_1), (n', γ), (n'_1, γ), (p', γ) et (p'_1, γ) sont six points de l'intersection du cylindre et du tore.

Tangente à l'intersection en (m'_1, γ_1).

C'est la perpendiculaire au plan normal aux deux surfaces en (m'_1, γ_1).

La normale au cylindre en ce point est l'horizontale (mc, m'_1c') et la normale au tore est (mi, m'_1i'), i étant le point de rencontre de $\alpha_1 a$ avec de. Un plan de front quelconque hk coupe le plan des deux normales suivant $(hk, h'k')$; la projection verticale de la tangente cherchée est la perpendiculaire m'_1t' à $h'k'$; sa projection horizontale est la perpendiculaire mt à cm.

Points remarquables de l'intersection.

Ce sont :

1° Les points (r', r), (r'_1, r), (s', r) et (s'_1, r) situés sur la géné- ratrice de contour apparent vertical rr' du cylindre.

2° Les points (u', u), (u'_1, u) et (y', y), (y'_1, y) situés dans les plans auxiliaires *limites*.

3° Les points (v, v') et (x, x') situés sur le contour apparent horizontal du tore et déterminés en prenant pour plan auxiliaire le plan horizontal $d'e'$. Il faut y joindre les points (u, u') et (u, u'_1) déjà obtenus. En chacun de ces points, la tangente à l'intersection est verticale.

Détermination du contour apparent vertical du tore.

Le contour apparent vertical est le lieu des points de contact des plans tangents perpendiculaires au plan vertical.

Il faut donc mener au tore des plans tangents perpendiculaires au plan vertical; on donne d'ailleurs le méridien ou le parallèle qui doit contenir le point de contact.

Supposons, par exemple, qu'on veuille déterminer le point de contact situé sur le parallèle projeté horizontalement en $\alpha\beta$.

On peut considérer le *cône* ou la *sphère* qui touche le tore suivant le parallèle donné (voir notre *Cours*, IIe vol., 1er fasc., n° 84 et complément, H-10).

Considérons en premier lieu le *cône circonscrit* au tore suivant le parallèle $\alpha\beta$; il a son sommet en (σ, σ'). Le plan tangent, devant être perpendiculaire au plan vertical, contient la per-.

pendiculaire au plan vertical menée par (σ, σ'). La trace de cette perpendiculaire sur le plan vertical $\alpha\beta$ pris pour plan de base du cône est le point (ρ, ρ'). Les points de contact (l, l') et (l, l'_1) des tangentes au cercle $\alpha\beta$ issues du point (ρ, ρ') sont les

fig. 55

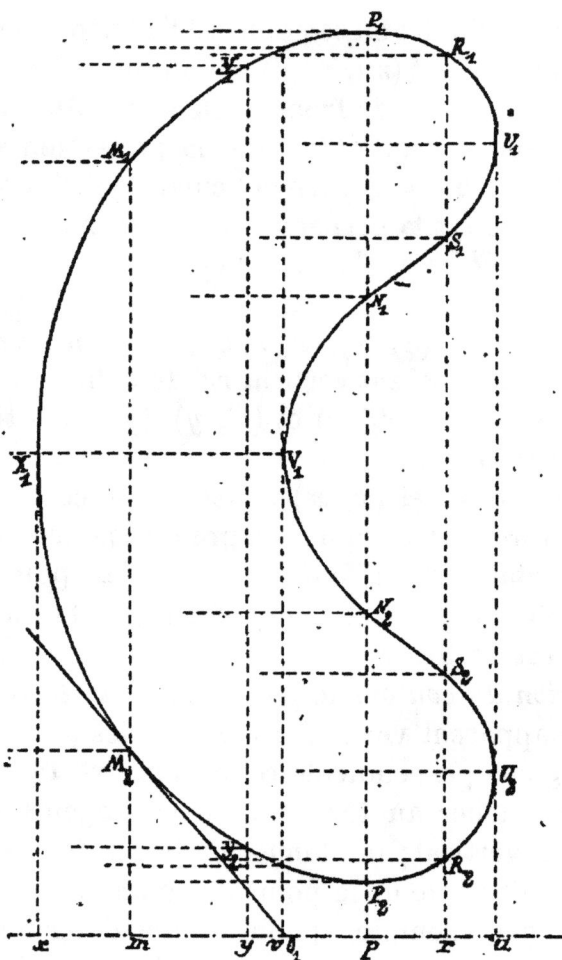

points de contact des plans tangents cherchés, c'est-à-dire deux points du contour apparent vertical du tore ; la tangente en l' est $\sigma' l'$.

Pour le parallèle projeté horizontalement en $\alpha_1\beta_1$, le sommet du cône circonscrit sort des limites de l'épure ; on applique alors la méthode de la *sphère inscrite* qui, d'ailleurs, donne lieu à des constructions un peu plus simples.

La sphère inscrite suivant le parallèle $\alpha_1\beta_1$ a son centre en (i, i') ; son rayon est égal à $i\alpha_1$. Considérons le cylindre circonscrit à cette sphère et dont les génératrices sont perpendiculaires au plan vertical ; il touche la sphère suivant le grand cercle de front $(\varphi\varphi_1, \varphi'\varepsilon'\varphi'_1)$. Les points $(\varepsilon, \varepsilon')$ et $(\varepsilon, \varepsilon'_1)$ communs à ce grand cercle et au parallèle $\alpha_1\beta_1$ sont les points de contact cherchés ; la tangente en ε' est perpendiculaire à $i'\varepsilon'$.

Le parallèle *minimum* et le parallèle *maximum* fournissent les points du contour apparent vertical (η', o), (η'_1, o) (ψ', o) et (ψ'_1, o) pour lesquels la tangente est horizontale.

Les plans tangents dont les points de contact appartiennent au méridien horizontal sont de profil ; ils fournissent les points (τ, τ'), (τ_1, τ'_1) et (ζ, ζ'), (ζ_1, ζ'_1).

Il y a quatre points de l'intersection situés sur la courbe de contour apparent vertical projetée horizontalement suivant $\tau\varepsilon o\tau_1$.

Ils sont projetés horizontalement aux points de rencontre ω et ξ de $\tau\varepsilon o\tau_1$ et de la circonférence c. Les plans auxiliaires dont les traces horizontales passent par ω et ξ fournissent les points de l'intersection qui appartiennent au contour apparent vertical du tore. Ce sont les points (ω, ω'), (ω, ω'_1) et (ξ, ξ'), (ξ, ξ'_1). Pour ne pas surcharger l'épure, nous n'avons pas indiqué les rabattements qui servent à déterminer ces points.

Le solide commun étant enlevé, toute la courbe est vue en projection verticale.

Le *développement* de la portion de surface cylindrique qui limite le corps ne présente aucune difficulté. On prend (fig. 55) une longueur xu égale au développement de l'arc xmu de la circonférence c (fig. 54), et on porte sur les verticales des points $x, m, y, \ldots u$ des longueurs xX_1, mM, etc., etc., égales aux cotes des points de l'intersection. La *tangente* en M_2 s'obtient en prenant, dans le sens convenable, $m\theta_1 = m\theta$ et en joignant $\theta_2 M_2$.

VI. TORE ET CÔNE.

50. Problème. — *On donne un triangle rectangle* ABC *situé dans le plan vertical ; l'hypoténuse* BC *est verticale.*

Le sommet B *a pour cote* $0^m,08$; *le sommet* C *a pour cote*

$0^m,20$ *et l'angle* B *est égal à* 30°. *Du point* A *comme centre, avec un rayon égal à* $0^m,04$, *on décrit un cercle dans le plan du triangle.*

On demande :

1° *De trouver l'intersection du cône engendré par le triangle tournant autour de* AB *et du tore engendré par le cercle tournant autour de* BC ;

2° *De représenter le cône supposé plein et existant seul, en supprimant la partie de ce corps comprise dans le tore;*

3° *De construire la tangente à l'intersection en un point quelconque* (Concours d'admission à l'École centrale — 1876 ; 2ᵉ *session*).

On obtient aisément les contours apparents des deux surfaces ; le cône n'a pas de contour apparent horizontal (fig. 56).

Le tore et le cône sont de révolution, et leurs axes se coupent en B ; nous emploierons alors, comme surfaces auxiliaires, des *sphères décrites du point* B *comme centre.*

La sphère auxiliaire dont le contour apparent vertical est $d'e'f'g'i'$ coupe le tore suivant les deux parallèles ($d'm'g'$, $dmgm_1$) et ($e'n'f'$, $enfn_1$). Elle détermine dans le cône un parallèle projeté verticalement en $h'n'm'i'$; les points m' et n' sont les projections verticales de quatre points de l'intersection : (m', m) (m', m_1), (n', n) et (n', n_1).

La *tangente en* (m', m) s'obtient par la méthode du plan normal. La normale au tore en (m', m) coupe l'axe de la surface au même point que la normale en (d', d), c'est-à-dire au point (α', α) ; la normale en (m', m) est donc la droite ($m'\alpha'$, $m\alpha$). La normale au cône coupe son axe au même point (β', β) que la normale en (h', h), c'est, par suite, la droite ($m'\beta'$, $m\beta$).

Le plan de front dg coupe le plan normal suivant ($\alpha\beta$, $\alpha'\beta'$), donc la projection verticale de la tangente à l'intersection en (m', m) est la perpendiculaire $m'l'$ à $\alpha'\beta'$.

Le plan horizontal qui passe par le centre du tore détermine dans le plan normal la droite ($k'l'$, kl), donc la projection horizontale de la tangente est la perpendiculaire mt à kl.

Les sphères auxiliaires *limites* sont les sphères $B\mu'$ et $B\nu'$ inscrite et circonscrite au tore.

La première donne les points (r', r) et (r', r_1), et la seconde les points (s', s) et (s', s_1).

fig. 54

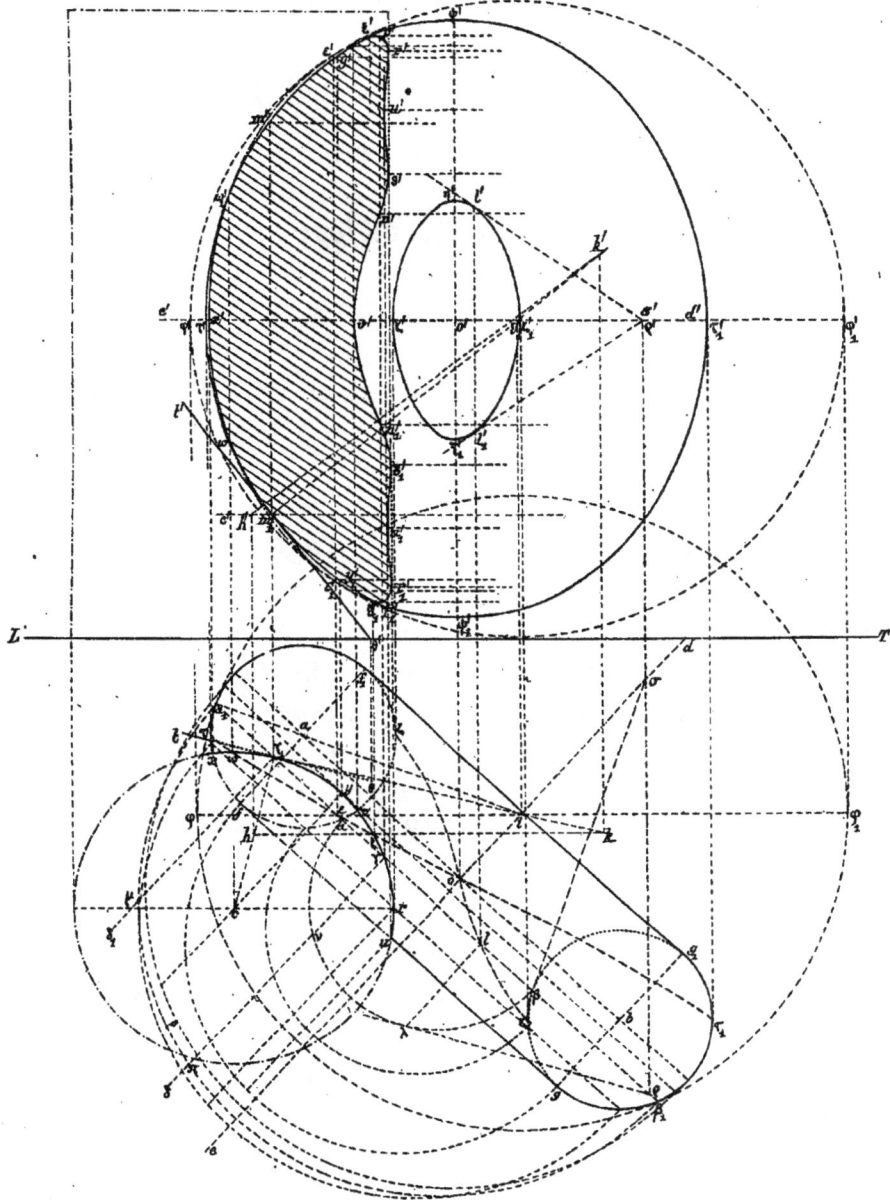

En r', la projection verticale de l'intersection est tangente à $u'v'$, et en s' elle est tangente à $x'y'$.

Les points situés sur l'équateur du tore se déterminent en prenant pour sphère auxiliaire celle dont le rayon est égal à $B\gamma'$; ce sont les points (p', p) et (p', p_1).

La sphère auxiliaire $B\delta'$ fournit les points (q', q) et (q', q_1), appartenant au cercle de gorge.

Les points qui appartiennent au contour apparent vertical du tore s'obtiennent en prenant successivement pour sphères auxiliaires, Bc' et Be'_1. La première fournit les points (n', n) et (n', n_1), et la seconde donne (z', z) et (z', z_1).

Données numériques.

Dans un cadre de 270^{mm} sur 430^{mm}, placer la ligne de terre parallèlement aux petits côtés du cadre et à 130^{mm} du côté inférieur.

Titre extérieur : Intersection de surfaces.

Titre intérieur : Tore et cône.

51. Problème. — *Déterminer l'intersection d'un tore et d'un cône de révolution.*

L'axe du tore yy' (fig. 57) *est vertical à* $0^m,13$ *du plan vertical de projection ; le cercle méridien a* $0^m,055$ *de rayon, il est tangent à l'axe du tore et au plan horizontal de projection.*

Le cône touche le plan horizontal suivant une génératrice (sa, $s'a'$) *parallèle à la ligne de terre et rencontrant l'axe du tore ; son sommet* (s, s') *est à* $0^m,055$ *de l'axe du tore et son angle au sommet est de* $45°$.

On demande de représenter le cône supposé plein et existant seul, en supprimant la portion de ce corps comprise dans le tore (Concours d'admission à l'École centrale — 1877, 2ᵉ session).

1° Contours apparents.

On détermine aisément les contours apparents du tore sur les deux plans de projection.

Pour obtenir le contour apparent horizontal du cône, il suffit de mener par le point s des tangentes à la projection horizontale d'une sphère inscrite dans le cône. Nous avons choisi la sphère ayant pour centre le point (c', c).

2° Choix des surfaces auxiliaires.

Les axes des deux surfaces de révolution considérées se coupant en (c', c), nous emploierons des *sphères ayant pour centre commun le point* (c', c).

3° *Détermination d'un point quelconque de l'intersection.*

Soit $b'\beta'\beta'_1 b'_1$ la projection verticale d'une sphère auxiliaire.

Cette sphère coupe le cône suivant un parallèle projeté verticalement selon la droite $d'd'_1$, et elle coupe le tore suivant deux parallèles projetés verticalement, l'un en $\beta'\beta'_1$, l'autre en $b'b'_1$.

Nous n'avons d'ailleurs à considérer que ce dernier parallèle dont la projection verticale $b'b'_1$ coupe seule $d'd'_1$ dans l'intérieur du contour apparent vertical du cône.

Le point m', commun aux deux droites $d'd'_1$ et $b'b'_1$, est la projection verticale de deux points de l'intersection projetés horizontalement, l'un en m, l'autre en m_1 sur la circonférence bb_1.

La projection horizontale de l'intersection est symétrique par rapport à sa; le plan de front sa est, en effet, un plan principal commun aux deux surfaces.

4° *Tangente à l'intersection en* (m, m').

C'est la perpendiculaire au plan normal en (m, m') aux deux surfaces.

La normale au tore en (m, m') coupe l'axe yy' au même point (f', f) que la normale en (b', b); c'est donc la droite $(m'f', mf)$.

La normale au cône coupe l'axe $(sc, s'c')$ au même point que la normale en (d', d) (laquelle est verticale), c'est-à-dire en (g', g); la normale en (m, m') est, par suite, la droite $(m'g', mg)$.

Le plan de front sa coupe le plan normal suivant $(f'g', fg)$, donc la projection verticale de la tangente à l'intersection en (m, m') est la perpendiculaire $m't'$ à $f'g'$.

Le plan horizontal passant par le point (f', f) coupe la normale $(m'g', mg)$ en (h', h), donc $(f'h', fh)$ est une horizontale du plan normal et, par suite, la projection horizontale est la perpendiculaire mt à fh.

5° *Sphères auxiliaires limites.*

Pour qu'une sphère de centre (c', c) fournisse des points de l'intersection, il faut qu'elle coupe à la fois le tore et le cône. Il résulte de là que les sphères limites sont :

1° La sphère de rayon $c'j'$ tangente au tore suivant le parallèle $(l'p'j', lpj)$; elle donne les points (p', p) et (p', p_1).

fig. 56

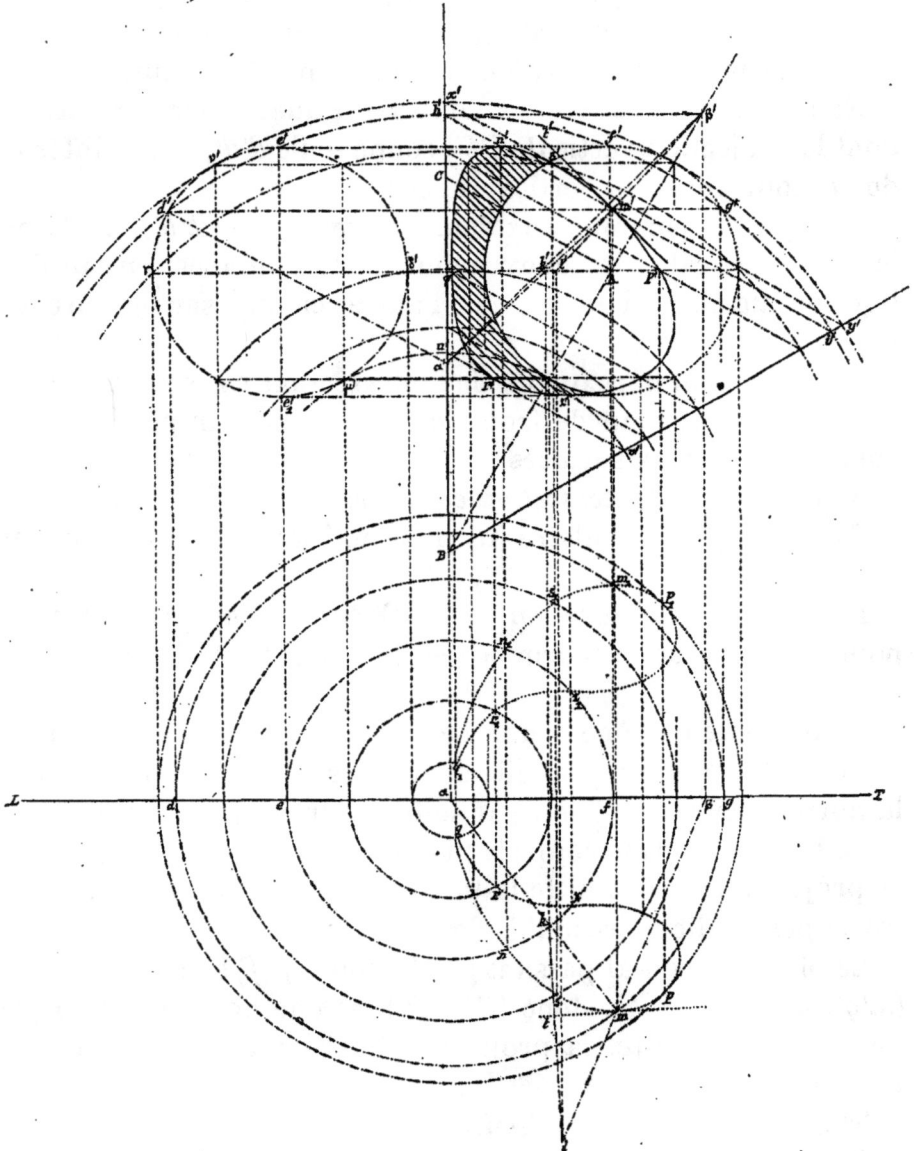

L'intersection EPE_1 de cette sphère limite avec le cône est tangente à l'intersection du tore et du cône en (p', p) et en (p', p_1) (5). D'ailleurs, la tangente à la circonférence EPE_1 en (p', p), par exemple, est projetée verticalement suivant la droite $e'p'e'_1$, donc la projection verticale de l'intersection des deux surfaces est tangente à $e'e'_1$ en p'.

2° La sphère de rayon $c'\omega'$ tangente au cône suivant le parallèle projeté verticalement en $\omega'\omega'_1$; elle fournit les points (q', q) et (q', q'_1). L'intersection $(\gamma'\gamma'_1, \gamma q\gamma_1 q_1)$ de cette sphère limite avec le tore est tangente à l'intersection cherchée en (q', q) et en (q', q_1), donc la projection horizontale de l'intersection du tore et du cône est tangente en q et q_1 à la circonférence $\gamma q\gamma_1 q_1$, et sa projection verticale est tangente en q' à $\gamma'\gamma'_1$.

6° *Points remarquables.*

Outre les points situés dans les sphères limites et que nous venons de déterminer, il y a lieu de considérer :

1° Les points (r', r), (r', r_1) appartenant au contour apparent horizontal du tore et obtenus au moyen de la sphère auxiliaire dont la projection verticale est la circonférence de rayon $c'a'$.

2° Les points (i', i), (k', k), (k_1', k) et (s', s) situés sur le contour apparent vertical du tore.

3° Les points situés sur le contour apparent vertical du cône ; ce sont ceux qui appartiennent au contour apparent vertical du tore.

4° Les points appartenant aux génératrices de contour apparent horizontal du cône.

Ces génératrices touchent la sphère inscrite $C\Omega$ aux points de l'équateur projetés horizontalement en δ et δ_1, et verticalement en δ' ; elles sont donc projetées verticalement suivant $s'\delta'$. La ligne de rappel du point x', commun à $s'\delta'$ et à la projection verticale de l'intersection (tracée à l'aide des points connus), fournit x et x_1 sur $s\delta$ et $s\delta_1$: (x, x') et (x_1, x') sont les points cherchés.

Le tore étant enlevé, la partie du cône coupée et vue sur les deux plans de projection est projetée verticalement en $s'q'k'\gamma'_1 i'\gamma's'$ et horizontalement en $sqkq_1s$; nous l'avons indiquée par des hachures équidistantes. Le solide restant est limité, dans cette partie, par les parallèles du tore qui s'appuient sur les arcs $(i'\gamma's', i\gamma s)$ et $(i'\gamma'_1 k', i\gamma_1 k)$, et sur l'intersection $(s'q'k', sqkq_1)$.

Les autres hachures sont destinées à exprimer le relief de la partie du cône non entaillée par le tore.

Données numériques.

Dans un cadre de 270ᵐᵐ sur 430ᵐᵐ, placer LT parallèlement aux petits côtés et à 180ᵐᵐ du côté supérieur; prendre yy' à égale distance des grands côtés.

Titre extérieur : Intersection de surfaces.

Titre intérieur : Tore et cône.

52. Problème. — *Tore traversé par un trou conique* (fig. 58).

Tore : *On a :*

$$o'\omega = 55^{mm}; \quad o\omega = 125^{mm}, \quad o'c' = 70^{mm}$$

Le rayon du cercle méridien est égal à 50ᵐᵐ.

Cône : *Cône de révolution dont l'axe est parallèle au plan vertical et rencontre l'axe du tore ; le sommet est en* (s, s'), os = 27ᵐᵐ; *le point* s' *est sur le cercle* c' ; *la génératrice* s'a' *qui forme le contour apparent du cône sur le plan vertical est tangente au cercle* c' *en* s' ; *la seconde génératrice de contour apparent* s'b' *est tangente à l'autre méridien en* d' ; *l'axe du cône est la bissectrice* SF *de l'angle* DSA, *il rencontre l'axe du tore en* K (Concours d'admissibilité à l'École polytechnique — 1876).

Contours apparents.

Le contour apparent vertical du cône est donné.

Pour déterminer son contour apparent horizontal, considérons une sphère inscrite dans le cône ; celle dont le centre est le point (γ', γ) par exemple. Le rayon de cette sphère est égal à $\gamma'\delta'$, donc le contour apparent horizontal du cône se compose des deux tangentes menées du sommet s à la circonférence décrite du point γ comme centre avec un rayon $\gamma\varepsilon$ égal à $\gamma'\delta'$.

La construction des contours apparents du tore ne présente aucune difficulté.

Surfaces auxiliaires.

Les deux surfaces sont de révolution et leurs axes se coupent en (k', k); nous emploierons alors des *sphères ayant pour centre commun le point* (k', k).

Détermination d'un point quelconque de l'intersection.

fig. 57

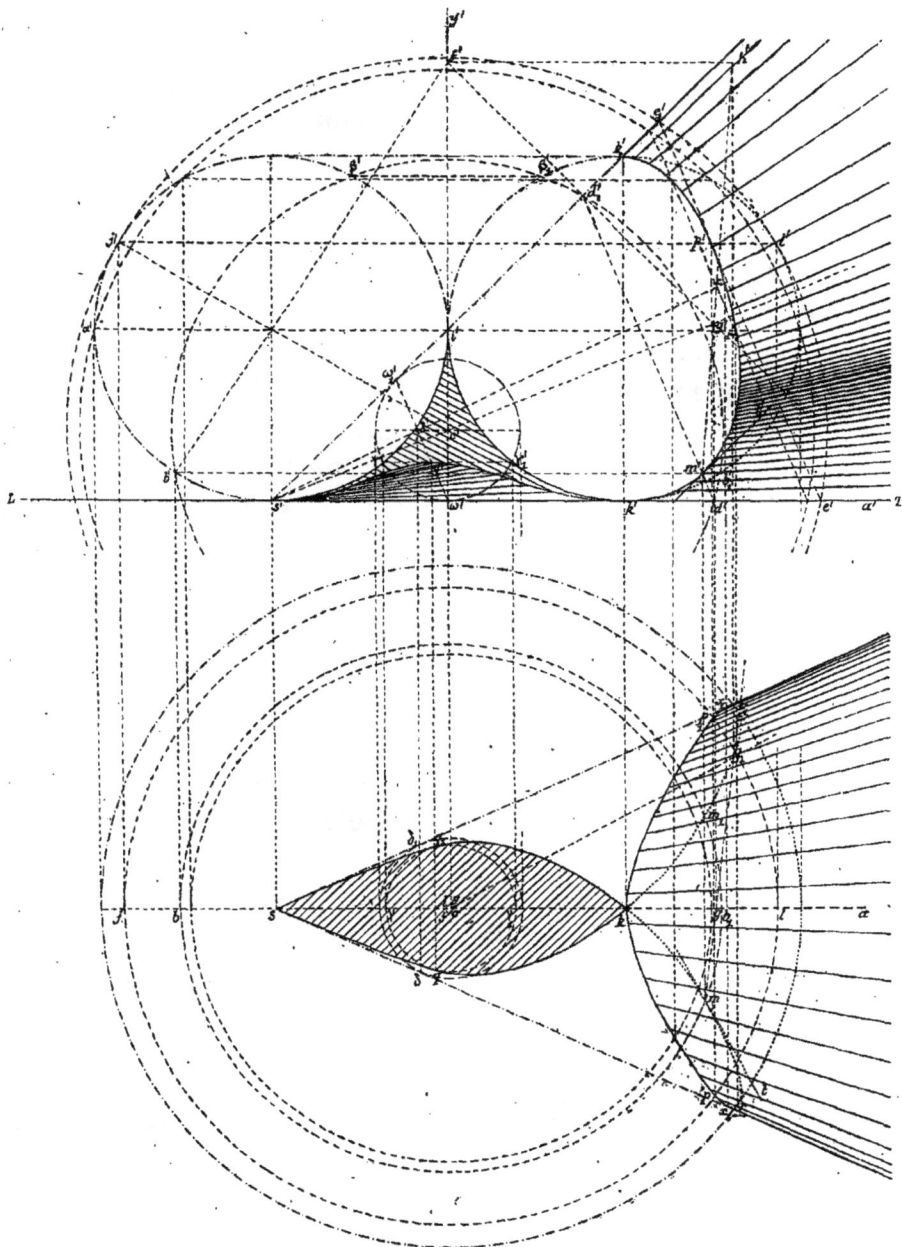

La sphère auxiliaire dont le contour apparent vertical est $e'g'e'_1g'_1$ coupe le tore suivant les deux parallèles ($e'm'n'e'_1$, $emne_1n_1$) et ($g'p'g'_1$, gpg_1p_1); elle détermine dans le cône deux parallèles projetés verticalement en $h'm'i'$ et $h'_1n'p'i'_1$.

Le parallèle HI du cône coupe le parallèle EE_1 du tore en (m', m) et (m', m_1); le parallèle H_1I_1 du cône coupe les deux parallèles EE_1 et GG_1 du tore en (n', n); (n', n_1) et (p'; p), (p', p_1) : ces six points appartiennent à l'intersection cherchée.

Tangente à l'intersection en (m, m').

La méthode du plan normal fournit aisément la tangente en (m, m').

La normale au tore en ce point est ($m'\beta'$, $m\beta$) et la normale au cône est ($m'\alpha'$, $m\alpha$). D'ailleurs, ($\alpha'\beta'$, $\alpha\beta$) est une ligne de front du plan normal ; donc, la projection verticale de la tangente en (m', m) est la perpendiculaire $m't'$ à $\alpha'\beta'$.

Le plan horizontal mené par le centre du tore coupe le plan normal suivant l'horizontale ($l'q'$, lq) ; menons la perpendiculaire mt à lq, mt est la projection horizontale de la tangente.

Sphères auxiliaires limites.

Les sphères limites sont :

1° La sphère $k'r'$, *inscrite* dans le tore, qui fournit les points (v', v) et (v', v_1);

2° La sphère $k'u'$, *circonscrite* au tore, qui donne les points (x', x) et (x', x_1).

En chacun de ces points, le parallèle déterminé dans le cône par la sphère auxiliaire correspondante est tangent à l'intersection des deux surfaces.

Points remarquables.

Les points situés sur le contour apparent horizontal du tore sont fournis par les sphères auxiliaires de rayons $k'\mu'$ et $k'\mu'_1$.

Les points qui appartiennent au contour apparent vertical du tore sont : 1° les points (s', s), (y', y) et (d', d) fournis par le plan de front mené par le centre du tore ; 2° les points (π', π), (π', π_1) et (ρ', ρ), (ρ', ρ_1) fournis par la sphère auxiliaire $k'v'$; 3° les points (φ', φ), (φ', φ_1) obtenus en considérant la sphère auxiliaire $k'v'_1$.

Les points situés sur le contour apparent vertical du cône sont (s', s), (y', y) et (d', d).

Quant aux points qui appartiennent aux génératrices de contour apparent horizontal du cône, on les obtient avec une approximation suffisante en menant les lignes de rappel des points ψ' et σ' où la projection verticale $s'\varepsilon'$ de ces génératrices coupe la projection verticale de l'intersection tracée à l'aide des points déjà obtenus.

Données numériques.

Dans un cadre de 270^{mm} sur 430^{mm}, on placera la ligne de terre parallèlement aux petits côtés du cadre et à 250^{mm} du côté inférieur. On prendra la ligne de rappel oo' à égale distance des grands côtés.

Titre extérieur : Intersection de surfaces.

Titre intérieur : Tore et Cône.

53. Problème. — *On donne un losange* ABCD *dont la diagonale* AOC *est égale à* 20^{cm} *et la diagonale* BOD *à* 12^{cm} ; *le plan du losange est horizontal et situé à* 3^{cm} *au-dessus du plan horizontal de projection; le côté* AB *est dans le plan vertical de projection* (fig. 59).

Le losange, en tournant autour de la diagonale AC, *engendre un double cône.*

Le cercle circonscrit au triangle COD, *en tournant autour de* AB, *engendre un tore.*

On demande de représenter le double cône, supposé plein et existant seul, en supprimant la partie de ce corps située au-dessous du plan horizontal de projection, ainsi que la partie comprise dans le tore (Concours d'admission à l'École polytechnique — 1878).

Contours apparents.

On obtient aisément les projections *abcd* et *b'd'* du losange considéré.

Ce losange est le contour apparent horizontal du double cône.

Pour déterminer son contour apparent vertical, considérons la sphère inscrite dont le centre est (o, o'). Le rayon de cette sphère est égal à $o\omega$; décrivons alors du point o' comme centre avec $o\omega$ pour rayon une circonférence, et menons à cette circonférence les tangentes $b'\alpha'$, $b'\alpha'_1$ et $d'\beta'$, $d'\beta'_1$; ces tangentes constituent le contour apparent vertical du double cône.

Le cercle méridien du tore est $(cod, c'o'd')$.

Surfaces auxiliaires.

Nous emploierons des *sphères ayant pour centre commun le point de rencontre* (b, b') *des deux axes.*

fig. 58

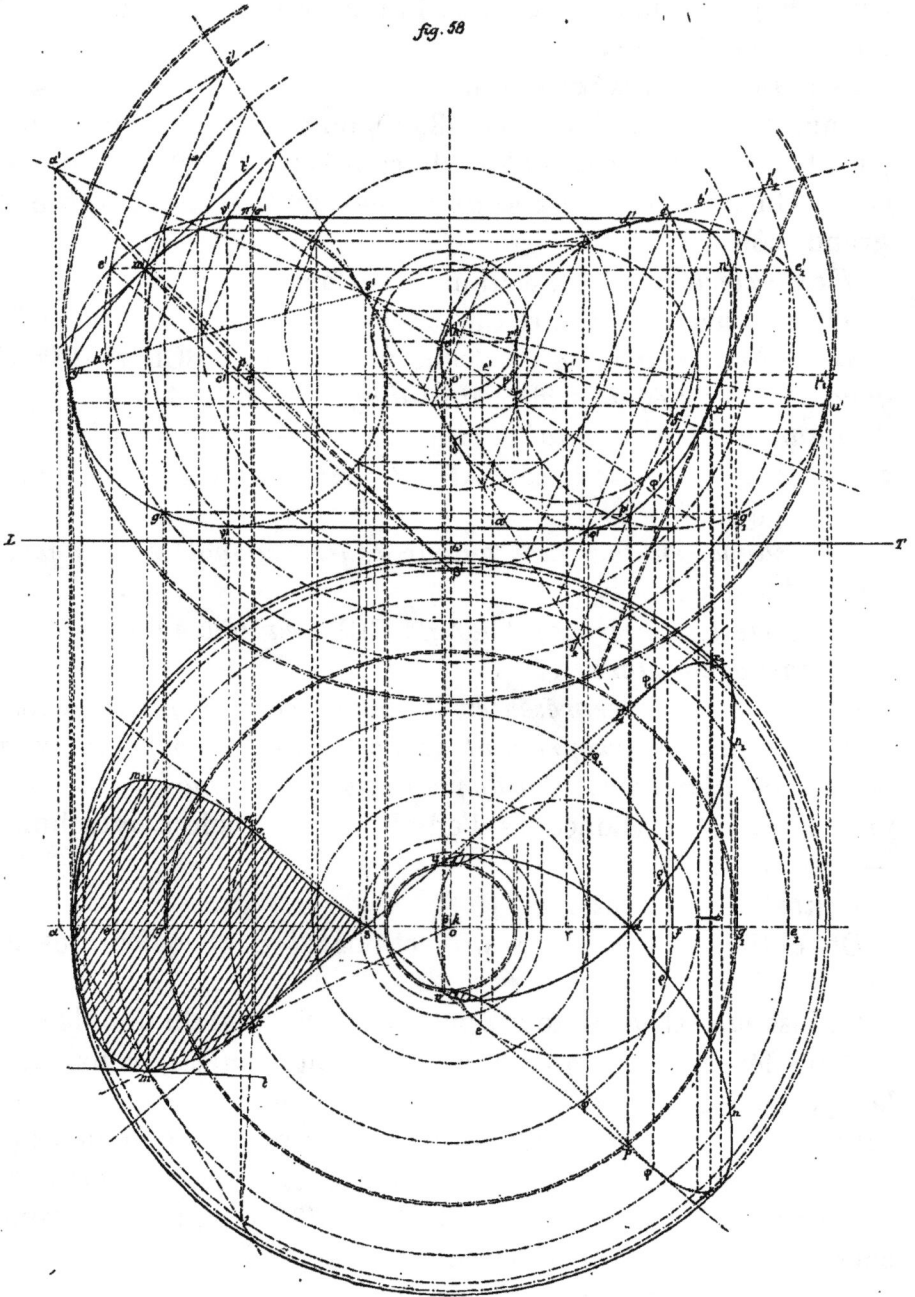

Détermination d'un point quelconque de l'intersection.

La sphère auxiliaire de rayon *be* détermine dans le cône BAC un parallèle projeté horizontalement selon la droite *ef*. Elle détermine dans le tore deux parallèles projetés horizontalement suivant les perpendiculaires menées des points *g* et *h* à la ligne de terre ; les points *n* et *p*, communs à ces perpendiculaires et à la droite *ef*, sont les projections horizontales de quatre points de l'intersection cherchée.

Rabattons le plan vertical *ef* (plan du parallèle du cône) sur le plan horizontal $a'b'$; nous aurons en nn_1 et pp_1 les cotes des points N et P par rapport au plan horizontal $a'b'$; les projections verticales de ces points s'obtiendront alors en prenant $\gamma n' = \gamma v' = nn_1$ et $\delta p' = \delta \pi' = pp_1$.

La sphère de rayon *bi* fournit, d'une manière analogue, les points (m, m') et (m, μ') appartenant à l'intersection du tore et du cône DAC.

Tangente en (m, m').

Nous appliquerons la méthode du *plan normal*.

La normale au tore en (m, m') coupe l'axe au même point (l, l') que la normale en (k, k') ; la normale en (m, m') est, par suite $(ml, m'l')$.

La normale au cône DAC en (m, m') coupe l'axe de la surface au même point (r, r') que la normale au point projeté horizontalement en *q* ; c'est donc la droite $(mr, m'r')$.

D'ailleurs, $(lr, l'r')$ est une horizontale du plan normal ; donc la projection horizontale de la tangente en (m, m') est la perpendiculaire *mt* à *lr*.

Le plan de front qui passe par le point (r, r') coupe le plan normal suivant $(rs, r's')$; par suite, la projection verticale de la tangente en (m, m') est la perpendiculaire $m't'$ à $r's'$.

Points remarquables.

Les sphères auxiliaires limites sont, pour le cône BAC, les sphères de rayons *ba* et *bε*.

La sphère de rayon *ba* fournit les points (u, u'), (u, v') et (c, c'). La sphère de rayon *bε*, *inscrite* dans le tore, donne les points (v, v') et (v, φ') ; en *v*, la projection horizontale de la tangente à l'intersection se confond avec la projection horizontale du parallèle du cône.

Les points situés sur le contour apparent horizontal du double cône sont (c, c') et $(x, \dot{x}')$; ils appartiennent aussi au contour apparent horizontal du tore.

Les points (y, y') et (y, y'_1) appartenant au contour apparent vertical du cône BAC s'obtiennent avec une approximation suffisante en relevant les points où la projection horizontale $b\alpha$ de ces génératrices rencontre la projection horizontale de l'intersection tracée à l'aide des points connus.

Le plan horizontal de projection coupe le cône DAC suivant une branche d'hyperbole $\lambda\theta\eta\zeta$ dont on obtient le sommet η en rabattant le plan vertical do sur le plan horizontal $b'd'$; on prend $o\tau = \omega o'$, on mène la parallèle $\tau\eta_1$ à od et la perpendiculaire $\eta_1\eta$ à do.

La génératrice de contour apparent vertical $(d'\theta', d\theta)$ fournit le point θ ; $\theta\theta'$ est tangente en θ à l'hyperbole $\lambda\theta\eta\zeta$.

Les points λ et ζ s'obtiennent en rabattant le plan vertical ac sur le plan horizontal $a'b'$; on prend $o\omega_1 = \omega o'$, on mène par le point ω_1 la parallèle $\lambda_1\zeta_1$ à ac et on trace les perpendiculaires $\lambda_1\lambda$ et $\zeta_1\zeta$ à ac.

Pour déterminer deux points quelconques, 1 et 2, de cette hyperbole, il suffit de rabattre, comme l'indique la figure, le plan vertical 1, 2, sur le plan horizontal $a'b'$.

La trace horizontale du cône BAC est une hyperbole $\zeta\theta_1\lambda$ identique à l'hyperbole $\zeta\mu\theta\lambda$.

Données numériques.

Dans un cadre de 270^{mm} sur 430^{mm}, on placera la ligne de terre parallèlement aux petits côtés et à 225^{mm} du côté inférieur. On prendra la ligne de rappel oo' à égale distance des grands côtés du cadre.

Titre extérieur : Intersection de surfaces.

Titre intérieur : Tore et double cône.

VII. DEUX TORES.

54. Problème. — *On donne dans un plan un cercle Z et deux droites OA et OB qui se coupent en O (fig. 60). On fait tourner Z autour de OA, puis autour de OB. Trouver la projection de l'intersection de ces deux surfaces sur le plan AOB (Concours d'admission à l'École polytechnique, 1881 — Examen oral).*

Les axes OA et OB des deux tores ZZ_1 et ZZ_2 engendrés par le

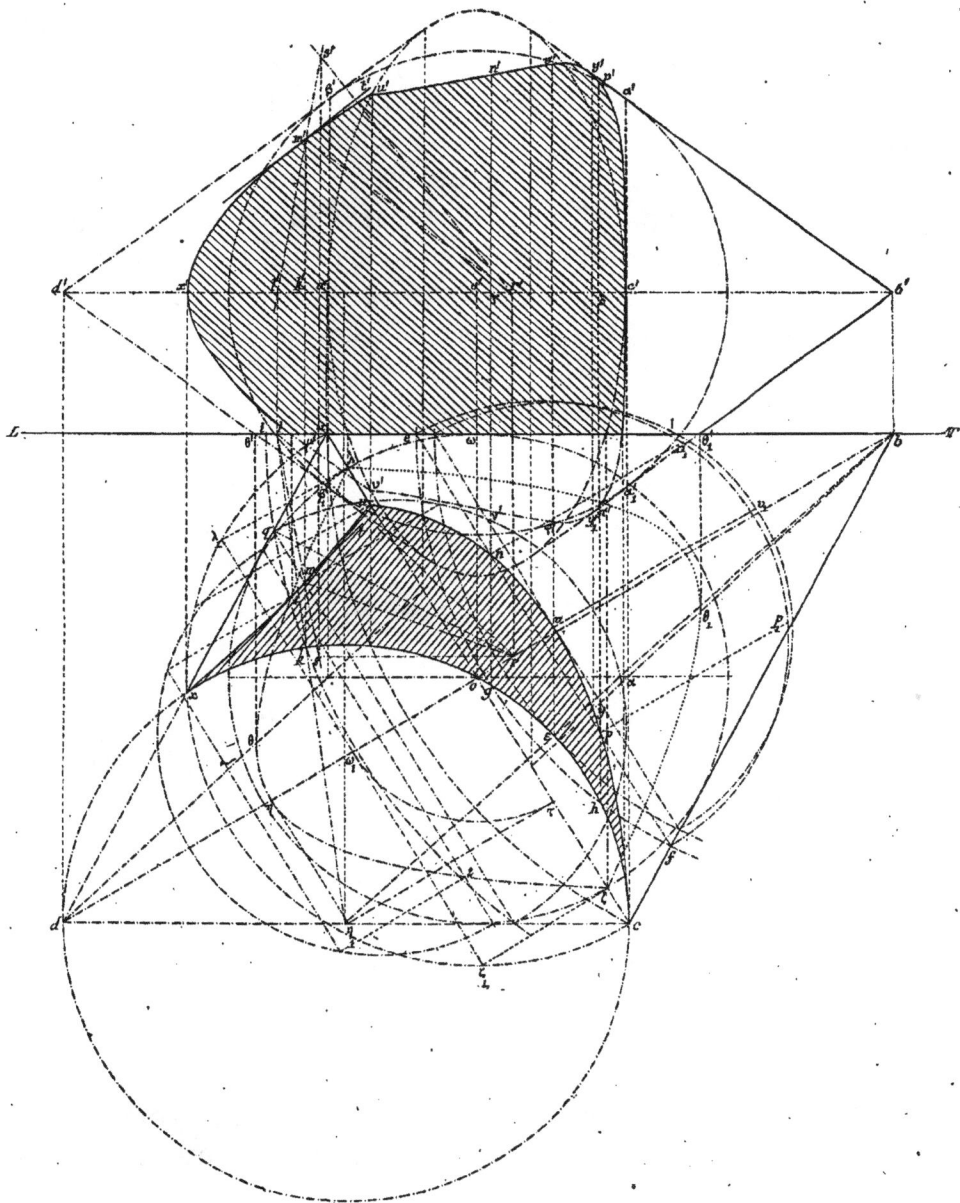

fig. 59

cercle Z se coupant en O, nous emploierons, pour déterminer l'intersection des deux surfaces, *des sphères ayant pour centre commun le point* O.

Soit $\delta\gamma\delta_1\gamma_1$ la projection horizontale d'une sphère auxiliaire.

Cette sphère détermine dans le tore ZZ_1 deux parallèles projetés horizontalement suivant les droites γq et δn. Elle détermine dans le tore ZZ_2 deux parallèles projetés selon $\gamma_1 q$ et $\delta_1 n$: les points communs à ces parallèles appartiennent à l'intersection cherchée.

Les parallèles γq et $\delta_1 n$ se coupent en deux points, B et B_1, symétriques par rapport au plan horizontal AOB, et projetés horizontalement au point b commun aux droites γq et $\delta_1 n$. Les parallèles γq et $\gamma_1 q$ sont tangents en q, et les parallèles δn et $\delta_1 n$ sont tangents en n. La sphère considérée donne donc les quatre points B, B_1, q et n; ces deux derniers appartiennent au cercle Z qui fait d'ailleurs partie de l'intersection des deux surfaces.

Les *sphères auxiliaires limites* sont les sphères Oa et Oh circonscrite et inscrite aux deux tores ; elles fournissent respectivement les points a et h.

La sphère Ot donne les points E, E_1 et t appartenant au parallèle tE de contour apparent horizontal du tore ZZ_1, et le point k.

La sphère Oj fournit les points F, F_1 et j situés sur le parallèle jF de contour apparent horizontal du tore ZZ_2 et le point u.

La sphère auxiliaire Or donne, outre les points r et m, les points C et C_1. La sphère Ol détermine les quatre points D, D_1, l et s.

La *tangente à l'intersection au point* C s'obtient facilement par la méthode du plan normal. La normale au tore ZZ_1 en C coupe l'axe au même point que la normale en r, c'est-à-dire en β. La normale en C au tore ZZ_2 coupe l'axe OB au même point α que la normale en m.

La droite $\alpha\beta$ est la trace horizontale du plan normal en C, donc la projection horizontale de la tangente en C est la perpendiculaire $c\theta$ à $\alpha\beta$.

L'intersection des deux tores se compose de la circonférence Z et de la courbe a BCDEF h $F_1E_1D_1C_1B_1a$, symétrique par rapport au plan AOB et projetée sur ce plan suivant *abcdefh*.

Données numériques.

Dans un cadre de 270^{mm} sur 430^{mm}, on prendra le point O au milieu du cadre. OZ = 77^{mm}. Le rayon de la circonférence Z vaut 46^{mm} et les distances du centre Z aux deux droites OA et OB sont, respectivement, 74^{mm} et 65^{mm}.

Titre extérieur : Intersection de surfaces.

Titre intérieur : Tores.

55. Problème. — *Par un point* (ω, ω') *situé dans le premier dièdre à* 100^{mm} *de chacun des plans de projection, on conduit une parallèle à la ligne de terre et une verticale* (fig. 61).

La parallèle à la ligne de terre est l'axe d'un tore dont le cercle méridien (o, o') *tangent à cet axe en* (ω, ω') *a* 45^{mm} *de rayon.*

La verticale est l'axe d'un autre tore concentrique au premier et dont le rayon du cercle méridien (o_1, o'_1), *égal à celui de son collier, vaut* 30^{mm}.

On demande de construire les deux projections de l'intersection des surfaces ainsi définies (Concours d'admission à l'École centrale — *1880, 2e session*).

On déduit aisément des données que *les cercles méridiens des deux tores sont tangents en* (e', e).

Cela posé, la détermination des *contours apparents* des deux surfaces ne présente aucune difficulté.

1° *Surfaces auxiliaires.*

Les deux surfaces considérées sont de révolution et leurs axes se coupent en (ω, ω'); nous emploierons donc des *sphères ayant pour centre commun le point* (ω, ω').

2° *Détermination d'un point quelconque de l'intersection.*

La sphère auxiliaire ($\omega'u'$, ωu) coupe le tore C'_1C_1 suivant deux parallèles projetés verticalement en $u'v'$ et $u'_1v'_1$, et, horizontalement, selon la circonférence $ubkv$. Cette même sphère détermine dans le tore $C'C$ les deux parallèles ($u'_2v'_2$, xy) et ($u'_3v'_3$, x_1y_1).

Les points (b', b), (b', b_1), (j', b), (j', b_1), (k', k) (k', k_1), (t', k) et (t', k_1) sont huit points de l'intersection cherchée. Ils sont symétriques deux à deux par rapport au plan horizontal, au plan de front et au plan de profil qui passent par le centre (ω, ω') des deux tores.

3° *Tangente à l'intersection en* b.

fig. 60

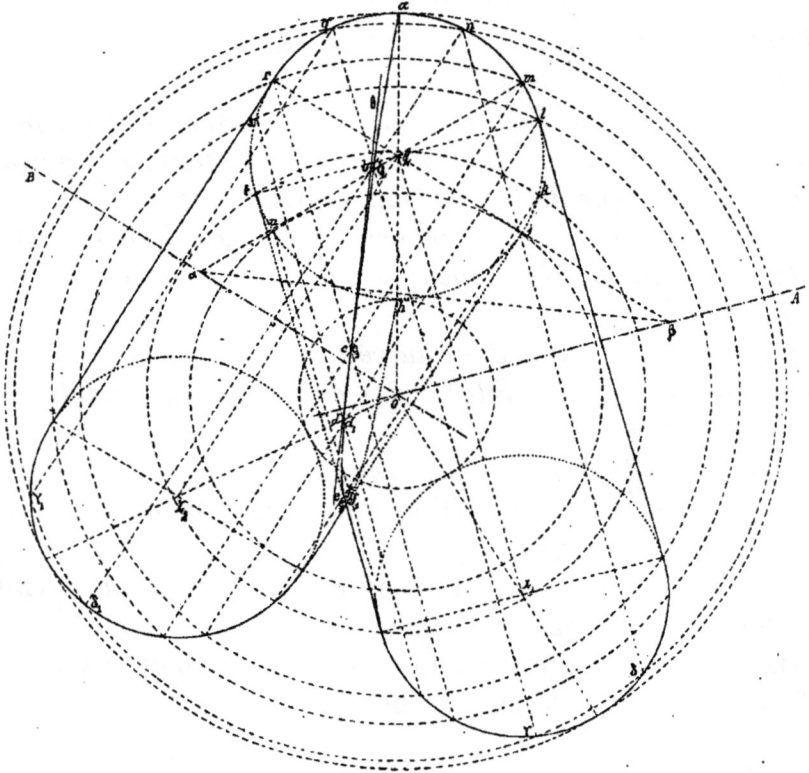

Nous appliquerons la *méthode du plan normal*.

La normale en (b, b') au tore $C_1C'_1$ rencontre son axe au même point (α', α) que la normale en (u', u) ; la normale en (b, b') est donc $(b\alpha, b'\alpha')$. La normale en (b, b') au tore CC' coupe son axe au même point (β', β) que la normale en (u'_2, u_2). $(\alpha'\beta', \alpha\beta)$ est une ligne de front du plan normal en (b, b') aux deux tores, donc la projection verticale de la tangente cherchée est la perpendiculaire $b'\theta'$ à $\alpha'\beta'$.

Le plan horizontal qui passe par le point (ω, ω') coupe le plan normal suivant la droite $(\beta'\gamma', \beta\gamma)$, donc la projection horizontale de la tangente à l'intersection en $(b'; b)$ est la perpendiculaire $b\theta$ à $\beta\gamma$.

Déterminons maintenant les *points remarquables* de l'intersection.

4° *Points situés sur le contour apparent vertical du tore* $C_1C'_1$.

On les obtient en prenant pour sphère auxiliaire la sphère $(\omega'\delta', \omega\delta)$.

Elle fournit les points (c', c), (c', c_1), (l', l), (l', l_1), (i', c), (i', c_1), (s', l), et (s', l_1).

Il faut y joindre les quatre points (e', e), (g', e), (n', n) et (q', n) qui appartiennent aussi au contour apparent vertical du tore CC'. En chacun de ces quatre points, les deux tores sont tangents.

5° *Points appartenant au contour apparent vertical du tore* CC'.

On les détermine en considérant la sphère auxiliaire $(\omega'\varepsilon', \omega\varepsilon)$. Les points cherchés sont : (d', d), (d', d_1), (m', m), (m', m_1), (h', d), (h', d_1), (r', m) et (r', m_1).

6° *Points situés sur le contour apparent horizontal du tore* $C_1C'_1$.

Il faut considérer successivement les deux sphères $(\omega'\nu', \omega\nu)$ et $(\omega'\mu', \omega\mu)$.

La sphère $(\omega'\nu', \omega\nu)$ est tangente au tore $C_1C'_1$ suivant le cercle de gorge $(\nu'\nu'_1, \nu f\nu_1)$ et coupe le tore CC' suivant les deux parallèles $(\varphi'\varphi'_1, ff_1)$ et $(\psi'\psi'_1, pp_1)$; les points cherchés sont donc (f', f), (f', f_1), (p', p) et (p', p_1).

La sphère $(\omega'\mu', \omega\mu)$ est tangente au tore $C_1C'_1$ suivant l'équateur $(\mu'\mu'_1, \mu\mu_1)$ et au tore CC' suivant son équateur projeté verticalement en $\pi'\pi'_1$; elle fournit les points (a', a) et (a', a_1).

Ces deux points sont des *points doubles* de l'intersection.

7° *Construction des tangentes au point double* (a', a).

Nous allons chercher l'équation de la projection verticale de l'intersection.

Prenons pour plan des xy, des xz et des yz, le plan horizontal, le plan de front et le plan de profil qui passent par le centre (ω, ω') des deux tores.

En désignant par r le rayon du cercle $C_1 C'_1$ et par l la distance de son centre (o_1, o'_1) à l'origine des coordonnées (ω, ω'), l'équation du tore $C_1'C_1$ est

$$\left(\sqrt{x^2 + y^2} - l\right)^2 + z^2 = r^2 \qquad (A)$$

En désignant le rayon du cercle CC' par r', l'équation du tore dont l'axe est parallèle à la ligne de terre est

$$\left(\sqrt{z^2 + y^2} - r'\right)^2 + x^2 = r'^2 \qquad (B)$$

faisant $\qquad\qquad l = 60,\ r = 30$ et $r'' = 45$

les deux équations précédentes deviennent

$$x^2 + y^2 + z^2 - 120\sqrt{x^2 + y^2} + 2700 = 0 \qquad (A_1)$$

et

$$x^2 + y^2 + z^2 - 90\sqrt{z^2 + y^2} = 0 \qquad (B_1)$$

L'équation de la projection de l'intersection sur le plan de front xoz (projection égale à la projection verticale de l'intersection) s'obtient en éliminant y entre les équations (A_1) et (B_1).

On trouve aisément

$$(16z^2 - 9x^2)^2 + 129600 z^2 - 64800 x^2 = 0 \qquad (C)$$

L'équation qui représente le système des tangentes à l'origine s'obtient en égalant à zéro l'ensemble des termes du degré le moins élevé; cette équation est donc

$$2z^2 - x^2 = 0$$

ou

$$z = \pm \frac{\sqrt{2}}{2} x$$

Il résulte de là que, pour obtenir les projections verticales des tangentes en (a', a), il suffit de prendre

$$o'_1 \rho' = o'_1 \rho'_1 = v'z$$

et de joindre $a'\rho'$ et $a'\rho'_1$. Les deux tangentes sont projetées horizontalement suivant la parallèle à LT menée par le point a.

Données numériques.

Dans un cadre de 270^{mm} sur 430^{mm}, on prendra LT parallèlement aux petits côtés et à égale distance de chacun d'eux. On placera la ligne de rappel $\omega\omega'$ à égale distance des grands côtés du cadre.

Titre extérieur : Intersection de surfaces.

Titre intérieur : Tores concentriques.

VIII. HYPERBOLOÏDE DE RÉVOLUTION A UNE NAPPE ET SPHÈRE.

56. Problème. — *Intersection d'une sphère et d'un hyperboloïde de révolution à une nappe définis de la manière suivante :*

L'axe de l'hyperboloïde est vertical, la plus courte distance de la génératrice à cet axe est de 15 millimètres et l'angle que fait la génératrice avec l'axe est de 45°.

La sphère passe par le centre du cercle de gorge, elle a son centre sur l'hyperboloïde, à 3 centimètres du plan du cercle de gorge et dans le plan méridien parallèle au plan vertical de projection.

On construira la tangente en un point de la courbe d'intersection. (Concours d'admission à l'École centrale — 1862).

Hyperboloïde. — Soit $(oz, o'z')$ l'axe de l'hyperboloïde (fig. 62). La projection horizontale du collier de la surface est la circonférence décrite du point o comme centre avec un rayon égal à 15^{mm}. La génératrice de l'hyperboloïde, lorsqu'elle est parallèle au plan vertical, se projette horizontalement suivant la droite hg

tangente au cercle oh et parallèle à LT ; et, verticalement, suivant $h'g'$, faisant un angle de 45° avec la ligne de terre. La trace horizontale de la surface est le cercle de centre o et de rayon og, et son contour apparent vertical est l'hyperbole ayant pour axe transverse $b'd'$ et pour asymptotes $g'h'$ et $l'n'$ (Voir notre *Cours*, IIe vol., 2e fasc., chapitre VII).

Sphère. — Le plan horizontal P', mené à 3cm au-dessus du plan du cercle de gorge, coupe l'hyperboloïde suivant le parallèle décrit par le point (e', e) de la génératrice $(g'h', gh)$. Ce parallèle, projeté horizontalement suivant la circonférence de centre o et de rayon oe, coupe le méridien principal de l'hyperboloïde en (c, c') : le point (c, c') est le centre de la sphère considérée. Puisque cette sphère passe par le centre du cercle de gorge, son rayon est égal à $c'o'$; ses contours apparents sur les deux plans de projection sont alors les circonférences décrites des points c' et c comme centres avec un rayon égal à $c'o'$.

Première méthode. — Pour déterminer l'intersection de l'hyperboloïde et de la sphère, observons que, la sphère étant de révolution autour de la verticale qui passe par son centre (c', c), les deux surfaces ont leurs axes parallèles et perpendiculaires au plan horizontal. On peut alors employer, comme surfaces auxiliaires, des *plans horizontaux*.

Le plan horizontal R' (fig. 63) coupe l'hyperboloïde suivant le parallèle décrit par le point (f', f), et, la sphère, suivant le parallèle $(d'e', dm\ em_1)$; les points (m, m') et (m_1, m'), communs à ces deux parallèles, appartiennent à l'intersection cherchée.

La *tangente à l'intersection* en (m, m') est l'intersection des plans tangents en ce point aux deux surfaces. Le plan tangent à l'hyperboloïde en (m, m') est déterminé par les génératrices de systèmes différents qui passent par (m, m'). Ces génératrices sont projetées horizontalement suivant les tangentes mh_1g_1 et mh_2l_1 au cercle ab. D'ailleurs, le point (m', m) étant au-dessus du plan du collier, la génératrice de système GH a sa trace horizontale en g_1 et la génératrice de système LN a sa trace horizontale en l_1 (voir notre *Cours*, IIe vol., 2e fasc., chap. VII, § II). La trace horizontale du plan tangent en (m, m') à l'hyperboloïde est, par suite, g_1l_1.

Le plan tangent à la sphère en (m, m') est perpendiculaire à

fig. 61

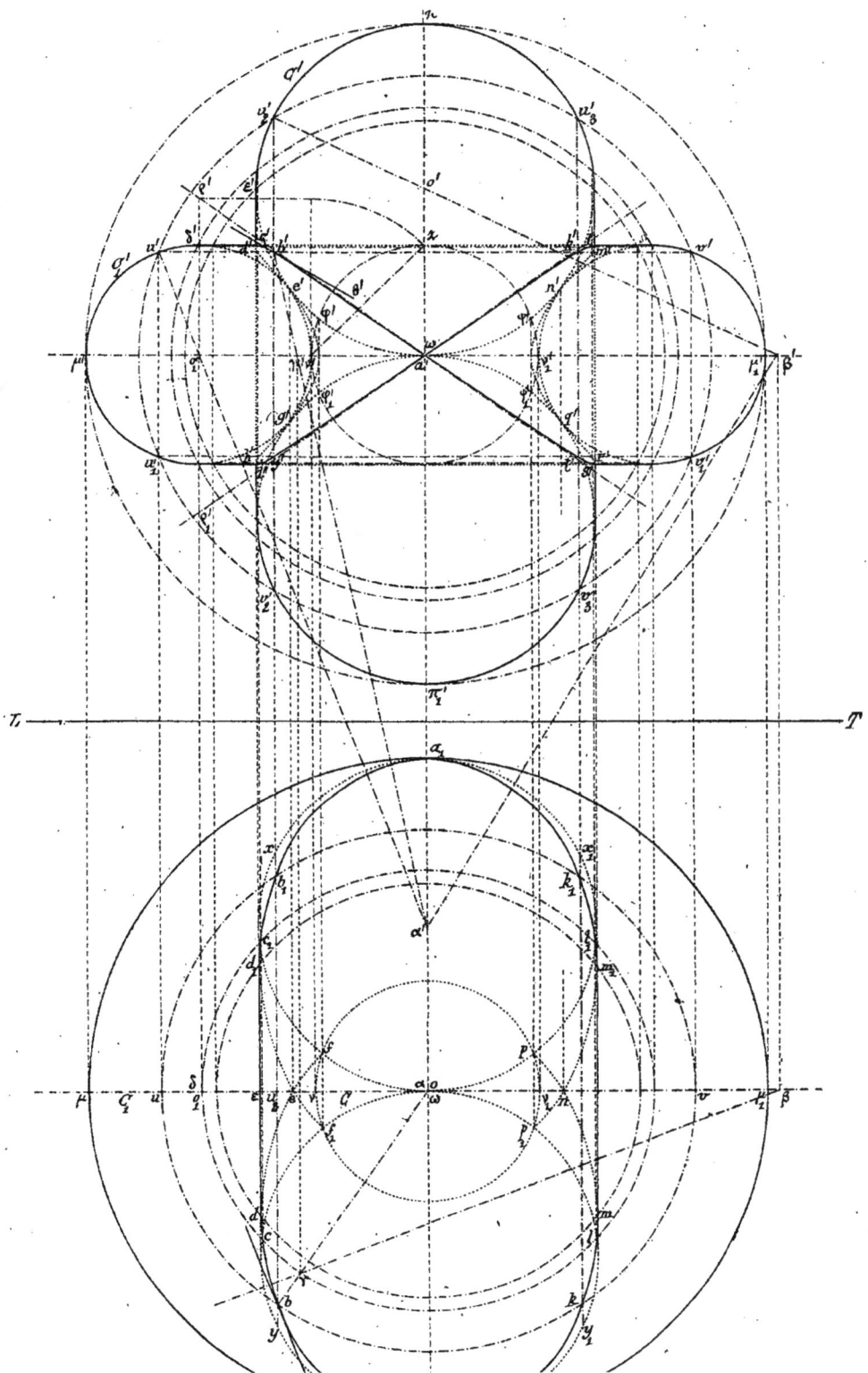

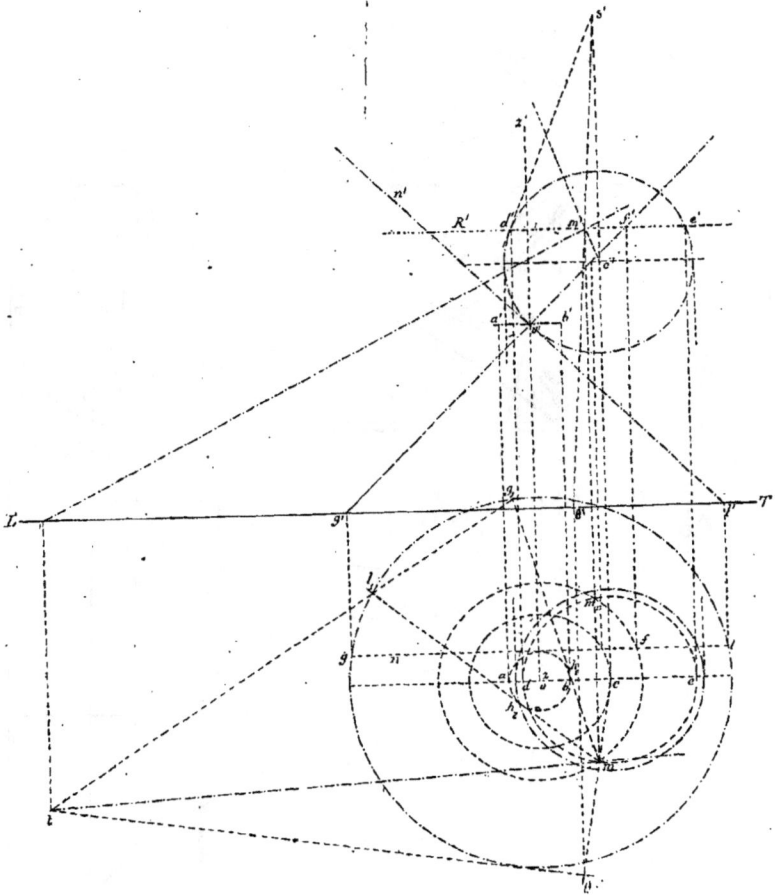

fig. 63

Librairie Ch. Delagrave.

menée par (m, m') n'étant pas dans les limites de l'épure, nous avons considéré le cône circonscrit à la sphère suivant le parallèle $(dme, d'e')$. Le plan tangent à la sphère en (m, m') contient la génératrice $(s'm', cm)$; la trace horizontale θ de cette génératrice appartient à la trace horizontale du plan tangent qui est, dès lors, la perpendiculaire θt à cm.

Le point t, commun aux traces horizontales $g_1 l_1$ et θt des deux plans tangents est la trace horizontale de la tangente à l'intersection en (m, m'). Cette tangente est, par suite, la droite $(tm, t'm')$.

On pourrait employer la méthode du *plan normal* (voir ci-dessous : Deuxième Méthode).

57. Deuxième méthode. — La sphère étant de révolution autour d'un quelconque de ses diamètres, on peut prendre pour axe de la sphère donnée la droite qui joint son centre (c', c) à un point quelconque (i', i) de l'axe de l'hyperboloïde (fig. 64).

Les deux surfaces ont alors leurs axes concourants, et l'on peut employer, comme surfaces auxiliaires, des sphères ayant pour centre commun le point (i', i).

La sphère auxiliaire de rayon $i'd'$ coupe la sphère donnée suivant un cercle projeté verticalement selon la droite $d'e'$. Elle coupe l'hyperboloïde suivant les parallèles $(f'm'k', fmk)$ et $(u'n'p', unp)$. Les points (m', m), (m', m_1), (n', n) et (n', n_1) sont quatre points de l'intersection cherchée.

La *tangente en* (m, m') peut s'obtenir par la méthode du plan normal.

La normale à la sphère en (m, m') est la droite $(cm, c'm')$.

La normale à l'hyperboloïde en (m, m') coupe l'axe de la surface au même point que la normale en (f', f). Pour construire cette dernière normale, menons par f' une parallèle $f'v'$ à $g'h'$, prenons $v'r' = v'h'$ et joignons $r'f'$; $r'f'$ est tangente en f' à l'hyperbole $f'c'u'$, donc la normale en (f', f) est projetée verticalement suivant la perpendiculaire $f'\omega'$ à $r'f'$; sa projection horizontale est fo.

$(\omega'c', oc)$ est une ligne de front du plan normal aux deux surfaces en (m, m'), donc la projection verticale de la tangente à l'intersection en (m, m') est la perpendiculaire $m't'$ à $\omega'c'$.

Le plan de l'équateur de la sphère coupe le plan normal suivant la droite $(c'\alpha', c\alpha)$: la projection horizontale de la tangente à l'intersection en (m, m') est la perpendiculaire mt à cα.

Remarque. — Nous avons obtenu les parallèles d'intersection de la sphère auxiliaire (i', i) avec l'hyperboloïde à l'aide des.

fig. 65

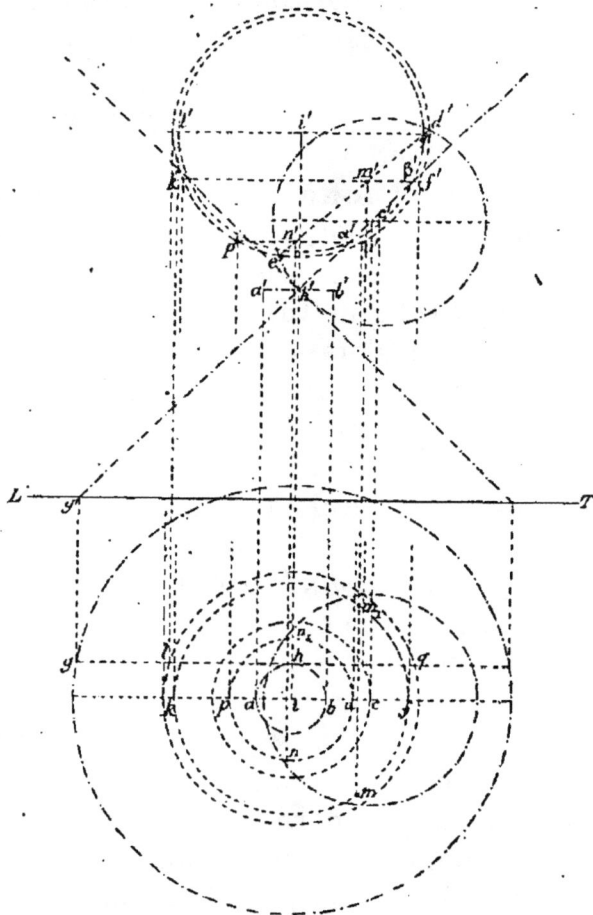

points (f' et u') communs aux contours apparents verticaux des deux surfaces.

On peut se dispenser de construire le contour apparent vertical de l'hyperboloïde, en déterminant les points de rencontre de la sphère avec la génératrice principale (gh, g'h') de l'hyperboloïde (fig. 65).

Le plan de front gh coupe la sphère (i, i') suivant la circonfé- .

fig. 64

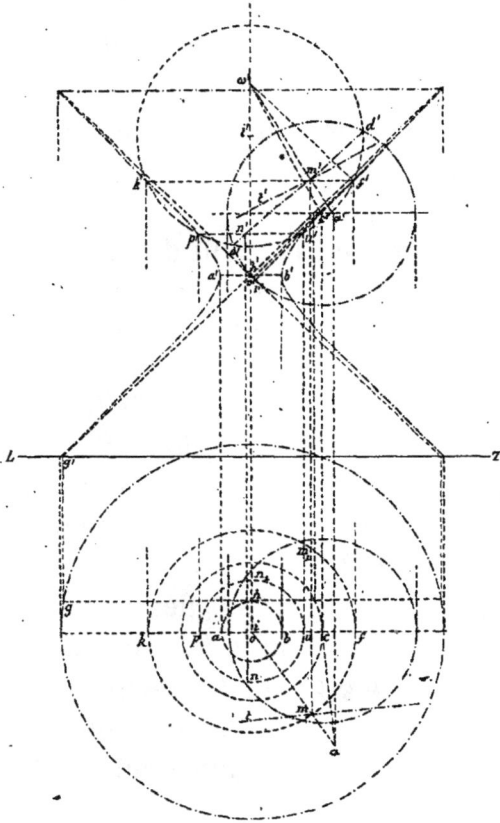

rence $(lh\hat{q},\ l'\alpha'\beta')$. Les points communs à la sphère $(i,\ i')$ et à la génératrice $(gh,\ g'h')$ sont donc projetés verticalement en α' et en β'. Ils appartiennent aux parallèles communs à la sphère $(i,\ i')$. et à l'hyperboloïde ; ces parallèles sont par suite $(\alpha'n'p',\ pnun_1)$ et $(\beta'm'k',\ fmkm_1)$.

Les points de l'intersection cherchée, situés sur ces parallèles, sont : $(n\ n',),\ (n',\ n_1)$ et $(m',\ m),\ (m',\ m_1)$.

58. Troisième méthode. — On peut encore prendre, pour surfaces auxiliaires, des *sphères inscrites dans l'hyperboloïde* (fig. 62).

Construisons, comme nous venons de l'expliquer (2ᵉ Méthode), la normale $f'\omega'$ à l'hyperbole $f'c'd'a'_1$, et considérons la sphère inscrite ayant pour centre le point $(\omega',\ o)$.

Cette sphère touche l'hyperboloïde suivant le parallèle $(f'm'k',\ fmk)$ et coupe la sphère donnée $(c',\ c)$ suivant une circonférence projetée verticalement selon la droite $r'\ s'$. Le point m' commun aux deux droites $f'm'k'$ et $r'm's'$, est la projection verticale de deux points de l'intersection projetés horizontalement en m et m_1 sur la circonférence fmk.

De plus, en vertu du théorème des surfaces inscrites (5), *la droite $r'm's'$ est tangente en m' à la projection verticale de l'intersection de l'hyperboloïde et de la sphère.*

La projection horizontale de la tangente à l'intersection en $(m,\ m')$ s'obtient comme précédemment (2ᵉ Méthode) ; c'est la perpendiculaire mt à la droite $c\alpha$.

La sphère inscrite suivant le parallèle $(c'u',\ cpu)$ donne les points de l'intersection $(p',\ p)$ et $(p',\ p_1)$, appartenant au contour apparent horizontal de la sphère.

La sphère inscrite suivant le cercle de gorge $(b'd',\ bvd)$ fournit les points $(v',\ v)$ et $(v',\ v_1)$ situés sur le contour apparent horizontal de l'hyperboloïde.

Sommet de la projection verticale. — Les deux surfaces considérées sont du second degré et de révolution ; l'une de ces surfaces est une sphère, donc la projection de leur intersection sur le plan OZC est une *parabole* (voir notre *Cours*, IIᵉ vol., 2ᵉ fasc., nᵒ 136).

Le plan OZC étant de front, *la projection verticale $m'p'v'$ de l'intersection est une parabole ;* on sait, de plus, que l'axe de cette parabole est perpendiculaire à $o'z'$. Il résulte de là que la tangente au sommet est parallèle à $o'z'$.

Or, la tangente $r's'$ en un point quelconque m' de la projection verticale est perpendiculaire à $c'\omega'$; donc, pour que la tangente soit parallèle à $o'z'$, il faut prendre le point ω' au pied de la perpendiculaire menée de c' à $o'z'$, c'est-à-dire en β'.

La sphère auxiliaire inscrite dont le centre est projeté verticalement en β' touche l'hyperboloïde suivant le parallèle ($\gamma'\delta'$, $\gamma x \delta x_1$) et coupe la sphère donnée suivant une circonférence projetée verticalement en $\mu'x'\nu'$: x' est le *sommet* de la projection verticale de l'intersection et $\delta'\gamma'$ en est l'*axe*.

Données numériques.

Dans un cadre de 270^{mm} sur 430^{mm}, on placera la ligne de terre parallèlement aux petits côtés et à 200^{mm} du côté inférieur. On prendra la ligne de rappel oo' à égale distance des grands côtés du cadre, et le point o à 85^{mm} de la ligne de terre. $hg = 90^{mm}$.

Titre extérieur : Intersection de surfaces.

Titre intérieur : Hyperboloïde et sphère.

59. Problème. — *On donne deux points* A *et* B *situés sur une droite verticale ; le point* A *est à* $0^m,06$ *au-dessus du plan horizontal de projection et le point* B *à* $0^m,02$ *au-dessus du point* A (fig. 66).

La verticale AB *est l'axe d'un hyperboloïde de révolution ; le cercle de gorge a pour centre le point* A *et pour rayon* $0^m,04$; *le parallèle* P, *qui a pour centre le point* B *a son rayon égal à* $0^m,05$.

On prend, sur le cercle P, *un point* C *tel que le rayon* BC *soit incliné à* 45° *sur le plan vertical de projection ; puis, on décrit une sphère ayant pour centre le point* C *et pour rayon* $0^m,08$.

On demande de représenter le solide compris entre la surface de l'hyperboloïde, le plan du parallèle P *et le plan horizontal de projection, en supposant enlevée la partie de ce corps qui est comprise dans la sphère* (Concours d'admission à l'École polytechnique — 1877).

Contours apparents.

Le cercle de gorge de l'hyperboloïde est projeté horizontalement suivant la circonférence *dhe* décrite du point a comme centre avec un rayon de $0^m,04$, et, verticalement, suivant la parallèle $d'h'e'$ à la ligne de terre.

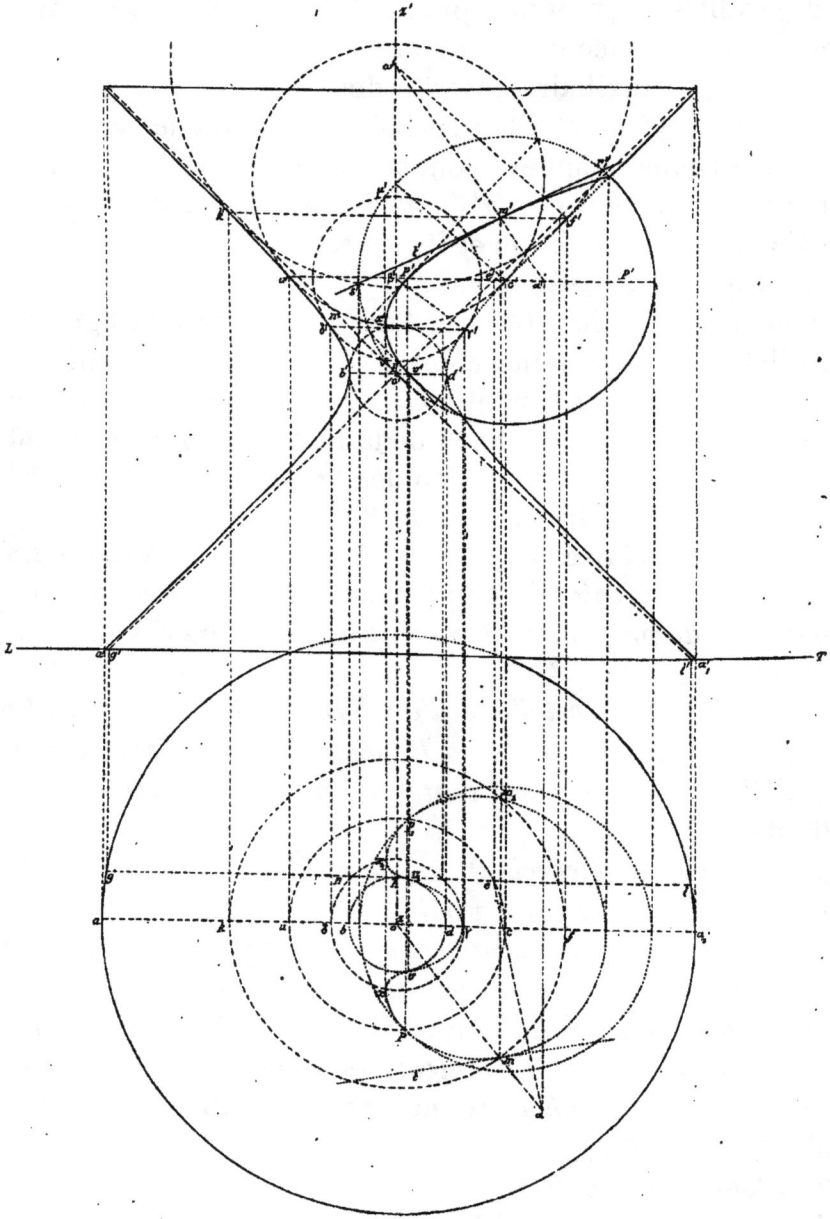

fig.62

La génératrice principale est projetée horizontalement suivant la droite gh tangente à la circonférence de et parallèle à LT. Pour déterminer la projection verticale de cette génératrice, remarquons qu'elle coupe le parallèle (P, P') en un point projeté horizontalement en f et, verticalement, à l'intersection f' de la ligne de rappel du point f avec la droite P' ; joignons $f'h'$, c'est la projection verticale de la génératrice principale.

Déterminons la trace horizontale (g', g) de $(f'h', fh)$. Le cercle décrit, dans le plan horizontal, du point a comme centre avec ag pour rayon est la trace horizontale de l'hyperboloïde.

On déduit aisément de là le contour apparent vertical de la surface.

Les contours apparents de la sphère sont deux circonférences décrites des points c' et c comme centres avec un rayon de $0^m,08$. La sphère est d'ailleurs tangente au plan horizontal en c.

Surfaces auxiliaires.

Nous couperons les deux surfaces par des *plans horizontaux*.

Détermination d'un point quelconque de l'intersection.

Le plan horizontal Q' détermine dans l'hyperboloïde le parallèle $(\delta'm', \delta mm_1)$ et, dans la sphère, le parallèle $(\varepsilon'm'\mu', \varepsilon m\mu m_1)$. Les points (m, m') et (m_1, m'_1), communs à ces deux parallèles, sont deux points de l'intersection cherchée.

Tangente à l'intersection en (m, m').

Nous la construirons par la méthode du *plan normal*.

La normale à l'hyperboloïde en (m, m') coupe l'axe de la surface au même point que la normale en (π, π'). Menons la parallèle $\pi'\nu'$ à l'asymptote $l'h'$; prenons, sur l'asymptote $g'h'$, la longueur $\nu'\rho'$ égale à $h'\nu'$ et joignons $\rho'\pi'$. $\rho'\pi'$ est tangente en π' à l'hyperbole $e'\pi'k'_1$, donc la projection verticale de la normale à l'hyperboloïde en (π', π) est la perpendiculaire $\pi'i'$ à $\rho'\pi'$. La normale à l'hyperboloïde en (m, m') est alors $(i'm'; im)$.

La normale au cône est $(c'm', cm)$.

Le plan horizontal P' coupe le plan normal CIM suivant la droite $(c'\gamma', c\gamma)$: la projection horizontale de la tangente à l'intersection en (m, m') est la perpendiculaire mt à $c\gamma$.

Le plan de front $c\varepsilon$ détermine dans le plan CIM la droite $(c\beta, c'\beta')$; la projection verticale de la tangente est la perpendiculaire $m't'$ à $c'\beta'$.

Points remarquables.

Ce sont :

1° Les points (n, n') et (n_1, n'_1) situés sur l'équateur de la sphère.

2° Les points (q, q') et (q_1, q'_1) qui appartiennent au cercle de gorge de l'hyperboloïde.

3° Le point le plus bas (r, r') situé dans le plan vertical de symétrie ac. On fait tourner ce plan autour de la verticale AB jusqu'à l'amener à coïncider avec le plan du méridien principal de l'hyperboloïde. Le centre (c, c') de la sphère vient en (c_1, c'_1) et le cercle déterminé dans la sphère par le plan vertical ac se projette verticalement, après la rotation, suivant le cercle $c'_1 r'_1$ décrit du point c'_1 comme centre avec un rayon de $0^m, 08$. D'autre part, l'intersection du plan vertical ac avec l'hyperboloïde se confond, après la rotation, avec le méridien principal de l'hyperboloïde, donc le point le plus bas est projeté verticalement, après la rotation, à l'intersection de la circonférence $c'_1 r'_1$ avec l'hyperbole $c'_1 d' k'$; sa projection horizontale est r_1, sur ak.

On en déduit (r, r') en ramenant le plan de symétrie dans sa première position ac.

4° Le point (s', s) situé sur le contour apparent vertical de l'hyperboloïde et déterminé au moyen du plan de front au.

5° Les points (v, v') et (x, x') appartenant au contour apparent vertical de la sphère. On les obtient, avec une approximation suffisante, en menant les lignes de rappel des points v et x où la droite $\varepsilon\beta$ est coupée par la projection horizontale de l'intersection.

Données numériques.

Dans un cadre de 270^{mm} sur 430^{mm}, placer LT parallèlement aux petits côtés et à 210^{mm} du côté inférieur.

Prendre le point α à égale distance des grands côtés du cadre, et $\alpha a = 75^{mm}$.

Titre extérieur : Intersection de surfaces.

Titre intérieur : Hyperboloïde et sphère.

60. Problème. — *On propose de construire les projections des lignes d'intersection d'un hémisphère et des faces d'un cube avec un hyperboloïde de révolution à une nappe (fig. 67).*

Le cube, dont le côté a $0^m, 20$ de longueur, dont la face infé-rieure et la face postérieure sont respectivement situées dans les

fig. 66

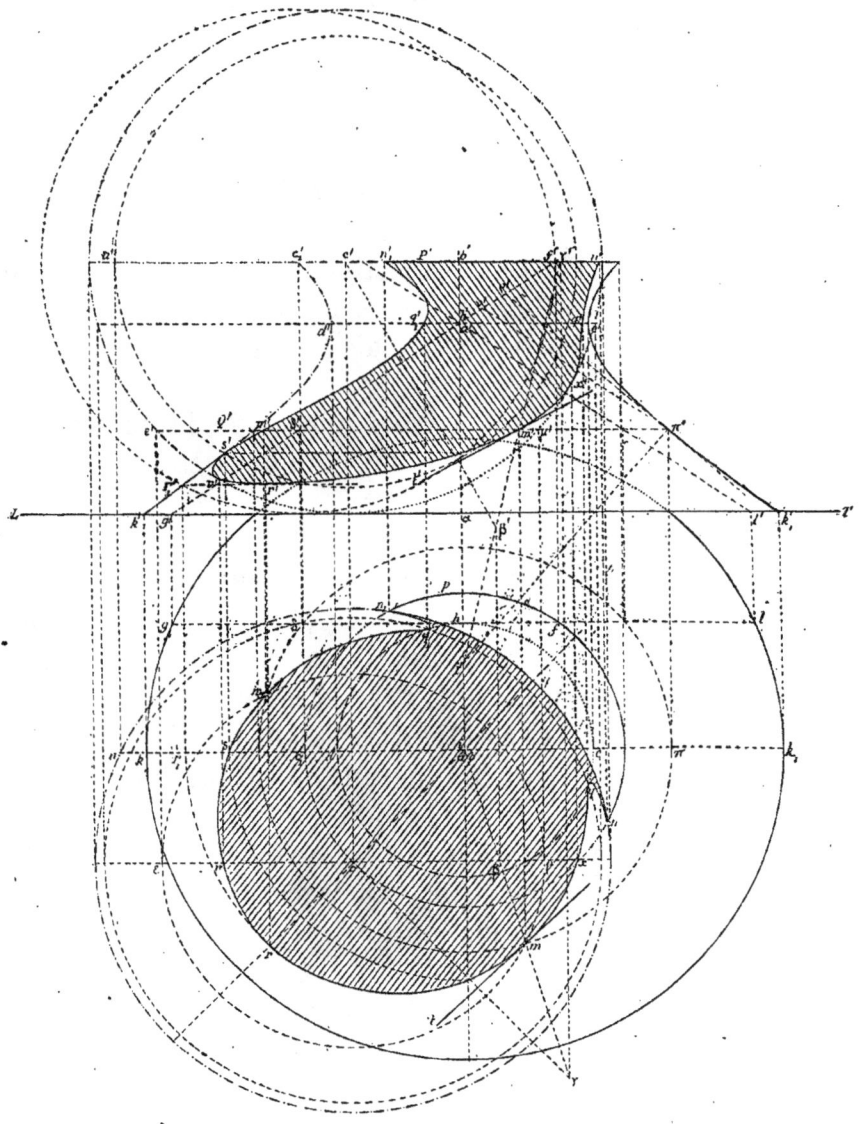

deux plans de projection, contient entièrement l'hémisphère ; cet hémisphère a pour base le cercle (o, o') *inscrit dans la face antérieure du cube.*

L'hyperboloïde a son axe vertical OA *à* 0^m, 135 *du plan vertical de projection et à égale distance des faces de profil du cube; la cote du centre* A *de cette surface est* 0^m, 132 ; *les rayons de son collier et de sa trace horizontale ont respectivement* 0^m, 035 *et* 0^m, 100 *de longueur.*

Dans la mise à l'encre, on supposera que le cube existe seul, qu'il est solide et qu'on a enlevé la partie de ce corps comprise dans l'hémisphère et dans l'hyperboloïde (Concours d'admission à l'École centrale — 1881, 1re session).

En menant au cercle ωb, projection horizontale du collier, une tangente *cbd* parallèle à LT et en joignant *c'a'* et *d'a'*, on obtient les génératrices principales des deux systèmes de l'hyperboloïde.

Pour déterminer *un point* quelconque de l'intersection de l'hémisphère et de l'hyperboloïde, coupons les deux surfaces par un *plan horizontal* P'.

Ce plan coupe l'hyperboloïde suivant la circonférence décrite par le point (e', e) de la génératrice principale (cb, c'a') et l'hémisphère selon la demi-circonférence (f'm'g', fmg). Les points (m, m') et (n, n') communs aux deux circonférences appartiennent à l'intersection des deux surfaces.

La tangente en (m, m') s'obtient aisément par la méthode du plan normal. On construit comme aux n^os précédents (57 et 59) la normale (β'm', βm) à l'hyperboloïde ; (β', β) est le point où la normale en (α', α) coupe l'axe de la surface. La normale à la sphère en (m, m') est (om, o'm'). La trace horizontale du plan normal est γδ, donc la projection horizontale de la tangente est la perpendiculaire *mt* à γδ.

Le plan de front ωε coupe le plan normal suivant (βε, β'ε') ; la projection verticale de la tangente est alors la perpendiculaire *m't'* à β'ε'.

Le plan horizontal *h'i'* donne les points (p, p') et (q, q') situés sur le contour apparent horizontal de l'hémisphère.

Le plan horizontal *j'k'* fournit les points (r', r) et (s', s) appartenant au contour apparent horizontal de l'hyperboloïde.

Les points situés sur le contour apparent vertical de l'hyperboloïde s'obtiennent en prenant pour plan auxiliaire le plan de front $\alpha\varepsilon$. Ce plan coupe la sphère suivant la circonférence ($luvl_1$, $l'u'v'l'_1$) et l'hyperboloïde selon l'hyperbole de contour apparent vertical.

Les points cherchés sont donc projetés verticalement en u', v', u'_1 et v'_1 ; on en déduit u, v, u_1 et v_1 sur $\alpha\varepsilon$.

Pour obtenir les points qui appartiennent au contour apparent vertical de l'hémisphère, il faut prendre pour plan auxiliaire le plan de front hi. Ce plan détermine dans l'hyperboloïde une hyperbole ($\eta\zeta\theta\zeta_1\eta_1$, $\eta'\zeta'\theta'\zeta'_1\eta'_1$), qui coupe le cercle ($o,o'$) aux points cherchés ($x'$, x) et (y', y). Nous avons construit le sommet (θ', θ) de l'hyperbole en remarquant que sa cote est la même que celle du sommet (θ'_1, θ_1) de l'hyperbole déterminée par le plan de profil $\theta_1\theta'_1$, tel que $\omega\theta_1 = \omega\theta$.

Le point de l'intersection situé dans le plan de profil qui contient l'axe de l'hyperboloïde s'obtient en rabattant ce plan sur le plan de front $\alpha\varepsilon$.

Après ce rabattement, la demi-circonférence déterminée dans l'hémisphère et l'hyperbole déterminée dans l'hyperboloïde par le plan de profil se projettent verticalement suivant la demi-circonférence $\mu'_1\nu'_1\lambda'_1$ et l'hyperbole $\nu'_1\theta'_1\alpha'_1$; le point cherché est alors projeté verticalement en (z'_1, z_1) ; on en déduit z' et z.

La face supérieure du cube coupe l'hyperboloïde suivant le parallèle décrit par le point (φ', φ) de la génératrice (cb, $c'a'$).

La face antérieure détermine l'hyperbole ($\eta x\zeta\theta\zeta_1 y\eta_1$, $\eta'x'\zeta'\theta'\zeta'_1 y'\eta'_1$). Le trou pratiqué dans le cube, après qu'on a enlevé la partie de ce corps comprise dans l'hyperboloïde et dans la sphère, est limité : 1° entre le plan horizontal de projection et le plan horizontal $x'y'$, par les parallèles de l'hyperboloïde qui s'appuient sur les arcs d'hyperbole (ηx, $\eta'x'$) et ($\eta_1 y$, $\eta'_1 y'$) ; 2° entre les plans horizontaux $x'y'$ et $z'z'_1$, par les portions des parallèles de la sphère qui s'appuient, de part et d'autre du plan de profil ($o\alpha$, $o'a'$), sur le cercle O et sur la courbe XNUQ..., et par les portions de parallèles de l'hyperboloïde limitées à cette courbe ; 3° entre les plans horizontaux $z'z'_1$, et $\varphi\lambda'_1$, par les portions de surfaces de la sphère et de l'hyperboloïde comprises entre ces deux plans.

Données numériques.

Dans un cadre de $0^m,27$ sur $0^m,43$, placer LT parallèlement

fig. 67

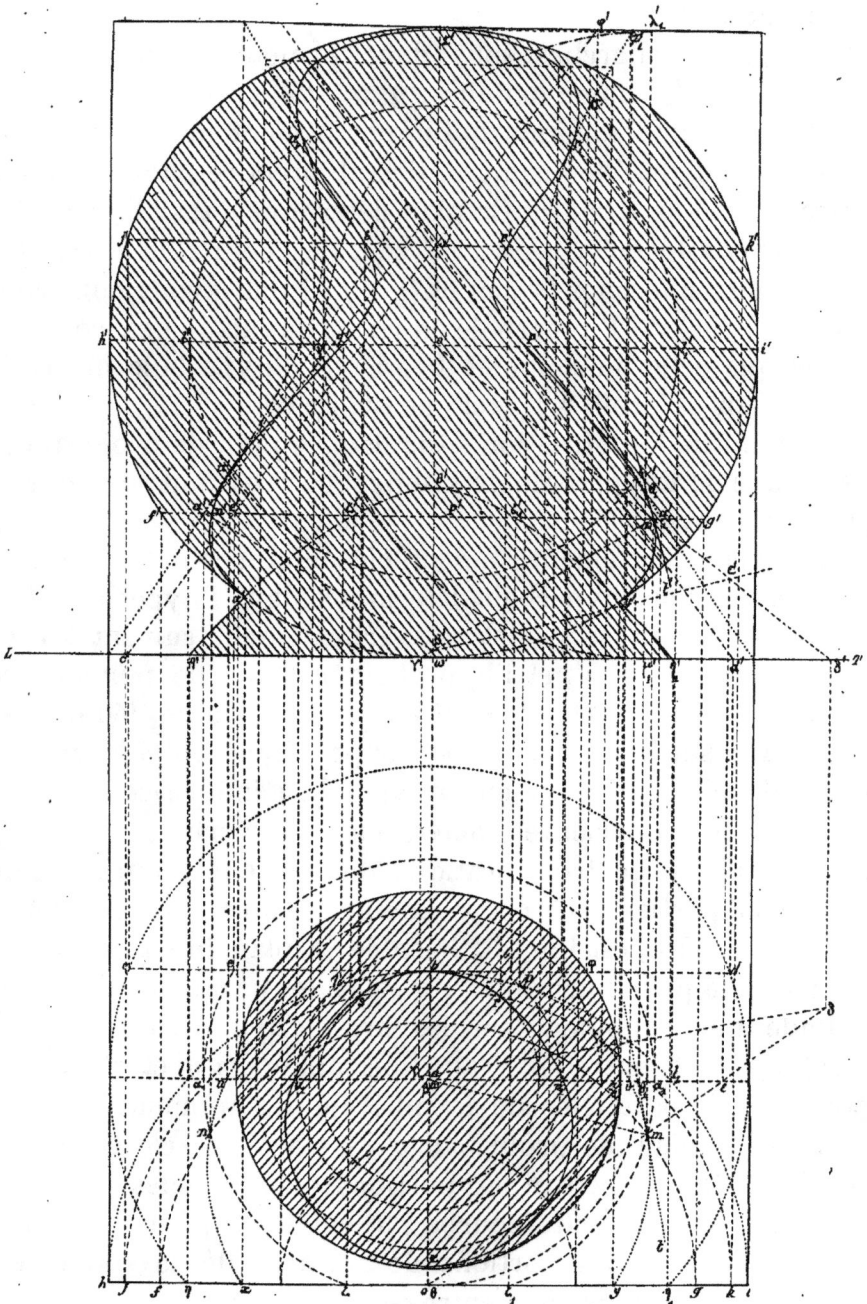

aùx petits côtés du cadre et à 0ᵐ,21 du côté inférieur. Prendre la ligne de rappel *o'o* à égale distance des grands côtés.

Titre extérieur : Intersection de surfaces.

Titre intérieur : Cube entaillé par un hémisphère et un hyperboloïde.

61. Problème. — *Représenter par ses deux projections la partie extérieure à une sphère donnée du solide compris entre un hyperboloïde de révolution à une nappe, son cône asymptote, un plan horizontal à la cote* 0ᵐ,20, *et le plan horizontal de projection* (fig. 68).

L'hyperboloïde a son axe (z, z') *vertical, à* 0ᵐ,11 *du plan vertical de projection, et au milieu de la feuille ; son collier dont la cote vaut* 0ᵐ,12 *et sa trace horizontale ont respectivement des rayons égaux à* 0ᵐ,05 *et* 0ᵐ,11.

La sphère dont le centre (ò, o') *se trouve dans le plan de profil conduit par l'axe de l'hyperboloïde, à* 0ᵐ,198 *du plan vertical et à* 0ᵐ,102 *du plan horizontal, passe par le sommet* (s, s') *du cône asymptote* (Concours d'admission à l'École centrale — 1881, 2ᵉ *session*).

La détermination des contours apparents de l'hyperboloïde ne présente aucune difficulté. Pour obtenir ceux de la sphère, rabattons le plan de profil zz' sur le plan de front qui passe par l'axe de l'hyperboloïde.

Le centre de la sphère vient en (o₁, o'₁) et le rayon OS en (o₁s, o'₁s') : o'₁s' est la vraie grandeur du rayon de la sphère dont les contours apparents sont, par suite, les circonférences décrites des points o et o' comme centres avec un rayon égal à o'₁s'.

Pour déterminer un point quelconque de l'intersection de l'hyperboloïde ou du cône asymptote avec la sphère, coupons ces surfaces par un plan horizontal P'.

Le parallèle (a'm'b', amb) de l'hyperboloïde et le parallèle (c'm'd', cmd,) de la sphère se coupent en deux points (m, m') et (n, n') qui appartiennent à l'intersection des deux surfaces.

Le parallèle (e'μ'f', eμf) et le parallèle (c'm'd', cmd) déterminés par le plan P' dans le cône asymptote et dans la sphère fournissent les points (μ, μ') et (ν, ν') appartenant à l'intersection du cône et de la sphère. Nous avons construit la tangente (m't', mt) à l'intersection de l'hyperboloïde et de la sphère, en employant la méthode du plan normal.

Le plan de front cd coupe le plan normal en (m, m') aux deux surfaces suivant $(og, o'g')$; $m't'$ est perpendiculaire à $o'g'$.

Le plan horizontal $s'h'$ coupe ce plan normal selon $(h'i', hi)$: mt est perpendiculaire à hi.

Nous avons déterminé les points de l'intersection situés dans le plan horizontal Q' et mené la tangente en (π', π) à l'intersection du cône asymptote et de la sphère. La normale au cône en (π', π) est $(\pi'k', \pi s)$: k' étant le point où la perpendiculaire $j'k'$ à $s'j'$ coupe $o'z'$; la normale à la sphère est $(o\pi, o'\pi')$.

Le plan horizontal $o'l'$ détermine dans le plan normal $(o'\pi'k', o\pi k)$ la droite $(l'o', lo)$; la projection horizontale de la tangente en (π', π) est la perpendiculaire $\pi\theta$ à lo.

Le plan de front cd coupe le plan normal suivant $(oq, o'q')$: $\pi'\theta'$ est perpendiculaire à $o'q'$.

Les plans horizontaux $s'h'$ et $o'l'$ donnent, respectivement, les points situés sur les contours apparents horizontaux de l'hyperboloïde et de la sphère.

Le plan de front ab fournit les points (α', α) et (β', β) de l'intersection du cône et de la sphère, situés sur le contour apparent vertical du cône.

Le plan de front cd donne les points (x', x) et (y', y) appartenant au contour apparent vertical de la sphère. x' et y' sont les points communs au cercle o' et à l'hyperbole $\gamma'x'y'\zeta'$.

Pour obtenir les points situés dans le plan de profil zz', rabattons ce plan sur le plan de front ab. La circonférence déterminée dans la sphère par le plan de profil zz' est, après le rabattement, projetée verticalement selon la circonférence décrite de o'_1 comme centre avec o'_1s' pour rayon; les points cherchés ont alors pour projections verticales, u'_1 et v'_1 (intersection avec l'hyperboloïde), δ'_1 et ε'_1 (intersection avec le cône asymptote). Ramenant le plan de profil dans sa première position, on obtient (u, u'), (v, v') et (δ, δ'), $(\varepsilon, \varepsilon')$.

Le point (s', s) est un *point double* de l'intersection du cône et de la sphère. Les tangentes en ce point sont les génératrices du cône situées dans le plan tangent à la sphère en (s, s'). Imaginons que la sphère ait tourné autour de la verticale $s's$ jusqu'à ce que son centre soit venu en (o_1, o'_1). Le plan tangent à la sphère en

(s', s) est alors perpendiculaire au plan vertical, c'est le plan $s'\sigma\lambda$: $s'\sigma$ étant perpendiculaire à $o'_1 s'$. Ramenons la sphère et son plan tangent dans la première position par une rotation inverse; la trace horizontale du plan tangent est alors la parallèle $\varphi\lambda_1 \varphi_1$ à la ligne de terre. Les tangentes en (s, s') sont donc les génératrices $(s\varphi, s'\varphi')$ et $(s\varphi_1, s'\varphi'_1)$ du cône asymptote.

Données numériques.

Dans un cadre de $0^m,28$ sur $0^m,45$, on placera la ligne de terre parallèlement aux petits côtés du cadre et à $0^m,23$ du côté inférieur. On prendra ss' à égale distance des grands côtés.

Titre extérieur : Intersection de surfaces.

Titre intérieur : Hyperboloïde et cône avec une sphère.

62. Problème. — *Hyperboloïde à une nappe entaillé par quatre sphères* (fig. 69).

L'hyperboloïde a son axe (z, z') vertical, à $0^m,105$ du plan vertical et au milieu de la feuille; la cote de son centre est $0^m,087$; les rayons de son collier (γ, γ') et de sa trace horizontale (θ) ont respectivement $0^m,008$ et $0^m,095$ de longueur.

Les sphères, dont les centres sont dans le plan du collier (γ, γ') touchent le plan horizontal aux extrémités (a_1, a'_1), (a_2, a'_2), (a_3, a'_3), (a_4, a'_4) des deux diamètres du cercle θ respectivement parallèle et perpendiculaire à la ligne de terre.

On demande de construire les projections des intersections de l'hyperboloïde avec les sphères.

Dans la mise à l'encre, on représentera les parties de la **surface** *de l'hyperboloïde qui, placées à l'extérieur des sphères, sont comprises entre le plan horizontal de projection et le plan horizontal P' à la cote $0^m,171$. On indiquera les constructions employées pour obtenir un point quelconque de l'une des lignes d'intersection et la tangente en ce point* (Concours d'admission à l'École centrale — 1882, 1re session).

Nous couperons l'hyperboloïde et les sphères par des *plans horizontaux.* Soit A' un plan horizontal auxiliaire.

Ce plan détermine dans l'hyperboloïde le parallèle décrit par le point (b', b) de la génératrice principale $(g\gamma, g'\gamma')$. Il coupe les sphères tangentes au plan horizontal en a_1, a_2, a_3 et a_4 respectivement suivant les circonférences projetées horizontalement en $mam_1, \beta nn_1\delta, p\varepsilon p_1, \beta_1\nu\nu_1\delta_1$.

Les points communs à ces circonférences et au parallèle de

l'hyperboloïde appartiennent aux intersections de l'hyperboloïde avec les sphères. Ce sont les points (m, m'), (m_1, m'), (n, n'), (n_1, n'_1), (p, p'), (p_1, p'), (ν, n') et (ν_1, n'_1).

La tangente en (ν, n') est l'intersection des plans tangents en ce point à l'hyperboloïde et à la sphère a_4. Menons du point ν les tangentes au cercle $z\gamma$ et joignons cd; cd est la trace horizontale du plan tangent à l'hyperboloïde en (ν, n'). La trace horizontale du plan tangent en ce point à la sphère a_4 est perpendiculaire à νa_4; nous en déterminons un point en menant la ligne de front $(\nu\eta, n'\eta')$, $(n'\eta'$ est perpendiculaire à $n'\gamma')$, et en prenant la trace horizontale η de cette droite.

Le point t, commun aux deux traces horizontales est la trace horizontale de la tangente cherchée; cette tangente est, par suite, $(t\nu, t'n')$.

Les sphères sont tangentes au cercle de gorge aux points (e, e'), (f, γ'), (h, h') et (γ, γ').

Le plan horizontal de projection donne les points a_1, a_2, a_3 et a_4. Le plan horizontal P' fournit les points (i, i'), (i_1, i'), (l, l'), (l_1, l'_1), (j, j'), (j_1, j'), (λ, l') et (λ_1, l'_1).

Les sphères a_1 et a_2 se coupent suivant une circonférence située dans le plan vertical à 45° dont la trace horizontale est zq. Pour obtenir les points de l'intersection situés dans ce plan, rabattons-le sur le plan du méridien principal de l'hyperboloïde.

Les points cherchés sont, après ce rabattement, projetés verticalement aux points d'intersection r'_1, s'_1, ρ'_1 et σ'_1 de la circonférence de centre ω'_1 et de rayon $\omega_1' q'_1$ avec l'hyperbole projection verticale du contour apparent de l'hyperboloïde. Ramenant le plan dans sa première position, on obtient (r, r'), (s, s'), (ρ, ρ') et (σ, σ').

La partie $(r\mu s, r'\mu's')$ de l'intersection de la sphère a_1 avec l'hyperboloïde est à l'intérieur de la sphère a_2, et la partie $(r\varphi s, r'\varphi's')$ de l'intersection de la sphère a_2 avec l'hyperboloïde est à l'intérieur de la sphère a_1; ces deux parties sont donc enlevées.

Nature de la projection verticale.

Considérons la sphère tangente au plan horizontal en a_2 et cherchons la nature de la courbe $a'_2 n' r' \varphi' s' \gamma' l'_1 \ldots$ projection verticale de l'intersection de cette sphère et de l'hyperboloïde.

Prenons pour plans des xy, des xz et des yz, respectivement le

fig.68

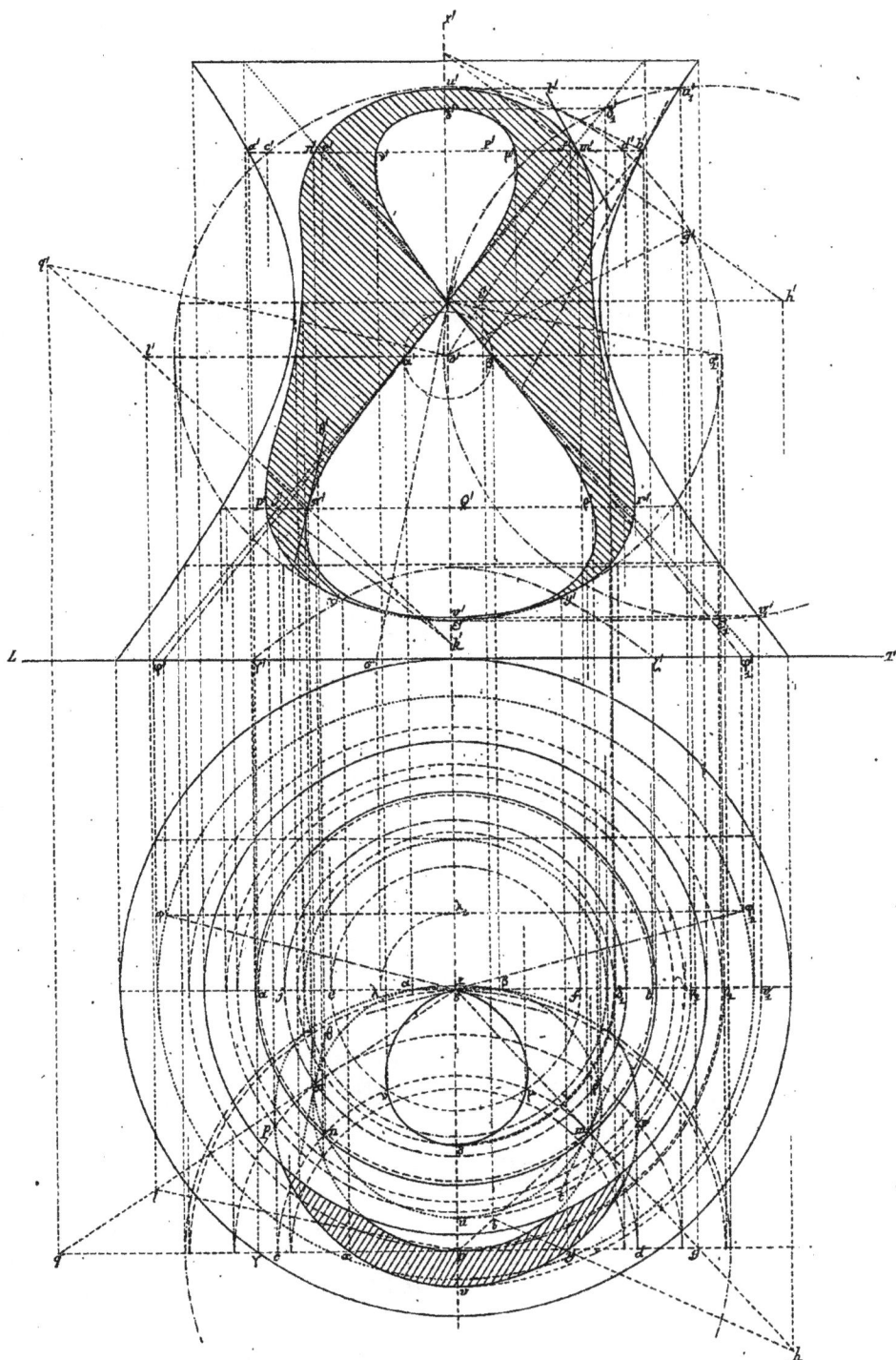

plan horizontal, le plan de front et le plan de profil qui passent par le centre de l'hyperboloïde.

Désignons le rayon du cercle de gorge par r et le demi-axe imaginaire de l'hyperboloïde par c.

L'équation de l'hyperboloïde est :

$$\frac{x^2 + y^2}{r^2} - \frac{z^2}{c^2} = 1$$

D'ailleurs, en désignant le rayon de la sphère par R, on a :

$$\frac{c}{r} = \frac{\gamma' a'_2}{g' a'_2} = \frac{\gamma' a'_2}{g \gamma} = \frac{R}{\sqrt{R(R + 2r)}}$$

On en déduit :

$$c^2 = \frac{R r^2}{R + 2r}$$

L'équation de l'hyperboloïde peut alors s'écrire :

$$\frac{x^2 + y^2}{r^2} - \frac{(R + 2r)z^2}{R r^2} = 1 \qquad (A)$$

La sphère tangente au plan horizontal en a_2 a pour équation

$$x^2 + y^2 + z^2 - 2(R + r)y + r(2R + r) = 0 \qquad (B)$$

Pour obtenir l'équation de la projection verticale de l'intersection des deux surfaces, il suffit d'éliminer y entre les équations (A) et (B).

Tirant $x^2 + y^2$ de l'équation (A) et remplaçant dans (B), on trouve aisément l'équation

$$z^2 - Ry + Rr = 0 \qquad (C)$$

Résolvant cette équation par rapport à y et remplaçant dans

(A), y par la valeur trouvée, il vient pour équation de la projection verticale :

$$z^4 \mp R^2(x^2 - z^2) = 0$$

C'est l'équation d'une *lemniscate*.
Les tangentes à l'origine sont

$$z = \pm x$$

Ainsi, les tangentes à l'intersection au *point double* (f, γ') sont projetées verticalement selon les bissectrices des angles $z'\gamma'o'_2$ et $z'\gamma'o'$.

Le plan de front $a_1 a_3$ étant un plan principal commun à la sphère a_1 et à l'hyperboloïde, la projection verticale $a'_1 m'r'\mu'$ $s'e'\sigma'i'$ de l'intersection des deux surfaces est une *parabole*.

La courbe $a'_3 p'h'j'$ est une parabole égale à la précédente.

Nature de la projection horizontale.

On obtient l'équation de la projection horizontale de l'intersection de la sphère a_2 et de l'hyperboloïde en éliminant z entre les équations (A) et (B).

En remplaçant dans (B), z^2 par sa valeur tirée de (A) et divisant par $2(R + r)$, on trouve

$$x^2 + y^2 - (R + 2r)y + r(R + r) = 0$$

C'est l'équation d'un *cercle* dont le centre est sur za_2 à une distance du point z égale à $r + \dfrac{R}{2}$, c'est-à-dire au point milieu de $a_2 f$; son rayon est $\dfrac{R}{2}$.

Données numériques.

Dans un cadre de $0^m,27$ sur $0^m,43$, on tracera LT parallèlement aux petits côtés du cadre à $0^m,22$ du côté inférieur.

On prendra la ligne de rappel $\gamma\gamma'$ à égale distance des grands côtés.

Titre extérieur : Intersection de surfaces.

Titre intérieur : Hyperboloïde entaillé par quatre sphères.

fig. 69

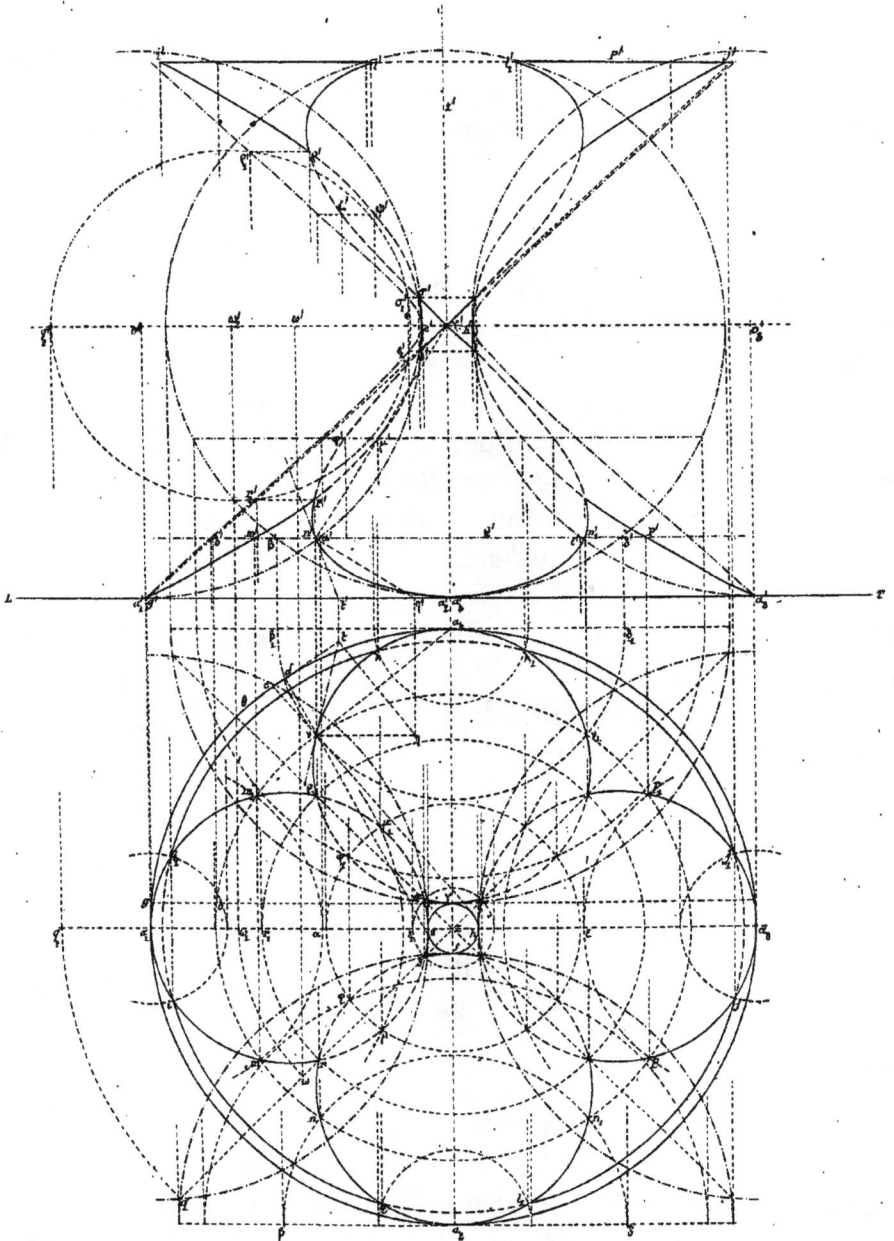

IX. HYPERBOLOÏDE ET CYLINDRE.

63. Problème. — *Hyperboloïde traversé par un cylindre.*

Hyperboloïde de révolution. — *Son axe est vertical ; son centre* (o, o') *est dans le premier dièdre à* 100^{mm} *du plan vertical et à* 80^{mm} *du plan horizontal.*

On donne la génératrice $(bc, b'c')$ *parallèle au plan vertical ;* bc *est à une distance* oc *du point* o *égale à* 35^{mm} *; on a :* cb $= 93^{mm}$, b *est la trace horizontale de la génératrice* (fig. 70).

Cylindre oblique. — *Il est à base circulaire ; le centre* ω *de ce cercle (qui est situé dans le plan horizontal), est déterminé de la manière suivante : sa distance* ωω' *à la ligne de terre est de* 120^{mm} *et l'on a :* oω $= 99^{mm}$. *Le rayon du cercle est* 65^{mm}. *La direction des génératrices est donnée par* $(ωc, ω'k')$ k' *étant sur* oo' *à* 175^{mm} *de la ligne de terre.*

L'hyperboloïde est un corps solide limité par un plan horizontal situé à 160^{mm} *du plan horizontal de projection.*

On représentera par ses projections le solide qui reste après que l'on a enlevé le cylindre et la portion de l'hyperboloïde comprise à l'intérieur du cylindre (Concours d'admission à l'École polytechnique — 1875, 2ᵉ composition).

Les contours apparents des deux surfaces se déduisent aisément des données.

Pour déterminer l'intersection de l'hyperboloïde et du cylindre, nous les coupons par des *plans horizontaux.*

Soit P' un plan auxiliaire horizontal.

Ce plan coupe l'hyperboloïde suivant la circonférence décrite par le point (a', a) de la génératrice principale $(b'c', bc)$. Il détermine dans le cylindre une circonférence ayant son centre en $(ω'_1, ω_1)$ et pour rayon le rayon de base du cylindre. Ces deux circonférences se coupent en deux points (m, m') et (n, n') qui appartiennent à l'intersection de l'hyperboloïde et du cylindre.

La *tangente* en (m, m') est l'intersection des plans tangents en ce point aux deux surfaces. Le plan tangent à l'hyperboloïde a pour trace horizontale la droite *de* qui joint les traces horizontales *d* et *e* des génératrices des deux systèmes qui passent par le point (m, m'). Le plan tangent au cylindre en (m, m') a pour

10

trace horizontale la tangente μt au cercle ω en μ, trace horizontale de la génératrice du cylindre qui passe par (m, m').

Le point t, commun aux traces horizontales des deux plans tangents, est la trace horizontale de la tangente en (m, m') qui est, par suite, $(tm, t'm')$.

Le plan horizontal P'_1 symétrique du plan P' par rapport au plan du cercle de gorge fournit les points (p, p') et (q, q').

Le plan du cercle de gorge donne les points (r, r') et (s, s'), et le plan horizontal de projection les points (u, u') et (v, v').

Les points situés sur les génératrices de contour apparent du cylindre peuvent être obtenus en cherchant directement les points d'intersection de ces génératrices avec l'hyperboloïde. Les points qui appartiennent aux génératrices de contour apparent horizontal sont (π, π') et (ρ, ρ'); le point situé sur la génératrice de contour apparent vertical $(\delta_1\varepsilon_1, \delta'_1\varepsilon'_1)$ est (σ, σ').

En traçant la projection horizontale à l'aide des points déterminés, on obtient le point (υ, υ') situé sur le contour apparent vertical de l'hyperboloïde.

La projection verticale présente un *point double* φ' qu'on peut construire directement. Ce point appartient à la projection verticale de l'intersection des plans diamétraux conjugués des cordes perpendiculaires au plan vertical dans les deux surfaces. Ces plans sont : dans l'hyperboloïde, le plan de front $o\upsilon$, et dans le cylindre le plan qui détermine les génératrices de contour apparent vertical.

L'intersection de ces deux plans est la droite $(\varepsilon\varepsilon_1, \varepsilon'\varepsilon'_1)$, donc le point φ' appartient à $\varepsilon'\varepsilon'_1$. Coupons maintenant les deux surfaces par le plan qui projette $(\varepsilon\varepsilon_1, \varepsilon'\varepsilon'_1)$ sur le plan vertical, c'est-à-dire par le plan horizontal $\varepsilon'\varepsilon'_1$. Ce plan coupe les deux surfaces suivant deux circonférences qui, rabattues sur le plan de front $o\upsilon$, se projettent suivant $\upsilon' \Psi_1\upsilon'_1\Phi_1$ et $\varepsilon'\Psi_1\varepsilon'_1\Phi$; leur corde commune est projetée en $\Psi_1\Phi_1$ et le point double cherché est le point φ' commun à $\Psi_1\Phi_1$ et $\varepsilon'\varepsilon'_1$. Les points de l'intersection projetés verticalement en φ' sont projetés horizontalement en φ et ψ sur la circonférence $\upsilon\upsilon_1$.

Les deux points doubles de la projection horizontale sont sur la projection horizontale de l'intersection des plans diamétraux conjugués des cordes verticales. Ces plans sont le plan horizontal $\rho'\alpha'$ et le plan qui détermine les génératrices de contour apparent horizontal du cylindre. Ils se coupent suivant la droite menée par (α', α) parallèlement au diamètre $\beta\beta_1$ du cercle ω. Cette droite est projetée horizontalement suivant la perpendiculaire $\gamma\gamma_1$ à $\omega\alpha$: $\gamma\gamma_1$ est la ligne des points doubles en projection horizontale.

Le plan horizontal Q' coupe le cylindre suivant la circonférence ayant son centre en (f', f). Le cylindre étant enlevé, toute la partie de l'intersection projetée horizontalement à l'intérieur du cercle f est vue en projection horizontale.

Données numériques.

Dans un cadre de 300^{mm} sur 440, on tracera la ligne de terre parallèlement aux petits côtés du cadre et à 205^{mm} du côté supérieur. On prendra la ligne de rappel oo' à 120^{mm} du grand côté de gauche.

Titre extérieur : Intersection de surfaces.

Titre intérieur : Hyperboloïde et cylindre.

X. HYPERBOLOIDE ET CONE.

64. Problème. — *Intersection d'un hyperboloïde et d'un cône. L'axe de l'hyperboloïde est vertical. Le pied de cet axe est à 0^m,10 de la ligne de terre. Le rayon de la trace horizontale de l'hyperboloïde est de 0^m,09. Le rayon du cercle de gorge est de 0^m,036. Enfin, les génératrices de l'hyperboloïde sont inclinées à 45° sur le plan horizontal.*

Le cône est de révolution; son axe est parallèle à la ligne de terre et passe par le centre de l'hyperboloïde. Son sommet est à 0^m,12 du centre de l'hyperboloïde. Il est circonscrit à la sphère engendrée par le cercle de gorge de l'hyperboloïde.

On représentera les deux surfaces ainsi définies et on construira les projections de leur intersection.

On mènera la tangente en un point de cette intersection.

On ponctuera l'épure en supposant que les deux surfaces recouvrent des corps solides (Concours d'admission à l'École centrale — 1872, 1re session).

On construit aisément les contours apparents des deux surfaces (fig. 71). Les contours apparents du cône se composent des tangentes menées par les points s et s' aux circonférences décrites des points o et o' comme centres avec un rayon de 0^m,036.

Les deux surfaces considérées sont de révolution et leurs axes se coupent en (o, o'); nous emploierons alors, comme surfaces auxiliaires, des *sphères ayant pour centre commun le point* (o, o').

La sphère auxiliaire dont le rayon est égal à $o'b'$ détermine dans l'hyperboloïde deux parallèles projetés verticalement en $b'm'c'$ et en $b_1'n'c_1'$, et, horizontalement, suivant la circonférence bmc.

Elle coupe le cône suivant une circonférence projetée verticalement en $d'm'e'$. Les cordes communes à cette circonférence et aux parallèles de l'hyperboloïde sont projetées verticalement en m' et en n', et, horizontalement, suivant mm_1.

Les quatre points (m, m'), (m_1, m'), (m, n') et (m_1, n') appartiennent à l'intersection des deux surfaces.

La tangente en (m, m') a été construite, comme aux n°ˢ précédents (57, 59, 62), par la méthode du plan normal. C'est la droite $(mt, m't')$; mt et $m't'$ sont perpendiculaires respectivement à ik et à $\omega'k'$.

La sphère *limite* engendrée par le cercle de gorge donne les points (a, a') et (a_1, a') situés sur les contours apparents horizontaux de l'hyperboloïde et du cône.

Le plan de front mené par le centre de l'hyperboloïde fournit les points (f', f), (f_1', f), (g', g) et (g_1', g) situés sur les contours apparents verticaux.

Les deux surfaces sont tangentes à une même surface du second degré, donc *leur intersection se compose de deux courbes planes* (voir notre *Cours*, 2ᵉ vol., 2ᵉ fasc.). De plus, le plan de front os étant un plan principal commun aux deux surfaces, ces courbes se projettent verticalement suivant des lignes droites $f'a'g_1'$ et $g'a'f_1'$. Ce sont deux ellipses égales qui se projettent horizontalement suivant une ellipse dont il est aisé de déterminer les deux axes. Le grand axe est fg et le petit axe s'obtient en considérant le plan mené par le point milieu (l, l') de $(f_1' g', fg)$ perpendiculairement à l'axe $(s'o', so)$ du cône (voir notre *Cours*, 2ᵉ vol., 1ᵉʳ fasc.); le demi-petit axe de l'ellipse projetée verticalement en $f_1'g'$ est rabattu sur le plan de front so suivant $l'r_1'$: il se projette horizontalement selon ru; fg et ru sont les deux axes de la projection horizontale.

Données numériques.

Dans un cadre de 270ᵐᵐ sur 430, on tracera LT parallèlement

fig. 70

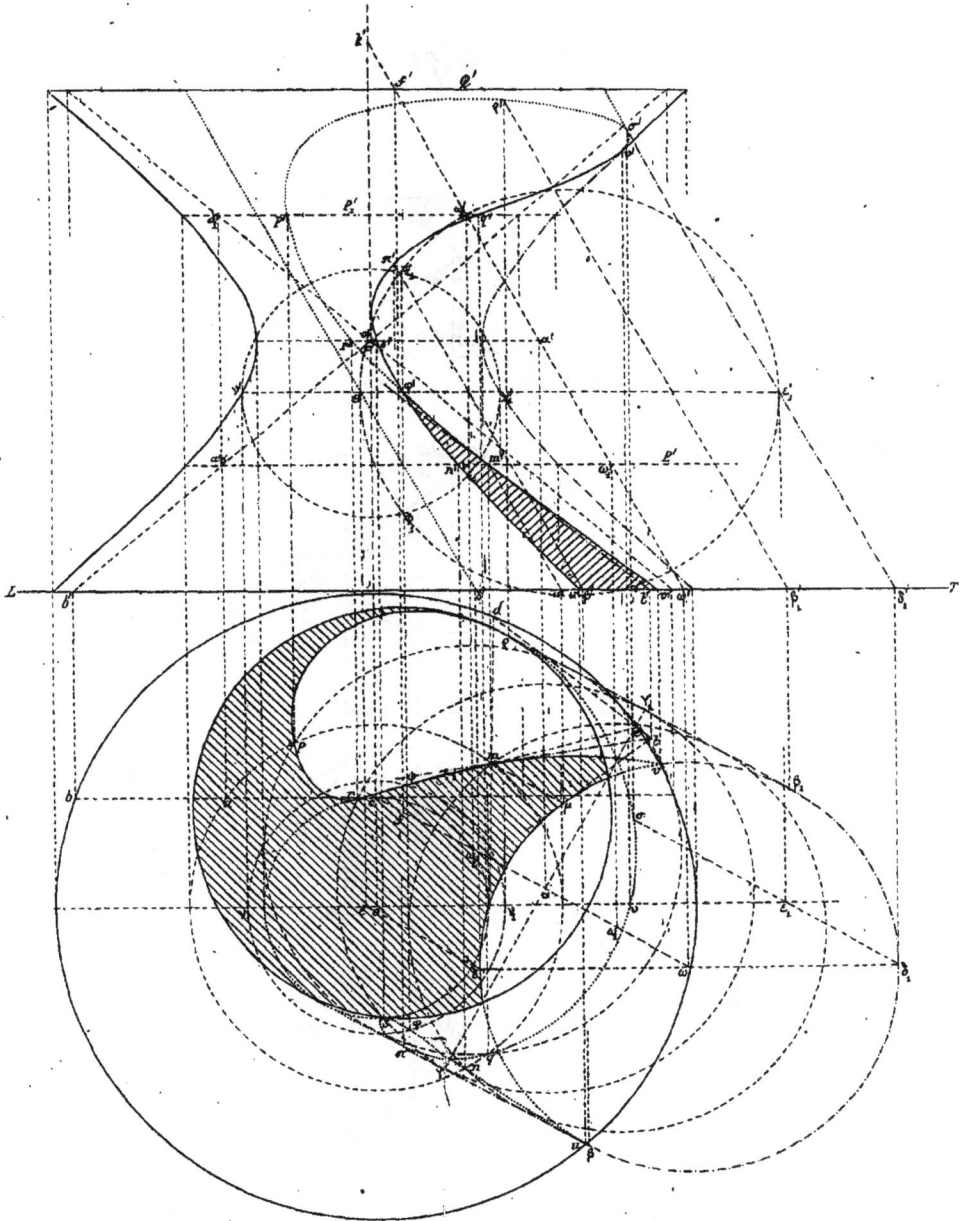

fig. 71

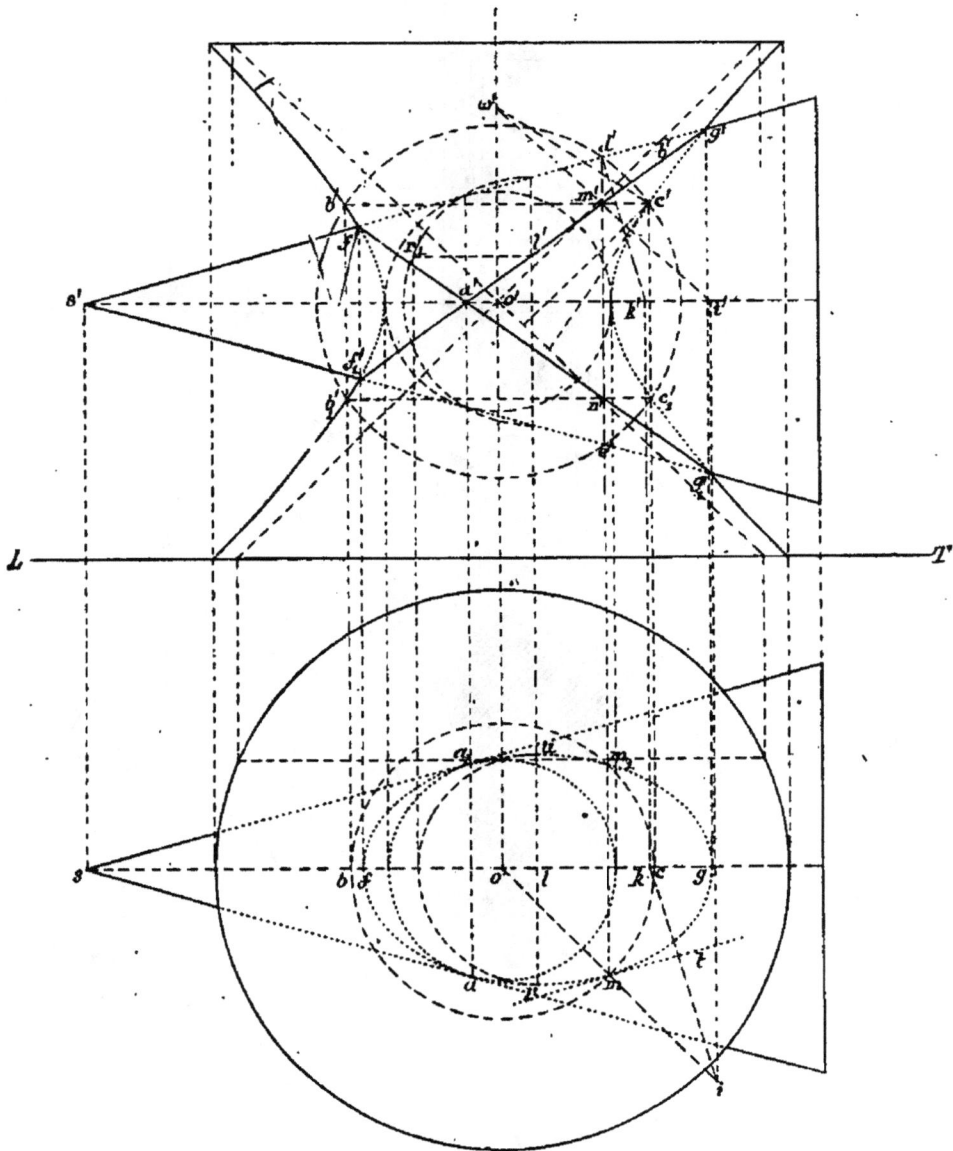

aux petits côtés et à 200ᵐᵐ du côté inférieur. On prendra la ligne
de rappel *oo'* à 155ᵐᵐ du bord de gauche et on donnera au cône
une hauteur de 230ᵐᵐ.

Titre extérieur : Intersection de surfaces.

Titre intérieur : Hyperboloïde et cône.

65. Problème. — *Déterminer l'intersection d'un hyperboloïde de révolution à une nappe et d'un cône de révolution définis
de la manière suivante :*

L'hyperboloïde a son axe vertical à 0ᵐ,10 *du plan vertical. Le
rayon de sa trace horizontale est de* 0ᵐ,09 *et celui de son cercle
de gorge est égal à* 0ᵐ,036. *Enfin, les génératrices de la surface
sont inclinées à* 45° *sur le plan horizontal.*

Le cône est de révolution; son axe (os, o's'), *parallèle à la ligne
de terre, passe par le centre de l'hyperboloïde et son sommet* (s,s')
est à 170ᵐᵐ *du centre de l'hyperboloïde.*

*Enfin, le rayon du parallèle du cône situé dans le plan de
profil mené par le centre de l'hyperboloïde est égal à* 48ᵐᵐ. *:*

*On mènera la tangente en un point de l'intersection et on
ponctuera l'épure en supposant que les deux surfaces recouvrent
des corps solides.*

Les contours apparents des deux surfaces se déduisent immédiatement des données (fig. 72).

On obtient un point quelconque de l'intersection des deux surfaces, comme au problème précédent, en employant une sphère
auxiliaire ayant son centre en (o, o').

La sphère dont le rayon est (o'a', oa) fournit les points (m', m),
(m', m₁), (n', m) et (n', m₁). La tangente en (m', m) déterminée
par la méthode du plan normal est (mt, m't').

La sphère *limite* inscrite dans le cône donne les points (p', p),
(p', p₁), (q', p) et (q', p₁). En chacun de ces points, l'intersection
est tangente aux parallèles (b'p'c', bpcp₁) et (b₁'q'c₁', bpcp₁) déterminés dans l'hyperboloïde par la sphère limite (théorème des
surfaces inscrites, n° 5).

Le plan horizontal o's' étant un plan principal commun aux
deux surfaces, *leur intersection se projette horizontalement
suivant une courbe du second degré.*

Cette courbe est une ellipse ayant pour grand axe *ru.* Pour en
déterminer le petit axe, considérons le plan de profil qui passe
par le milieu *d* de *ru.* Ce plan détermine dans le cône un parallèle

projeté verticalement suivant la droite $v'x'$, et la sphère dont le rayon est égal à $o'v'$ donne les points de l'intersection (y', y). $(y', y_1) (x', y)$ et (x', y_1) dont les projections horizontales y et y_1 sont les extrémités du petit axe de l'ellipse $ryuy_1$.

Le plan de front os est aussi un plan principal commun aux deux surfaces, donc *la projection verticale de l'intersection est une courbe du second degré.*

Cherchons si cette courbe admet des asymptotes.

A cet effet, considérons la sphère inscrite dans l'hyperboloïde suivant le cercle de gorge et circonscrivons à cette sphère un cône S_1 homothétique du cône S.

Le cône S_1 et l'hyperboloïde étant circonscrits à une même surface du second degré, leur intersection se compose de deux courbes planes. Ces courbes sont projetées verticalement suivant les deux droites $\alpha'\beta'$ et $\alpha'_1\beta'_1$ qui sont deux directions asymptotiques de la projection verticale de l'intersection du cône S et de l'hyperboloïde.

D'ailleurs, cette projection a pour centre le point δ' milieu de $p'q'$, puisqu'en p' et q' les tangentes sont parallèles; donc les asymptotes de la projection verticale sont les parallèles $\delta'\mu'$ et $\delta'\mu'_1$ à $\alpha_1'\beta_1'$ et $\alpha'\beta'$.

Données numériques.

Cadre : 280mm sur 440mm. Placer LT parallèlement aux petits côtés et à 205mm du côté inférieur. Prendre la ligne de rappel oo' à 175mm du côté de gauche.

Hauteur du cône : 270mm.

Titre extérieur : Intersection de surfaces.

Titre intérieur : Hyperboloïde et cône.

66. Problème. — *Intersection d'un hyperboloïde de révolution et d'un cône.*

L'axe (z, z') de l'hyperboloïde est vertical, à $0^m,10$ du plan vertical; la cote du cercle de gorge (c, c') vaut $0^m,08$, il a $0^m,03$ de rayon, et les génératrices rectilignes de la surface font avec l'horizon un angle de $45°$.

Le cône, dont le sommet (s, s') se trouve dans le plan de profil conduit par l'axe (z, z'), à $0^m,05$ en avant de cet axe, et à $0^m,04$ au-dessus du cercle de gorge a pour trace horizontale le cercle ω décrit du point z comme centre avec un rayon égal à $0^m,07$.

On demande de représenter l'hyperboloïde

fig. 72

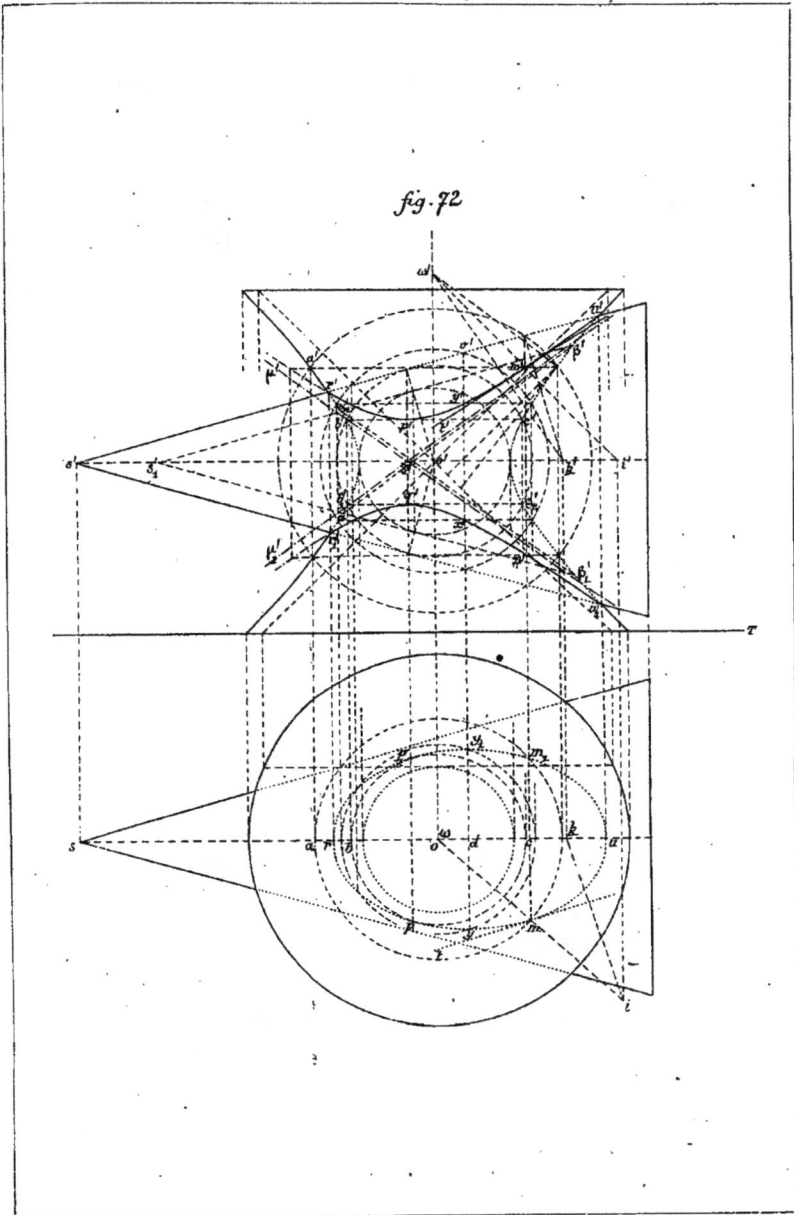

limité, d'une part au plan horizontal P' *à la cote* 0^m,19, *et de l'autre au plan horizontal de projection, en supprimant la partie de ce corps comprise dans le cône.*

On indiquera les constructions employées pour déterminer un point quelconque de l'intersection des surfaces données et la tangente en ce point (Concours d'admission à l'École centrale — 1879, 1re session).

Première méthode (fig. 73).

Construisons en premier lieu la trace horizontale, de l'hyperboloïde, les contours apparents verticaux de l'hyperboloïde et du cône et la trace de l'hyperboloïde sur le plan horizontal P'.

On reconnaît aisément que le point (s, s') appartient à l'hyperbole méridienne située dans le plan de profil passant par l'axe (z, z'). Ainsi *le sommet du cône est sur l'hyperboloïde.*

1° *Choix des surfaces auxiliaires.* — Nous couperons les deux surfaces par des *plans horizontaux.*

Un plan auxiliaire horizontal détermine une circonférence dans chaque surface et les points communs à ces deux circonférences appartiennent à l'intersection cherchée.

2° *Détermination d'un point quelconque de l'intersection.*

Le plan horizontal R' rencontre la génératrice $(g'h', gh)$ de l'hyperboloïde en (b', b); donc il coupe l'hyperboloïde suivant le parallèle projeté horizontalement selon la circonférence de centre z et de rayon zb.

Pour déterminer la circonférence d'intersection du plan R' et du cône S, rabattons le plan de profil qui passe par le sommet (s', s) sur le plan du méridien principal de l'hyperboloïde ; Sz se rabat en $(s_1 z, s_1'\gamma)$ et la génératrice Si vient en $(s_1 i_1, s_1' i_1')$.

Les points $(o_1'; o_1)$ et (d_1', d_1), communs au plan horizontal R' et aux droites $(s_1'\gamma, s_1 z)$ et $(s_1' i_1', s_1 i_1)$ sont, respectivement, les rabattements du centre et d'un point de la circonférence cherchée. Ramenons le plan rabattu dans sa première position; la circonférence de centre o et de rayon od est la projection horizontale de l'intersection du plan R' et du cône (s', s).

Les circonférences zb et od se coupent en deux points m et m_1 ; on en déduit m' et m_1' sur R' : (m, m') et (m_1, m_1') sont deux points de l'intersection de l'hyperboloïde et du cône.

On voit que la projection horizontale de l'intersection est symétrique par rapport à la droite $z\gamma z'$; il en est de même de la projection verticale; le plan de profil $z\gamma z'$ est, en effet, un plan principal commun aux deux surfaces.

3° *Tangente en* (m, m'). — Elle est l'intersection des plans tangents en ce point aux deux surfaces.

Le plan tangent à l'hyperboloïde a pour trace horizontale la droite $g_1 l_1$ déterminée par les traces horizontales des génératrices des deux systèmes $G_1 K_1$ et $L_1 N_1$ qui passent par le point (m, m'). Le plan tangent au cône a pour trace horizontale la tangente au cercle ω en f, trace horizontale de la génératrice SM, donc la trace horizontale de la tangente à l'intersection en (m, m') est le point t commun aux droites $g_1 l_1$ et ft; cette tangente est, par suite, la droite $(tm, t'm')$.

4° *Points remarquables.* — Ce sont :

1° Les points (p, p') et (p_1, p'_1) situés sur le contour apparent horizontal de l'hyperboloïde. On les obtient en prenant pour plan auxiliaire le plan du cercle de gorge; leur détermination se lit aisément sur l'épure.

En p et p_1, la projection horizontale de l'intersection est tangente à la projection horizontale du collier.

2° Les points (u, u') et (u_1, u'_1) situés dans le plan horizontal P'. Ce plan détermine dans le cône une circonférence projetée horizontalement suivant la circonférence de centre ε et de rayon $\varepsilon\delta$; les points u et u_1 communs à cette dernière circonférence et à la circonférence zu sont les projections horizontales des points cherchés qui sont, par suite, projetés verticalement en u' et u'_1.

3° Les points (q, q') et (s, s') situés dans le plan de profil $z\gamma z'$. Nous les avons obtenus en prenant ce plan pour plan auxiliaire. Il coupe l'hyperboloïde suivant une hyperbole et le cône suivant les génératrices Si et Se; rabattant le plan de profil sur le plan du méridien principal de l'hyperboloïde, on obtient les points (q'_1, q_1) et (s'_1, s_1) communs à l'hyperbole et à la génératrice SI ; on en déduit (q, q') et (s, s').

En (q, q') la tangente à l'intersection est parallèle à LT.

Le point (s, s') est un *point double*. Les tangentes en ce point sont les génératrices $(\alpha s, \alpha's')$ et $(\beta s, \beta's')$, intersections du cône et du plan tangent à l'hyperboloïde en (s, s'), plan qui a pour trace horizontale $g_2 l_2$.

Nous donnons plus loin (3ᵉ Méthode) une méthode préférable

qui ne suppose pas tracé le contour apparent vertical de l'hyperboloïde.

4° Les points (r, r') et (r_1, r'_1) appartenant au contour apparent vertical du cône. On les obtient en relevant les points r et r_1 situés sur sa et si et déterminés avec une exactitude suffisante par le mouvement de la projection horizontale de l'intersection. En r' et r'_1, la projection verticale de l'intersection est tangente à $s'a'$ et $s'i'_1$.

La troisième méthode, exposée plus loin, permet d'obtenir directement les points (r, r') et r_1, r'_1.

5° *Branches infinies. Asymptotes.* — Au lieu d'employer des plans horizontaux, on aurait pu déterminer les points d'intersection d'un certain nombre de génératrices du cône avec l'hyperboloïde (voir plus loin, 3ᵉ Méthode).

Il résulte de là que, pour que l'intersection ait des points à l'infini, il faut que le cône et l'hyperboloïde aient des génératrices parallèles.

Or, les génératrices de l'hyperboloïde sont, dans chaque système, parallèles à celles du cône asymptote; donc, si l'intersection présente des branches infinies, le cône donné et le cône asymptote ont des génératrices parallèles.

Pour décider, transportons le cône S parallèlement à lui-même au sommet (z, k') du cône asymptote et construisons la base du cône transporté.

C'est une circonférence dont on obtient le centre x en menant la parallèle $k' x'_1$ à $s'_1\gamma$ et en ramenant la droite $(k'x'_1, zx_1)$ dans le plan de profil $z\gamma z'$. En traçant la parallèle $(k'y'_1, zy_1)$ à la génératrice $(s'_1 i'_1, s_1 i_1)$ et en ramenant $(k'y'_1, zy_1)$ dans le plan de profil $z\gamma z'$, on obtient en y un point de la base du cône transporté; cette base est, par suite, la circonférence de centre x et de rayon xy.

Cette circonférence est tangente en e_1 à la base du cône asymptote, donc le cône transporté et le cône asymptote ont pour génératrice commune la génératrice $(ze_1, k'e'_1)$. Il en résulte que les génératrices parallèles du cône S et du cône asymptote sont dans le plan de profil γz; ce sont les génératrices Se et $(ze_1, k'e'_1)$.

L'asymptote est l'intersection du plan tangent au cône S suivant la génératrice Se avec le plan tangent à l'hyperboloïde et déterminé par les génératrices parallèles à $(ze_1, k'e'_1)$. Or, ce dernier plan est tangent au cône asymptote suivant $(ze_1, k'e'_1)$; il est donc parallèle au plan tangent au cône suivant Se, et, par suite, l'intersection de ces deux plans, c'est-à-dire l'asymptote, est rejetée à l'infini; les branches infinies de l'intersection sont donc *paraboliques.*

Données numériques.

Cadre ; 270^{mm} sur 430^{mm}. Tracer LT parallèlement aux petits côtés et à 225^{mm} du côté inférieur. Prendre zz' à égale distance des grands côtés.

Titre extérieur : Intersection de surfaces.

Titre intérieur : Hyperboloïde et cône.

67. Deuxième méthode (fig. 73 *bis*).

Nous nous proposons de résoudre le même problème en appliquant la méthode des projections coniques (voir *notre Cours,* 2e vol., 2e fasc., n° 127).

Projetons coniquement sur le plan horizontal, en prenant pour centre de projection le sommet S du cône, les sections déterminées dans l'hyperboloïde et dans le cône par un plan horizontal auxiliaire R'.

La section déterminée dans le cône par le plan R' est une circonférence qui se projette coniquement suivant la circonférence ω.

La section déterminée dans l'hyperboloïde est le parallèle qui passe par le point (b', b); son centre est (i', i). La projection conique de ce parallèle est la circonférence ayant pour centre le point i_1, projection conique du centre (i', i), et passant par le point b_1, projection conique du point b; les points i_1 et b_1 sont respectivement les traces horizontales des projetantes coniques SI et SB; pour déterminer la trace horizontale i_1 de SI, nous avons rabattu le plan de profil si sur le plan du méridien principal de l'hyperboloïde.

Les deux circonférences ω et $i_1 b_1$ se coupent en deux points, m_1 et μ_1, qui sont les projections coniques de deux points de l'intersection cherchée. Les projetantes inverses $(m_1 s, m'_1 s)$ et $(\mu_1 s, \mu'_1 s)$ fournissent m' et μ' sur R'; on en déduit m sur sm_1, et μ sur $s\mu_1$: (m', m) et (μ', μ) sont deux points de l'intersection de l'hyperboloïde et du cône.

Observons que les deux droites bi et $b_1 i_1$, parallèles toutes deux à BI, sont parallèles entre elles. Cette remarque permet

fig. 73

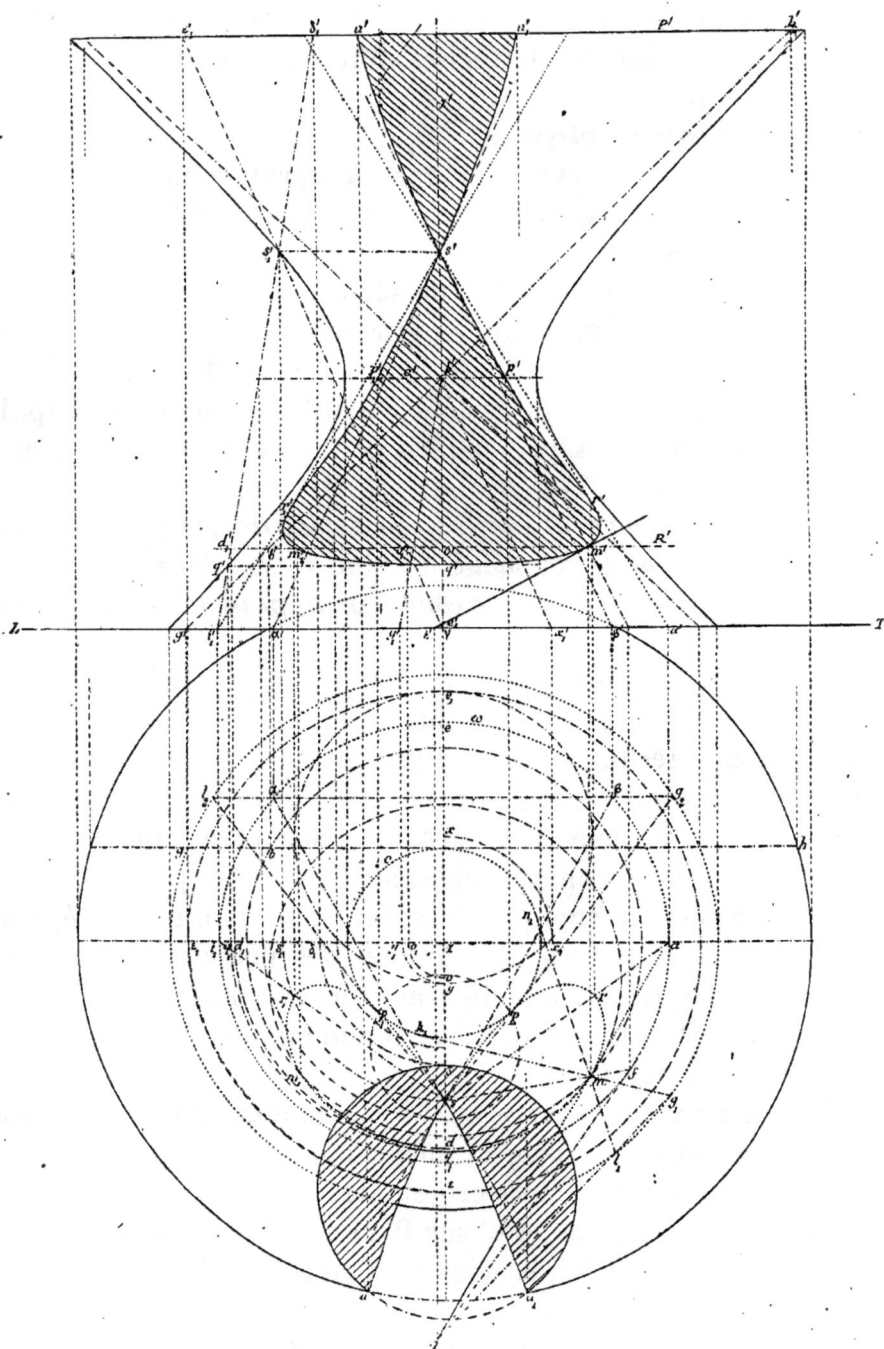

de simplifier un peu les tracés : on détermine la projection conique b_1 d'un point (b, b') du parallèle de l'hyberboloïde et on mène la parallèle b_1i_1 à bi; le point i_1 est la projection conique du centre du parallèle considéré.

Les points (n, n') et (ν, ν'), situés dans le plan horizontal P', se déterminent en projetant coniquement le parallèle de l'hyperboloïde situé dans ce plan.

Pour cela, on construit la projection conique d_1 d'un point quelconque (d, d') du parallèle P' et, conformément à la remarque précédente, on mène la parallèle d_1o_1 à do; le point o_1 est la projection conique du centre (o, o') du parallèle de l'hyperboloïde et, par suite, la projection conique de ce parallèle est la circonférence décrite de o_1 comme centre avec o_1d_1 pour rayon. Cette circonférence coupe la circonférence ω (projection conique de la section faite dans le cône par le plan P') en deux points n_1 et ν_1 qui sont les projections coniques des points de l'intersection situés dans le plan P'. Les projetantes inverses (n_1s, n'_1s') et (ν_1s, ν'_1s') fournissent n' et ν' sur P', puis n et ν.

Les points (p, p') et (π, π'), situés sur le contour apparent horizontal de l'hyperboloïde, s'obtiennent en projetant coniquement le collier et la circonférence déterminée dans le cône par le plan du collier.

Cette circonférence se projette coniquement suivant la circonférence ω. On obtient la projection conique du collier en déterminant la projection conique e_1 du point (e', e), en menant la parallèle e_1k_1 à ek et en décrivant une circonférence ayant k_1 pour centre et k_1e_1 pour rayon (on déduit aisément des données que le point e_1 est sur la ligne de terre).

Les circonférences ω et k_1e_1 se coupent en deux points p_1 et π_1 qui sont les projections coniques des points cherchés; on en déduit, comme précédemment, (p', p) et (π', π).

Les points (q, q') et (s, s') situés dans le plan de profil $z\gamma z'$ et les points (r, r') et (ρ, ρ') situés sur le contour apparent vertical du cône ont été obtenus comme au n° 66-4°.

68. Troisième méthode (fig. 73 *ter*).

1° *Surfaces auxiliaires.*

Nous avons démontré (voir notre *Cours*, 2ᵉ vol., 2ᵉ fasc., n°ˢ 173 et 174) que, lorsqu'on coupe un hyperboloïde par un plan *contenant une génératrice de la surface, la section se réduit à deux droites.*

Supposons que la génératrice choisie passe par le sommet (s, s') du cône ; le plan sécant déterminera aussi dans le cône deux génératrices faciles à construire, et les points communs aux génératrices de l'hyperboloïde et à celles du cône appartiendront à l'intersection des deux surfaces. Ainsi, on peut employer comme surfaces auxiliaires des *plans menés par l'une des génératrices de l'hyperboloïde qui passent par le sommet du cône*, celle dont la projection horizontale est sg_1, par exemple.

Les traces horizontales des plans auxiliaires passeront toutes par le point g_1.

Détermination d'un point quelconque de l'intersection.

Soit $g_1 l_1$ la trace horizontale d'un plan auxiliaire. Ce plan détermine dans l'hyperboloïde deux génératrices projetées horizontalement, l'une en sg_1, l'autre en $l_1 k_1$ ($l_1 k_1$ étant de système différent de celui auquel appartient sg_1) ; il détermine dans le cône deux génératrices qui se projettent horizontalement, l'une en sf et l'autre en sf_1 : les points s, m et n sont les projections horizontales de trois points de l'intersection cherchée ; les projections verticales de ces points sont sur $s'f'$ et $s'f'_1$.

La tangente en (m, m') se construirait comme au n° 66-3°.

3° *Points remarquables.*

1° Le point (r_1, r'_1), situé sur la génératrice de contour apparent vertical du cône $(sa_1, s'a'_1)$, s'obtient en considérant le plan auxiliaire dont la trace horizontale est $g_1 a_1$; il est l'intersection des génératrices du cône et de l'hyperboloïde projetées respectivement en sa_1 et $l_2 k_2$. Le point (r, r'), appartenant à la génératrice $(sa, s'a')$, est symétrique du point (r_1, r'_1) par rapport au plan de profil $z\gamma z'$.

2° Le point (q, q') situé sur la génératrice de profil $(si, s'i')$ se détermine en prenant pour plan auxiliaire celui dont la trace horizontale est $g_1 i$; $l_3 k_3$ coupe si en q ; rabattant le plan de profil $z\gamma z'$ sur le plan du méridien principal de l'hyperboloïde, on obtient (q_1, q'_1) sur $(s_1 a_1, s'_1 a'_1)$ et on déduit q' sur $s'i'$.

La tangente à l'intersection en (q, q') est parallèle à la ligne de terre.

3° Les *plans auxiliaires limites* sont ceux dont les traces horizontales $g_1 x$ et $g_1 x_1$ sont tangentes à la trace horizontale du

fig. 73 bis

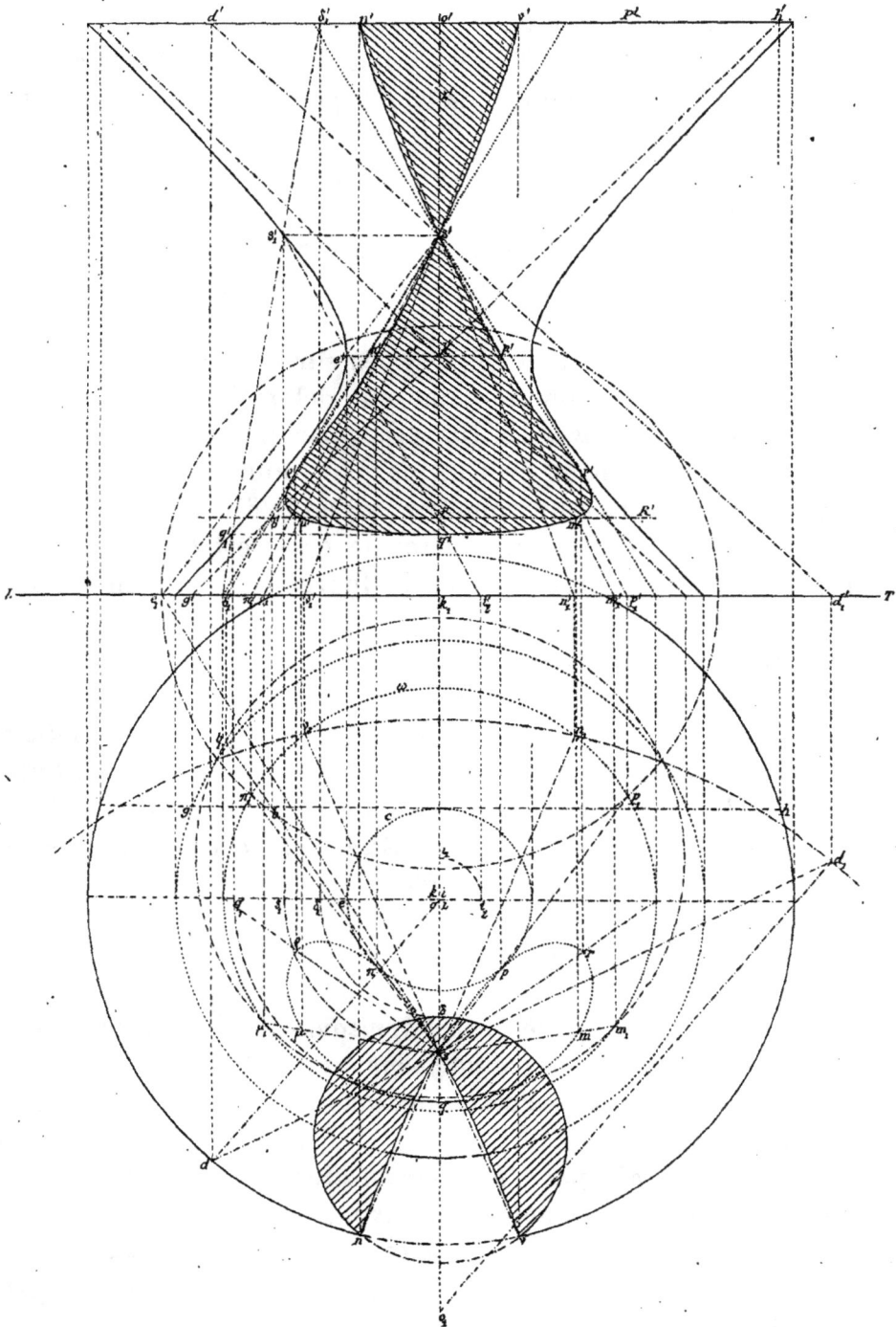

cône (s',s). Le premier de ces plans fournit le point (v,v') intersection des génératrices du cône et de l'hyperboloïde projetées respectivement en sx et l_4k_4.

En (v,v'), la tangente à l'intersection des deux surfaces est la génératrice L_4K_4 déterminée dans l'hyperboloïde par le plan auxiliaire limite.

Le second plan limite g_1x_1 donnerait un point situé au-dessus du plan horizontal P'.

4° Le plan auxiliaire dont la trace horizontale est la perpendiculaire g_1l à $z\gamma$ fournit les tangentes en (s,s'); ce sont les droites $(\alpha s, \alpha's')$ et $(\beta s, \beta's')$.

5° Les points (p,p') et (p_1,p'_1), situés sur le contour apparent horizontal de l'hyperboloïde ont été déterminés comme au n° 66-4°. Les points (u,u') et (u_1,u'_1) appartenant au plan horizontal P' s'obtiennent en prenant ce plan pour plan auxiliaire; il coupe la génératrice du cône $(s'a',sa)$ en $(\delta'\delta)$; le centre de la circonférence qu'il détermine dans le cône est $(\varepsilon,\varepsilon')$, $\delta\varepsilon$ étant parallèle à LT; la circonférence $\delta\varepsilon$ fournit u et u_1, on en déduit u' et u'_1.

Données numériques.

Même disposition qu'au n° 66.

69. Problème. — *Représenter par ses projections le solide commun à un cône et à un hyperboloïde qui ont une génératrice commune. Les deux surfaces recouvrent des corps solides.*

Hyperboloïde de révolution. — *Axe vertical au milieu de la feuille : centre en (o,o') :*

$$o'\alpha = 70^{mm}, \quad o\alpha = 120^{mm}.$$

Le rayon $o\alpha$ du cercle trace horizontale de la surface est de 110^{mm}; le rayon du cercle de gorge est de 45^{mm}.

La génératrice $(abs, a'o's')$ parallèle au plan vertical sera la génératrice commune.

Cône. — *Cône oblique à base circulaire; sa base est dans le plan horizontal; le sommet est en (s,s'), $as = 180^{mm}$.*

Le centre de la base est en c tel que $ca = 100^{mm}$ et $cs = 150^{mm}$. Le cercle de base doit passer par le point a, son rayon est donc 100^{mm}.

On ne considérera, pour la représentation du solide commun, que la nappe du cône située entre le sommet et le plan horizontal, mais on prolongera un peu la courbe d'intersection des deux côtés pour bien montrer sa forme ; ces prolongements seront faits en pointillé (Concours d'admission à l'École polytechnique — 1876 1.ʳᵉ *composition*).

On construit aisément les contours apparents des deux surfaces sur les deux plans de projection (fig. 74).

Pour déterminer l'intersection de l'hyperboloïde et du cône, nous appliquerons la méthode exposée au nᵒ précédent (68), c'est-à-dire que nous emploierons comme surfaces auxiliaires des *plans passant par la génératrice commune* ($abs, a'o's'$).

Les traces horizontales de ces plans passeront toutes par le point a. Soit ai la trace horizontale d'un plan auxiliaire. Ce plan détermine dans l'hyperboloïde, outre la génératrice ($abs, a'o's'$). la génératrice de système différent projetée horizontalement suivant la tangente lk à la circonférence ob.

Il détermine dans le cône les deux génératrices ($sa, s'a'$) et ($si, s'i'$) : les points communs aux génératrices du cône et de l'hyperboloïde appartiennent à l'intersection cherchée ; ce sont : la génératrice commune ($abs, a'o's'$) et le point (m, m'). Le plan auxiliaire dont la trace horizontale est $a\lambda$ fournit de la même manière le point (μ, μ') : μ est l'intersection de $s\beta$ et de la tangente $\lambda\gamma$ à la circonférence ob.

Nous avons construit la tangente à l'intersection en (μ, μ'); c'est la droite ($\theta\mu, \theta'\mu'$). Sa trace horizontale θ est l'intersection des traces horizontales $\lambda\lambda_1$ et $\beta\theta$ des plans tangents à l'hyperboloïde et au cône en (μ, μ').

Points remarquables.

1° Le point (n, n') appartenant à la génératrice de contour apparent vertical du cône ($sd, s'd'$) s'obtient en considérant le plan auxiliaire dont la trace horizontale est ad ; la projection horizontale du point cherché est l'intersection n de sd avec la tangente l_1k_1 à la circonférence ob. Nous trouvons d'une manière analogue le point (p, p') situé sur la seconde génératrice de contour apparent vertical ($se, s'e'$) : p est l'intersection des deux droites se et l_2k_2.

2° Les points (q, q') et (r, r') situés sur les génératrices de contour apparent horizontal du cône ($sf, s'f'$) et ($sg, s'g'$) se déterminent en considérant successivement le plan auxiliaire dont la

fig. 73 ter

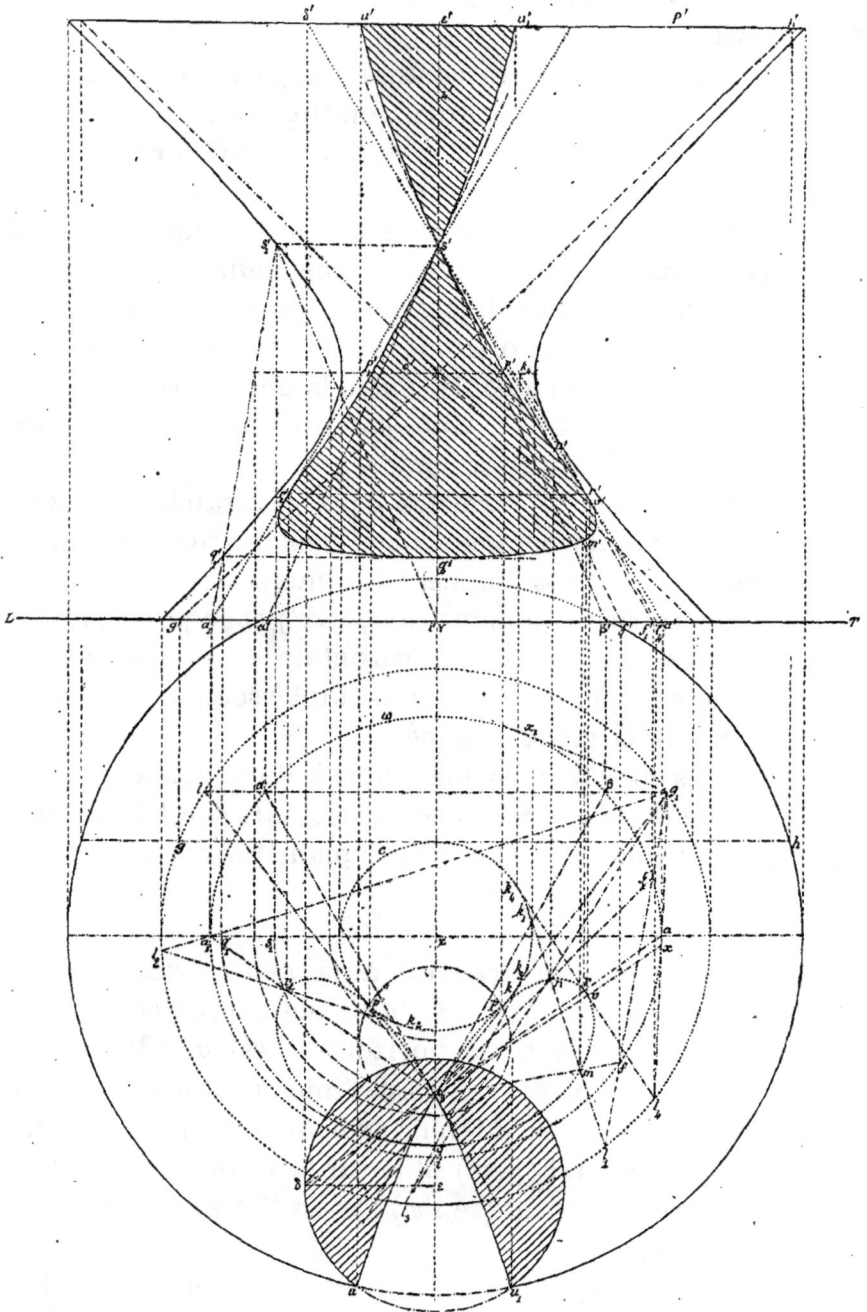

trace horizontale est *af* et celui dont la trace horizontale est *ag*.

3° Le plan anxiliaire *tangent au cône*, c'est-à-dire ayant pour trace horizontale la tangente al_5 à la trace horizontale du cône, fournit le point (v,v') où l'intersection des deux surfaces coupe la génératrice commune. Cette génératrice faisant partie de l'intersection, le point (v,v') est un *point double*. Les deux surfaces sont tangentes en ce point : le plan tangent commun est $a\,l_5\,V$.

4° Le plan auxiliaire *tangent à l'hyperboloïde en* (s,s') a pour trace horizontale la droite al_5, l_6 étant la trace horizontale de la génératrice de système différent de celui de Sa qui passe par S. La génératrice $(sh,s'h')$ déterminée dans le cône par ce plan est tangente à l'intersection en (s,s').

5° Les points situés sur le contour apparent horizontal de l'hyperboloïde s'obtiennent en prenant pour plan auxiliaire le plan du cercle de gorge.

Ce plan coupe le cône suivant une circonférence ayant pour centre le point (φ',φ) de $(s'c',sc)$ et passaut par le point (b',b) de la génératrice $(s'a',sa)$; cette circonférence coupe le collier de l'hyperboloïde au point cherché (u,u').

Les lignes de rappel des points où la projection horizontale *sumuv...* de l'intersection coupe la projection horizontale du méridien principal de l'hyperboloïde fournissent les points de l'intersection · appartenant au contour apparent vertical de l'hyperboloïde.

6° La projection horizontale de l'intersection présente un *point double*. Ce point appartient à la projection horizontale de l'intersection des plans diamétraux conjugués des cordes verticales dans l'hyperboloïde et dans le cône.

Le premier de ces plans est le plan du cercle de gorge. Le second est le plan qui détermine les génératrices de contour apparent horizontal du cône ; il a donc pour trace horizontale *fg* ; sa trace verticale est xy' obtenue au moyen de l'horizontale $(sy, s'y')$ parallèle à *fg*.

L'intersection des deux plans diamétraux est l'horizontale $(z'z'_1, zz_1)$: le point double de la projection horizontale est sur zz_1.

Branches infinies. Asymptotes.

Nous avons montré au problème précédent (66-5°) que si l'intersection présente des branches infinies, le cône donné et le cône asymptote de l'hyperboloïde ont des génératrices parallèles.

Actuellement, pour reconnaître si ces deux cônes ont des génératrices parallèles, transportons le cône asymptote parallèlement à lui-même de manière que son sommet (o', o) vienne coïncider avec celui (s', s) du cône donné.

La génératrice $(o\delta, o'\delta')$ du cône asymptote vient en $(sa, s'a')$, donc la trace horizontale du cône transporté est la circonférence décrite de s comme centre avec sa pour rayon.

Cette circonférence coupe la trace horizontale du cône donné en deux points a et ε qui sont les traces horizontales des génératrices communes $(sa, s'a')$ et $(s\varepsilon, s'\varepsilon')$.

Les parallèles $o\delta$ et $o\nu$ à sa et $s\varepsilon$ sont les projections horizontales des génératrices du cône asymptote qui sont parallèles aux génératrices $(sa, s'a')$ et $(s\varepsilon, s'\varepsilon')$ du cône donné.

Considérons en premier lieu la génératrice $O\nu$.

Nous avons prouvé (66-5°) que l'asymptote correspondante est l'intersection du plan tangent au cône S suivant la génératrice $S\varepsilon$ avec le plan tangent au cône asymptote suivant la génératrice $O\nu$.

Le premier de ces plans a pour trace horizontale la tangente εt au cercle $ad\varepsilon$ et le second la tangente νt au cercle $\delta\nu$; la trace horizontale de l'asymptote cherchée est le point t commun aux deux droites εt et νt. Cette asymptote est d'ailleurs parallèle à $S\varepsilon$, donc ses projections sont la parallèle tg à $s\varepsilon$ et la parallèle $t'j'$ à $s'\varepsilon'$.

Quant à la seconde génératrice $O\delta$, elle fournit, de la même manière, comme asymptote, la droite $(sa, s'a')$. Cette droite fait partie de l'intersection et elle est elle-même son asymptote.

Données numériques.

Dans un cadre de 280ᵐᵐ sur 450ᵐᵐ, on placera la ligne de terre parallèlement aux petits côtés et à 170ᵐᵐ du côté supérieur. On prendra la ligne de rappel oo' à 155ᵐᵐ du grand côté de gauche.

Titre extérieur : Intersection de surfaces.

Titre intérieur : Solide commun à un cône et à un hyperboloïde.

70. Problème. — *On donne un cube dont l'arête a* 0ᵐ,12 *et qui a sa base* AACD *dans le plan horizontal* (fig. 75). *Le point* A *est sur la ligne de terre et* AB *fait un angle de* 30° *avec la ligne*

fig. 74

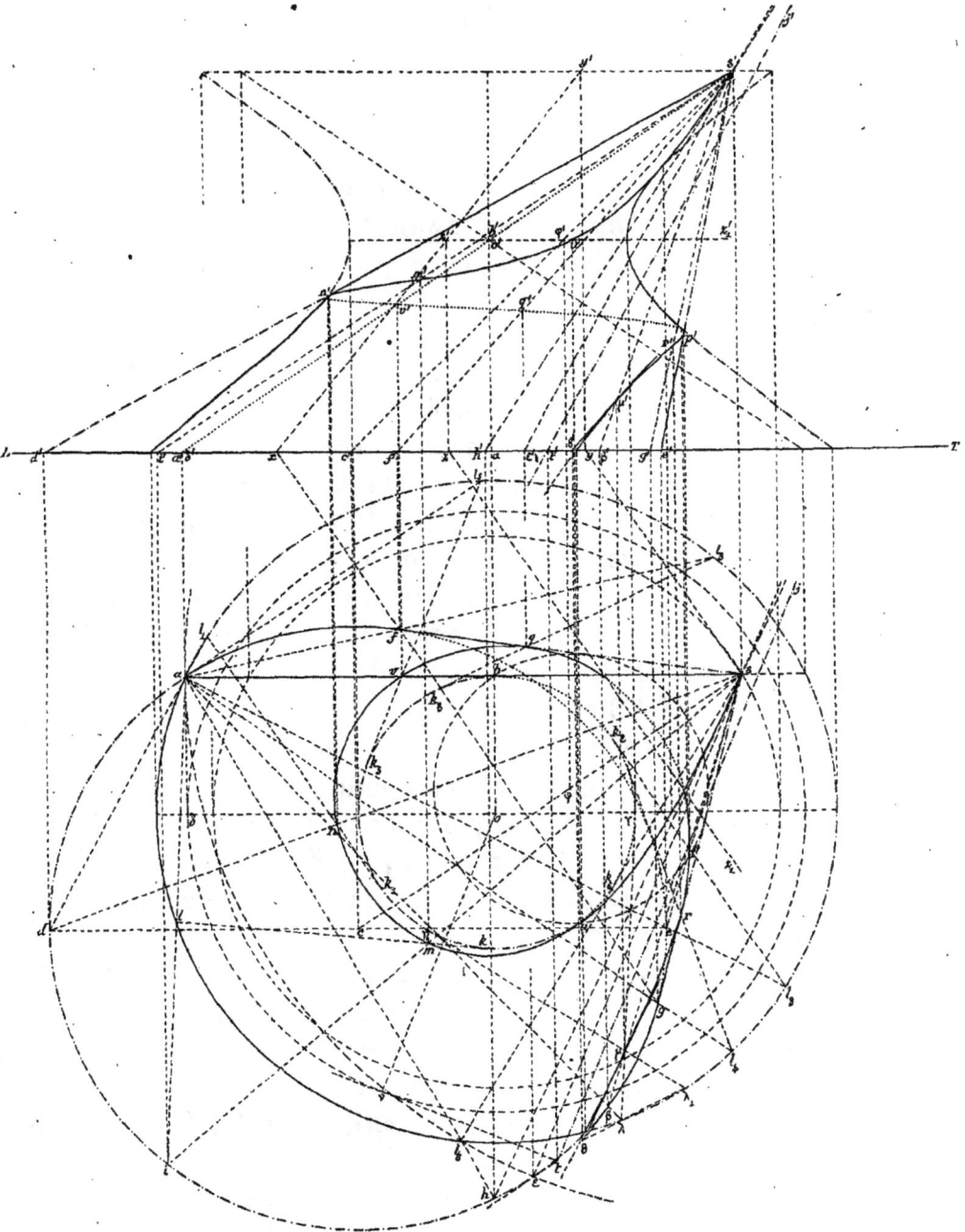

de terre. On mène la verticale du centre du cube. C'est l'axe d'un hyperboloïde de révolution ayant pour génératrice la diagonale BK *de la face latérale* BC. *Le sommet* E *qui se projette horizontalement en* A *est le sommet d'un cône de révolution dont l'axe passe par le milieu* I *de l'arête verticale* KC. *Le milieu* G *de l'arête horizontale* KH *(qui se projette suivant* BC*) est un point de la surface.*

On demande :

1° De trouver la courbe d'intersection des deux surfaces;

2° De représenter l'hyperboloïde supposé plein, en enlevant la partie située à l'intérieur du cône (Concours d'admission à l'École polytechnique — 1879).

1° Contours apparents.

La trace horizontale de l'hyperboloïde est la circonférence circonscrite au carré ABCD et la projection horizontale du collier est la circonférence inscrite dans ce carré ; on en déduit aisément l'hyperbole contour apparent de la surface sur le plan vertical. Cette hyperbole est tangente à $b'k'$ en j' ; ses asymptotes sont les projections verticales des génératrices des deux systèmes qui sont parallèles au plan vertical. Observons encore qu'il résulte des données que la trace horizontale du cône asymptote se confond avec la projection horizontale du collier.

Le plan vertical AC est un plan principal commun aux deux surfaces ; il est alors avantageux, au point de vue de la simplicité des constructions, de prendre ce plan pour plan vertical de projection auxiliaire L'T'. Sur ce plan, l'axe de l'hyperboloïde se projette en oo'_1, et l'axe du cône en $e'_1 o'_1 i'_1$ (i'_1 étant le milieu de kk'_1); la génératrice du cône qui passe par le milieu (g, g') de KH a pour projection $e'_1 g'_1 k'_1$.

Déterminons le *contour apparent du cône sur le plan vertical* L'T'. Pour cela, il suffit de faire tourner la génératrice $(eg, e'_1 g'_1)$ autour de l'axe $(eo, e'_1 o'_1)$, jusqu'à l'amener dans le plan vertical L'T': Le point (g, g'_1) vient en G_1 obtenu en menant la perpendiculaire $g'_1 \varepsilon_1$ à $e'_1 o'_1$ et en prenant $\varepsilon_1 G_1 = \varepsilon_1 G'_1$ ($\varepsilon_1 G'_1$ étant l'hypoténuse du triangle $\varepsilon_1 g'_1 G'_1$, rectangle en g'_1, et dans lequel $g'_1 G'_1 = \mu g$). Joignant $e'_1 G_1$, on a une première génératrice de contour apparent du cône; la seconde est $e'_1 \gamma'_2$ symétrique de $e'_1 G_1$ par rapport à $e'_1 o'_1$.

On déduit immédiatement de là le *contour apparent du cône*

11

sur le plan horizontal. Il suffit d'inscrire dans l'angle $\gamma'_2 e'_1 G_1$ la circonférence de centre o'_1 et de décrire du point o comme centre une circonférence égale ; ces deux circonférences peuvent être considérées comme les contours apparents d'une sphère inscrite dans le cône ; on obtient alors le contour apparent horizontal du cône en menant du point e les tangentes ez et ez_1 à la circonférence de contour apparent horizontal de la sphère.

2° *Surfaces auxiliaires.*

L'axe de l'hyperboloïde et l'axe du cône se coupent en (o, o') ; nous emploierons alors des *sphères ayant pour centre commun le point* (o, o').

3° *Détermination d'un point de l'intersection.*

Considérons la sphère auxiliaire qui détermine dans l'hyperboloïde le parallèle $(\alpha'\beta', \alpha\beta\gamma\delta)$ projeté sur le plan L'T' en $\delta'_1\gamma'_1$. Cette sphère a pour projection verticale, sur le plan L'T', le cercle décrit de o'_1 comme centre avec $o'_1\delta'_1$ pour rayon ; elle coupe le cône suivant un parallèle projeté sur le plan auxiliaire selon la droite $\delta'_2\gamma'_2$.

Les points communs aux deux parallèles appartiennent à l'intersection de l'hyperboloïde et du cône ; ils sont projetés verticalement, sur le plan L'T', au point m'_1 commun aux deux droites $\delta'_1\gamma'_1$ et $\delta'_2\gamma'_2$. On en déduit m et n sur le cercle $\alpha\beta\gamma\delta$, puis m' et n' sur $\alpha'\beta'$; les points (m, m') et (n, n') sont deux points de l'intersection cherchée.

4° *Tangente à l'intersection en* (m, m').

C'est la *perpendiculaire au plan normal* en ce point aux deux surfaces. La normale à l'hyperboloïde en (m, m') coupe l'axe au même point (o, ω') que la normale en (α, α'). Elle est projetée horizontalement en om et, verticalement, sur le plan L'T', suivant $\omega'_1 m'_1$.

La normale au cône est projetée, sur le plan auxiliaire L'T', suivant la droite $m'_1\varphi'_1$, φ'_1 étant le point de rencontre avec $e'_1 o'_1$ de la perpendiculaire $\delta'_2\varphi'_1$ à $e'_1\delta'_2$; elle se projette horizontalement suivant φm.

La trace verticale du plan normal sur le plan L'T' est $\omega'_1\varphi'_1$, donc la projection verticale de la tangente sur le plan L'T' est la perpendiculaire $m'_1 t'_1$ à $\omega'_1\varphi'_1$.

La trace du plan normal sur le plan du collier est $\pi\pi_1$, donc la projection horizontale de la tangente en (m, m') est la perpendiculaire mt à $\pi\pi_1$.

La trace de la tangente $(m'_1 t'_1, mt)$ sur le plan du collier est (θ'_1, θ); on en déduit θ', puis la projection verticale $\theta' m' t'$ de la tangente.

5° *Points remarquables.*

1° Les points (p, p') et (q, q') situés sur le contour apparent horizontal de l'hyperboloïde, ont été déterminés en prenant pour sphère auxiliaire celle qui contient le collier projeté sur le plan $L'T'$ suivant la droite $v_1' v_2'$; le rayon de la sphère auxiliaire est $o'_1 v'_1$.

En p et q, la projection horizontale de l'intersection est tangente à la projection horizontale du collier.

2° Les points (r, r') et (s, s'), appartenant à la trace horizontale de l'hyperboloïde, s'obtiennent en prenant pour sphère auxiliaire celle qui coupe l'hyperboloïde suivant le cercle ABCD. Cette sphère est projetée, sur le plan vertical $L'T'$, suivant le cercle de centre o'_1 et de rayon $o'_1 A$,

3° Les points (u, u') et (v, v') situés sur la base supérieure de l'hyperboloïde s'obtiennent immédiatement en prenant les points de rencontre de cette base avec les génératrices du cône EG et EV.

4° Pour déterminer les points situés sur les génératrices de contour apparent horizontal du cône, nous chercherons directement les points de rencontre de ces génératrices avec l'hyperboloïde.

A cet effet, nous construisons en premier lieu la projection verticale $e'_1 z'_1$ des génératrices du cône sur le plan $L'T'$; z'_1 est sur la projection verticale de l'équateur de la sphère OZ.

Cela posé, considérons le plan déterminé par la génératrice $(ez, e'_1 z'_1)$ du cône et par la génératrice $(eD, e'd')$ de l'hyperboloïde. Ce plan a pour trace horizontale la droite lD; il détermine dans l'hyperboloïde la génératrice de système différent de celui de $(De, d'e')$, projetée horizontalement suivant la tangente $D_1 y$ à la projection horizontale du collier. Le point y, commun aux deux droites $D_1 y$ et el, est le point cherché; le point appartenant à ez_1 est le symétrique x de y par rapport à eo.

On détermine aisément l'ordre dans lequel il faut joindre les projections des points trouvés.

‘ 5° La projection horizontale de l'intersection est symétrique par rapport à *eo;* elle présente deux points doubles ψ et ψ_1.

La droite qui contient ces points doubles est la projection horizontale de l'intersection des plans diamétraux conjugués des cordes verticales dans l'hyperboloïde et dans le cône. Le premier de ces plans est le plan du collier ; sa trace verticale sur le plan L'T' est $v'_1 v'_2$. Le second est le plan qui contient les génératrices de contour apparent horizontal du cône ; il est perpendiculaire au plan vertical L'T' et a pour trace, sur ce plan, la trace $e'z'_1$.

L'intersection des deux plans diamétraux est $(\psi'_1 \ \psi\psi_1) : \psi\psi_1$ est la ligne des points doubles en projection horizontale.

6° *Branches infinies. Asymptotes.*

Comme au n° 69, transportons le cône asymptote de l'hyperboloïde parallèlement à lui-même de manière que son sommet vienne coïncider avec le sommet (e, e') du cône donné. La parallèle $e'_1 \sigma_1$ à $\tau\sigma$ est une génératrice de contour apparent du cône transporté, sur le plan vertical L'T'. La trace horizontale de ce cône est, par suite, la circonférence décrite de e comme centre avec $e\sigma_1$ pour rayon.

Déterminons maintenant les génératrices communes au cône donné et au cône transporté. A cet effet, coupons les deux cônes par la sphère ayant pour centre leur sommet commun E et pour rayon $e'_1 \sigma_1$.

Cette sphère détermine dans le cône donné une circonférence projetée, sur le plan L'T', suivant la droite $\eta'_1 \eta'_2$. Elle coupe le cône transporté suivant la circonférence de centre e et de rayon $e\sigma_1$. La corde commune aux deux circonférences est projetée horizontalement suivant $\rho\rho'_2\rho_1$ et les points ρ et ρ_1, communs à cette droite et à la trace horizontale du cône transporté, sont les traces horizontales des génératrices communes qui sont, par suite, projetées horizontalement suivant $e\rho$ et $e\rho_1$ et, verticalement, sur le plan L'T', suivant $e'_1\rho'_2$; leurs projections verticales sur le plan vertical LT sont $e'\rho'$ et $e'\rho'_1$.

En menant par o les parallèles ov à $o\rho$ et ov_1 à $o\rho_1$, nous aurons les projections horizontales des génératrices du cône asymptote parallèles aux génératrices du cône donné.

Nous avons vu (66-5°) que les asymptotes sont les intersections des plans tangents au cône asymptote suivant les génératrices projetées horizontalement en ov et ov_1 avec les plans tangents au cône donné suivant les génératrices $(ep, e'_1 \rho'_2)$ et $(e\rho_1, e'_1 \rho'_2)$.

La trace horizontale du plan tangent au cône asymptote suivant la génératrice projetée horizontalement en ov est la tangente $v\xi$ à la circonférence ov. Cherchons la trace horizontale du plan tangent au cône donné suivant la génératrice $(e\rho, e'_1 \rho'_2)$. Cette trace passe par le point ρ ; pour en déterminer un second point, observons que la trace horizontale du plan tangent, sur le plan caractérisé par la ligne de terre $L''T''$, est la tangente Σx à la demi-circonférence décrite sur $\eta'_1 \eta'_2$ comme diamètre ; sa trace verticale, sur le plan $L'T'$ est $e'_1 x$.

Le point ζ où cette trace verticale coupe $L'T'$ est un point de la trace horizontale cherchée qui est, par suite, la droite $\zeta\rho$.

Le point ξ, commun aux traces horizontales, $v\xi$ et $\zeta\rho$, est la trace horizontale de l'asymptote cherchée dont les projections sont, par conséquent, $\xi\xi_1$ et $\xi'\xi'_1$ parallèles respectivement aux droites $e\rho$ et $e'\rho'$.

D'après ces développements, on détermine aisément la seconde asymptote dont la trace horizontale est le point χ ; ses projections, horizontale et verticale, sont parallèles respectivement aux droites $e\rho_1$ et $e'\rho'_1$.

Observons enfin que le plan horizontal coupe le cône suivant la branche d'hyperbole $r\rho\lambda\rho_1 sl$ ayant pour sommet le point λ, trace horizontale de la génératrice $(e\lambda, e'_2\gamma'_2)$. Les tangentes à l'hyperbole en ρ, ρ_1 et l sont respectivement $\rho\xi$, $\rho_1\chi$ et el.

La représentation de l'hyperboloïde supposé plein, en enlevant le cône, ne présente aucune difficulté.

Données numériques.

Dans un cadre de 280^{mm} sur 440^{mm}, on placera la ligne de terre parallèlement aux petits côtés du cadre et à 270^{mm} du côté inférieur. On prendra le point A à 75^{mm} du grand côté de gauche.

Titre extérieur : Intersection de surfaces.

Titre intérieur : Hyperboloïde et cône.

FIN

fig. 75

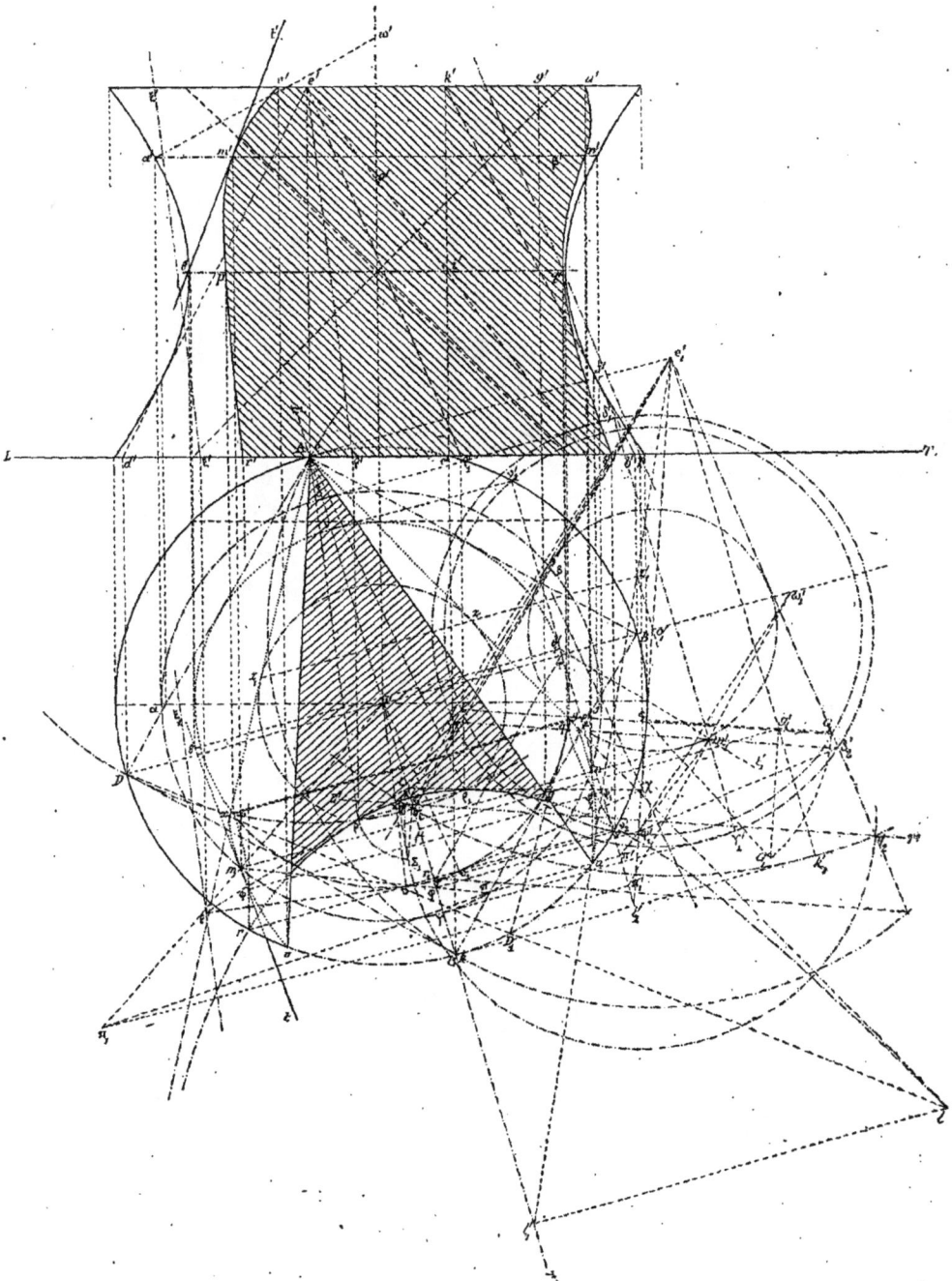

TABLE DES MATIÈRES

INTERSECTIONS DE SURFACES

I. Cylindres et cônes.

IV. Tore et sphère.

V. Tore et cylindre.

VI. Tore et cône.

FIN DE LA TABLE DES MATIÈRES.

A LA MÊME LIBRAIRIE

COLLECTION D'OUVRAGES DE MATHÉMATIQUES
A L'USAGE DE L'ENSEIGNEMENT SECONDAIRE

Sceaux. — Imp. Charaire et fils.